普通高等院校“十四五”规划教材

冶金固废材料化利用

李　宇　刘晓明　张增起　主编

中国建材工业出版社

图书在版编目（CIP）数据

冶金固废材料化利用/李宇，刘晓明，张增起主编．
--北京：中国建材工业出版社，2022.2
ISBN 978-7-5160-3369-2

Ⅰ.①冶… Ⅱ.①李… ②刘… Ⅲ.①冶金工业－固
体废物利用－研究 Ⅳ.①X756.05

中国版本图书馆 CIP 数据核字（2021）第 249917 号

内容简介

本书介绍了冶金固废材料化利用的概念、现状、原理和技术应用等内容，具体分为概念篇、固废篇和循环利用篇。其中，固废篇分为钢铁冶金固废、有色冶金固废和其他冶金固废三部分内容；循环利用篇分为水泥类材料、混凝土类材料、道路材料、陶瓷类材料、微晶玻璃类材料、利用高温冶金熔渣制备建筑材料和其他材料共七部分内容。

本书既可作为材料、冶金、环境、能源等学科本科生或研究生的教科书，也可作为相关领域研究人员的科研参考书。

冶金固废材料化利用
Yejin Gufei Cailiaohua Liyong
李 宇 刘晓明 张增起 主编

出版发行：中国建材工业出版社
地 址：北京市海淀区三里河路 1 号
邮 编：100044
经 销：全国各地新华书店
印 刷：北京雁林吉兆印刷有限公司
开 本：787mm×1092mm 1/16
印 张：15
字 数：330 千字
版 次：2022 年 2 月第 1 版
印 次：2022 年 2 月第 1 次
定 价：58.00 元

本社网址：www.jccbs.com，微信公众号：zgjcgycbs
请选用正版图书，采购、销售盗版图书属违法行为

前　言

党的十八大报告中把生态文明建设纳入中国特色社会主义事业五位一体总体布局，明确提出要大力推进生态文明建设，努力建设美丽中国，实现中华民族永续发展。

生态工业是生态文明的重要组成部分。要建立理想的生态工业模式，需要实现物质的封闭循环，使工业经济系统如同自然生态一样，没有废弃物存在，通过资源的循环利用和可再生能源的注入，不断发展进化。工业固体废物的循环利用是实现物质封闭循环的重要方式，是推动生态工业发展的重要环节。

冶金行业是国民经济的重要基础工业，为我国经济社会发展做出了重要的贡献。我国钢铁等金属产量已接近或超过世界产量的一半，与此同时也排放了约占世界一半的冶金固废。目前，钢渣、赤泥、铜渣、铁合金渣和尘泥等大宗冶金固废排放量大，堆存量大，利用率低，安全和环境污染隐患严重。我国作为一个制造业大国，开展对大宗冶金固废资源化利用技术的研究和应用迫在眉睫。

绿色化是冶金工业发展的一个重要方向。我国的冶金固废不仅数量巨大，而且排放集中，西方冶金工业发达的国家对冶金固废利用的成熟技术难以有效解决我国大宗冶金固废资源化利用的需求。因此，我国国情决定了大宗冶金固废的资源化利用是一个具有国内重大需求的世界性难题，需要自主创新发展。

材料化利用，特别是制备建筑材料，是冶金固废资源化利用的一个最主要方向。冶金固废的材料化利用涉及冶金、材料、环境和能源等相关学科领域，要在这一跨学科领域进一步创新发展，急需将现有研究进展和学术思路进行总结和梳理。特别是作为一本供本科生和研究生使用的教材，需要将不同学科中关于冶金固废材料化利用的关键知识进行提炼、归纳和提升总结，形成层次突出、技术思路清晰、实践性强并能反映这一领域动态的新的知识体系，以适应新时代高等教育的发展需求。

本书内容上分为概念篇、固废篇和循环利用篇，由浅入深地介绍冶金固废材料化利用的概念、现状、原理和技术应用等。其中，固废篇分为钢铁冶金固废、有色冶金固废和其他冶金固废三部分内容，主要目的是使读者全面认识、了解固废的形成过程和基本性质，初步分析固废材料化利用的途径及问题。循环利用篇分为水泥类材料、混凝土类材料、道路材料、陶瓷类材料、微晶玻璃类材料、利用高温冶金熔渣制备建筑材料和其他材料共七部分内容，主要目的是介绍各类材料的基本原理，让读者了解不同材料的组成、工艺、性质和性能等知识，进而掌握这些材料在利用不同冶金固废过程中的特点、适用性和研究现状。

本书编写人员均为从事冶金固废资源化利用的教学科研人员，有着丰富的教学实践经验和科研工作的积累。书中部分采用了本研究方向他人或作者自己的一些研究成果。本书既可作为材料、冶金、环境、能源等学科本科生或研究生的教科书，也可作为相关领域研究人员的科研参考书。

本书第 1 章、第 4.1 节和第 8～10 章由李宇编写，第 3 章、第 4.2 节、第 7 章和第 11 章由刘晓明编写，第 5 章、第 6 章由张增起编写，第 2 章由三位作者共同编写。李宇负责统审书稿。全书承蒙北京科技大学苍大强教授、李宏教授和郭占成教授审阅，三位教授提出了许多宝贵意见，在此表示衷心的感谢。

本书作为北京科技大学“十四五”规划教材建设项目而得到校方资助；北京科技大学教务处、钢铁冶金新技术国家重点实验室、冶金与生态工程学院对本书的编写给予了大力支持，在此一并表示感谢。

北京科技大学王亚光、张未、薛阳、刘新月、郝先胜、鲁洋、杨通元、王梦凡、李彦天、马善亮、曾庆森、杨天、杨金成、唐伟韬、储英健等研究生同学参与了资料收集和书稿编辑校核等工作，在此专致谢忱！

本书涉及专业面较广，限于编者水平和编写时间，难免有不妥和疏漏之处，敬请广大读者批评指正。

编　者

2021 年 12 月

目　　录

概念篇

固废篇

循环利用篇

概念篇

1 绪 论

1.1 新时代下我国固废资源化利用的迫切需求

1.1.1 我国冶金固废循环利用进入新时代

冶金行业是国民经济的重要基础工业，为我国经济社会发展做出了重要的贡献。2020年我国钢铁行业粗钢产量达10.65亿吨，占世界产量的56.7%；氧化铝产量7100万吨，占世界产量的53%；铁合金产量达到3420万吨，铜等十种有色金属产量之和达到6188万吨，均接近世界产量的一半。作为世界上最大的制造业国家，我国在国际舞台上发挥着越来越重要的作用。

当我国冶金行业提供了约占世界一半冶金产品的时候，也排放了约占世界一半的冶金固废（其中，每产1吨粗钢、氧化铝和粗铜将分别排放约150千克钢渣、1.5吨赤泥和2.2吨铜渣，每产1吨镍铁合金、硅锰铁合金和铬铁合金将分别排放约6吨镍铁渣、1吨硅锰渣和1.2吨铬铁渣）。我国相应排放钢渣约1.5亿吨、赤泥约1.1亿吨、铜渣约1500万吨、镍铁渣超过3000万吨，硅锰渣和铬铁渣分别超过和接近1000万吨。上述冶金固废产量达到千万吨乃至亿吨的大宗量级别，总体利用率低于30%，总堆存量数十亿吨，不仅占用大量的土地，还形成了严重的安全和环境污染隐患。作为一个制造业大国，开展对大宗冶金固废资源化利用技术的研究和应用迫在眉睫。

我国约占世界一半产能的冶金工业的现状决定了我国冶金固废资源化利用的难度。这些冶金固废不仅数量巨大，而且排放集中，比如钢铁行业主要分布在环渤海、长江沿岸等区域；氧化铝行业主要集中在山东、山西、河南等省份。

以钢渣为例，我国未能利用的钢渣数量为70.5%，远远高于发达国家，如图1-1所示。发达国家主要将钢渣用于水泥生产、道路建设或者土木工程（混凝土）中。我国借鉴发达国家利用方式，已经在土木工程、水泥生产中利用了部分钢渣，但是我国在道路建设方面利用的占比较小。总体来说，我国利用的钢渣总数的比率仍然不超过30%。这一现象主要是由我国的国情决定的。

我国钢渣的总排放量超过了世界其他国家的总和，不仅如此，还相对集中在环渤海为代表的沿江沿海区域。比如，唐山市钢铁产量就超过了1.4亿吨，超过了世界上其他任何一个国家的钢铁产量，其相应钢渣数量超过了其他任何一个国家的钢渣排放数量，达到2160万吨（产渣量按照粗钢产量的15%计算）；而美国和日本的钢渣数量仅分别为1320万吨和1490万吨。不仅如此，唐山市还有更大量的高炉渣、煤矸石、铁尾矿等固体废物产生，这些固体废物在固废建材市场也与钢渣形成竞争。同时，唐山市的道路工程数量仅 1.9 万千米，即使考虑河北省，也才 19.7 万千米，仍然低于日本（120.7 万千米）、美国（412.49 万千米）；唐山水泥产量仅 3454.3 万吨，日本、美国及韩国的水泥产量为唐山的 1.4～2.6 倍。因此，局限于唐山市的建材市场消纳量，即使采用西方工业发达地区现有利用技术，所能够消纳钢渣的数量有限。其他冶金渣利用方面也存在类似的难题。

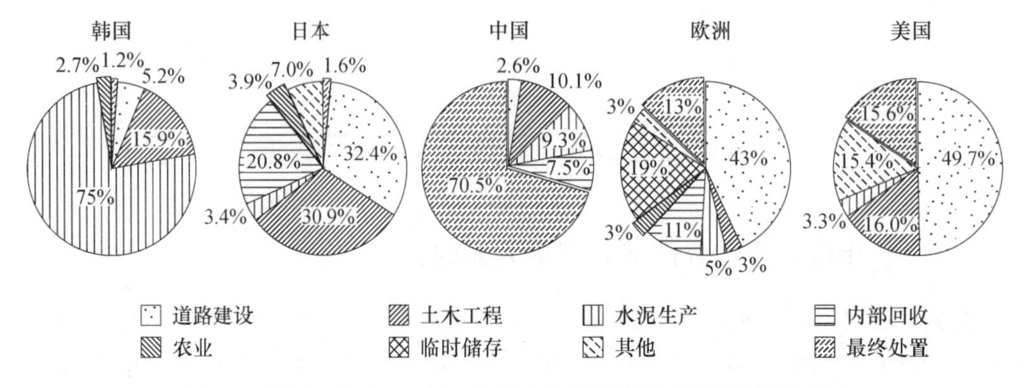

图 1-1　韩国、日本、中国、欧洲和美国不同行业炼钢炉渣的利用

人类工业发展的历史上没有哪个国家出现过如此大规模和高度集中的冶金固废排放，西方冶金工业发达的国家对冶金固废利用的成熟技术难以解决我国大宗冶金固废资源化利用的需求，因此，我国大宗冶金固废的资源化利用是一个具有国内重大需求的世界性难题，需要自主创新发展。我国资源化利用行业也由此迎来了新的机遇，进入了新的时代。

1.1.2　固废循环利用是新时代生态文明建设的重要内容

进入 21 世纪以来，我国在环境保护和资源利用方面的力度有所加强。特别在党的十八大决定将生态文明写入党章，将努力建设美丽中国确定为重要的发展方向。我国先后出台了多部法律法规，不仅一举扭转了生态环境恶化的局面，还使生态环境保护的理念进一步深入人心，使得资源环境领域的工作更加正规化、法制化，对固废肆意排放造成的水域或土壤污染等问题的惩治更加严厉。

在党的十九大报告中首次将“树立和践行绿水青山就是金山银山的理念”写进中国共产党的党代会报告，且在表述中与“坚持节约资源和保护环境的基本国策”一并成为新时代中国特色社会主义生态文明建设的思想和基本方略。这表明，生态文明建设要为实现富强民主文明和谐美丽的社会主义现代化强国做出自己的独特贡献。

“固体废物污染防治一头连着减污，一头连着降碳，是生态文明建设的重要内容，也是打好污染防治攻坚战的重要任务。”国家《2030 年前碳达峰行动方案》中指出，“……加快实现生产生活方式绿色变革，推动经济社会发展建立在资源高效利用和绿色低碳发展的基础之上，确保如期实现 2030 年前碳达峰目标。”其中明确了“循环经济助力降碳行动”。抓住资源利用这个源头，大力发展循环经济，全面提高资源利用效率，充分发挥减少资源消耗和降碳的协同作用，具体分为四个方面：

（1）推进产业园区循环化发展。以提升资源产出率和循环利用率为目标，优化园区空间布局，开展园区循环化改造。推动园区企业循环式生产、产业循环式组合，组织企业实施清洁生产改造，促进废物综合利用、能量梯级利用、水资源循环利用，推进工业余压余热、废气废液废渣资源化利用，积极推广集中供气供热。搭建基础设施和公共服务共享平台，加强园区物质流管理。到 2030 年，省级以上重点产业园区全部实施循环化改造。

（2）加强大宗固废综合利用。提高矿产资源综合开发利用水平和综合利用率，以煤矸石、粉煤灰、尾矿、共伴生矿、冶炼渣、工业副产石膏、建筑垃圾、农作物秸秆等大宗固废为重点，支持大掺量、规模化、高值化利用，鼓励应用替代原生非金属矿、砂石等资源。在确保安全环保前提下，探索将磷石膏应用于土壤改良、井下充填、路基修筑等。推动建筑垃圾资源化利用，推广废弃路面材料原地再生利用。加快推进秸秆高值化利用，完善收储运体系，严格禁烧管控，加快大宗固废综合利用示范建设。到 2025 年，大宗固废年利用量在 40 亿吨左右；到 2030 年，年利用量在 45 亿吨左右。

（3）健全资源循环利用体系。完善废旧物资回收网络，推行“互联网＋”回收模式，实现再生资源应收尽收。加强再生资源综合利用行业规范管理，促进产业集聚发展。高水平建设现代化“城市矿产”基地，推动再生资源规范化、规模化、清洁化利用。推进退役动力电池、光伏组件、风电机组叶片等新兴产业废物循环利用。促进汽车零部件、工程机械、文办设备等再制造产业高质量发展。加强资源再生产品和再制造产品推广应用。到 2025 年，废钢铁、废铜、废铝、废铅、废锌、废纸、废塑料、废橡胶、废玻璃 9 种主要再生资源循环利用量达到 4.5 亿吨，到 2030 年达到 5.1 亿吨。

（4）大力推进生活垃圾减量化资源化。扎实推进生活垃圾分类，加快建立覆盖全社会的生活垃圾收运处置体系，全面实现分类投放、分类收集、分类运输、分类处理。加强塑料污染全链条治理，整治过度包装，推动生活垃圾源头减量。推进生活垃圾焚烧处理，降低填埋比例，探索适合我国厨余垃圾特性的资源化利用技术。推进污水资源化利用。到 2025 年，城市生活垃圾分类体系基本健全，生活垃圾资源化利用比例提升至 60％左右。到 2030 年，城市生活垃圾分类实现全覆盖，生活垃圾资源化利用比例提升至 65％。

作为一个制造业大国，在“绿水青山就是金山银山”的新时代背景下，在“2030 年前碳达峰，2060 年前碳中和”的伟大进程中，工业固废的循环利用技术的发展将为我国向制造强国的转变和生态文明发展做出重要的贡献。

1.2 生态工业与资源循环利用

发展生态文明，即将文明与自然生态相融合，学习和效法自然生态规律，并用于指导人类文明建设，是当前地球自然生态条件下人类文明发展的必然道路。

生态工业是生态文明的重要组成部分。要建立理想的生态工业模式，需要实现物质的封闭循环，使工业经济系统如同自然生态一样，没有废弃物存在，通过资源的循环利用和可再生能源的注入，不断发展进化。工业固体废物的循环利用是实现物质封闭循环的重要方式，是推动生态工业发展的重要环节。

1.2.1 自然生态系统及物质循环

在数十亿年的地球生命进化过程中，大自然从简单线性系统进化到复杂循环系统

（图 1-2），其历程可以简述为：早期原始海洋中的氨基酸和蛋白质形成最简单的、无氧呼吸的原始生物（细菌），进一步演化成蓝、绿藻等能进行光合作用的自养原核生物——藻类；同时，绿色植物通过光合作用，吸收二氧化碳（CO_2），放出氧（O_2）；微生物分解生物残体，放出氮气。这一切使原来以二氧化碳、一氧化碳、甲烷和氨为主要组分的还原大气逐渐演化成为以氮、氧为主的氧化大气。再经过数十亿年的演化，生物的发生和发展形成了生物圈，并在数千万年前出现了人类，而植物—动物（人类）—微生物形成了生产者—消费者—分解者的生态系统。

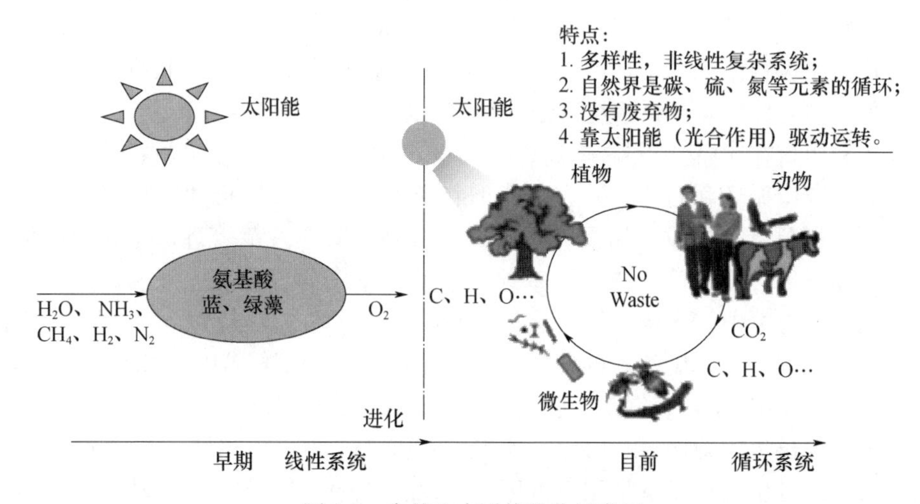

图 1-2　自然生态系统进化示意图

生态系统的生物部分和非生物部分相互依存，如果没有非生物环境，生物就没有生存空间，生物作为一个耗散系统必须与外界进行能量、物质和信息交换，才能生存下去。非生物环境包括太阳能、其他能源、土壤、温度、降水、空气（CO_2、O_2、N_2、H_2O 等）及土壤中的无机盐、腐殖质等。生物部分包括“生产者”即陆生植物、藻类、光合细菌、化能细菌等，而“消费者”涵盖草食动物如昆虫、啮齿类、食草哺乳类（牛、马、羊）等，被称为“初级消费者”，而肉食动物和杂食动物被称为“高级消费者”。分解者都属于异养生物，如细菌、真菌、放线菌、土壤原生动物和一些小型无脊椎动物，这些异养生物把复杂有机物质逐步分解为简单无机物，回归到环境中去。

生态系统的运行特点是：

（1）自然生态具有多样性，是一个非线性复杂系统；

（2）自然界是碳、硫、氮等元素的循环；

（3）整个系统没有废弃物产生；

（4）依靠太阳能（光合作用）进行驱动运转，并不断进化。

总体上看，自然生态系统不存在废弃物，所有的物质都是有益成分，参与了生态系统的循环和进化。地球生态系统如此繁茂，生生不息地持续发展，没有遇到过资源与能源的匮乏问题，其中最重要的是遵循了物质循环利用原则。

1.2.2　生态工业概述

工业生态系统与自然生态系统密切相关。自然系统是人类赖以发展的重要物质基础的来源，同时，又是消纳人类排放废弃物的主要场所。

历史发展到300多年前，手工业发展为工业社会。工业社会追求高效率、高利用率，技术推动矿业的发展，形成工业经济的单向发展模式，如图1-3所示。一方面大量利用化石和原生矿物能源，加工成商品，供社会消费；另一方面又大量废弃消费后的垃圾，造成多种环境污染，这样长期发展下去，结果必然是环境污染和自然生态退化，使人类社会难以持续发展，再一次形成了严重的生存危机。

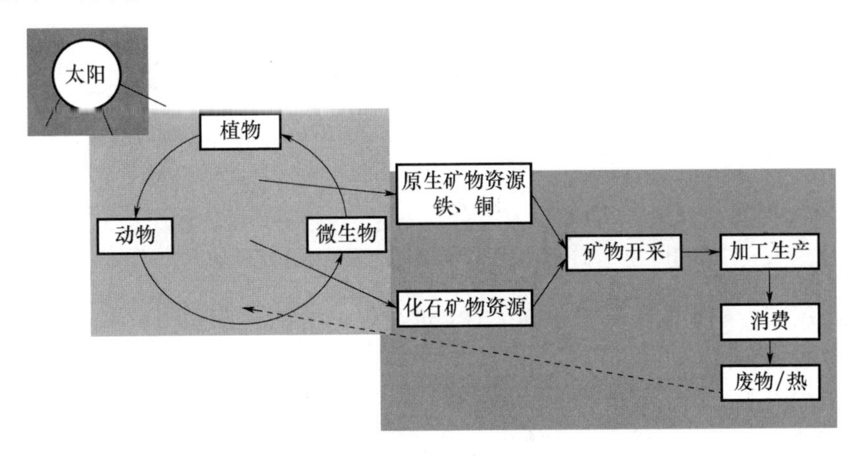

图1-3 工业经济的单向发展模式

图1-4是现阶段生态工业发展模式。在可持续发展理论与循环经济系统的指导下，人类社会开始重视生态环境问题，已经初步建立了类似于自然界二级生态系统的工业生态体系。在这一体系里，工业生产过程出现了物质部分循环利用，如图1-4中6→7→5的物质循环过程；同时，除了传统不可再生与排放CO_2的化石能源，还出现了可再生能源、核能等能源供应形式。

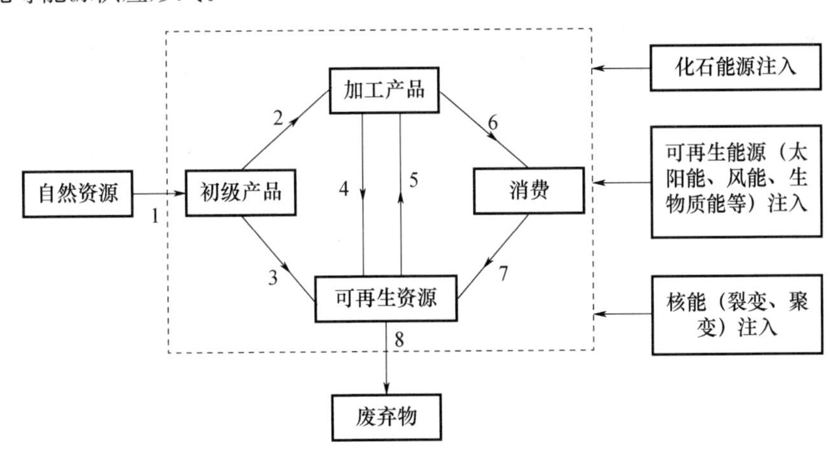

图1-4 现阶段生态工业发展模式

图1-5是与自然生态系统耦合的理想生态工业模式，类似于自然界三级生态系统。在这一系统里不存在废弃物，一个过程的输出是另一个过程的输入。物质在自然与工业耦合系统中实现了循环利用，耦合系统只有有限的能源输入，能源形式以可再生能源、核能等为主。

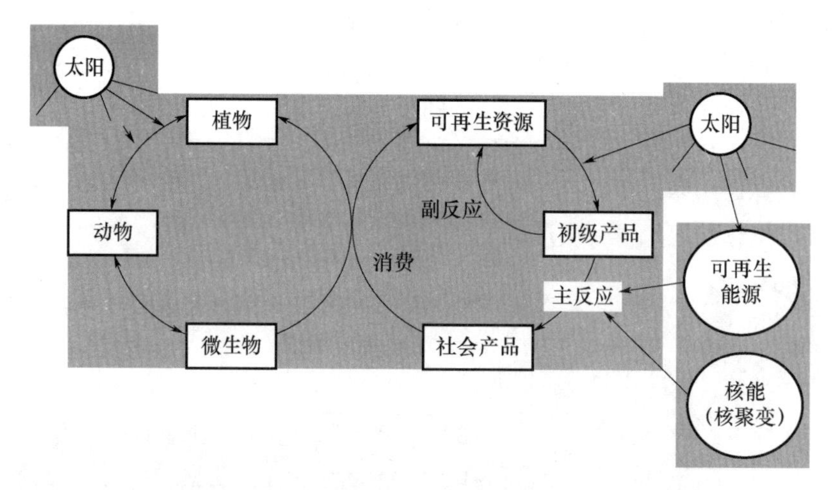

图 1-5　与自然生态系统耦合的理想生态工业模式

工业系统向着成熟的生态工业体系的演进过程，主要包括以下四个方面：

(1) 废物资源化利用；

(2) 减少资源消耗，封闭物质循环；

(3) 工业生产与经济活动的非物质化；

(4) 能源非碳化。

这四个方面相互关联并协同发展。废物资源化利用主要针对单向发展模式和现代工业发展模式下排放废弃物的工业系统，同时，工业系统一方面通过废物资源化来减少资源消耗，逐步封闭物质循环；另一方面，通过工业系统本身的技术进步，实现工业生产与经济活动的非物质化，减少物质消耗，同时促进封闭物质循环。

生态系统的发展进化需要负熵流。现代工业发展模式下的工业系统的能量输入以化石能源为主。一方面，化石能源属于不可再生能源；另一方面，化石能源释放能量过程中，会排放 CO_2 等温室气体。因此，要实现可持续的理想的生态工业模式，需要能源逐步向非碳化能源转变。

可见，生态工业改变了传统的经济发展和环境保护的对立关系，使人类的工业生产活动从生态的“破坏者”转化为生态循环闭合的“创造者”。

生态工业是仿照自然界生态过程中物质循环方式来组织和发展生产系统的一种工业模式。在生态工业系统中，各生产过程不是孤立的，而是通过物料流、能量流和信息流相互关联的，物质的角色在“废物”和原料之间不断转换。生态工业系统内各生产过程从原料、中间产物、废物到产品的物质循环，达到资源、能源、资金的最优利用。

1.2.3　物质循环系统在生态工业中的意义和角色

工业系统是一个开放的物质系统，它不断地与自然界进行物质、能量和熵的交换。在物质交换中，输入物料资源，得到产品排出废物；在能量交换中，输入可利用的能量排出废热。在以上过程中，总是伴随着熵流和熵的产生，人们以得到低熵产品为目标，却总是以同时得到高熵废物和废热为代价，其结果是既浪费资源，又污染环境，如图 1-6 所示。

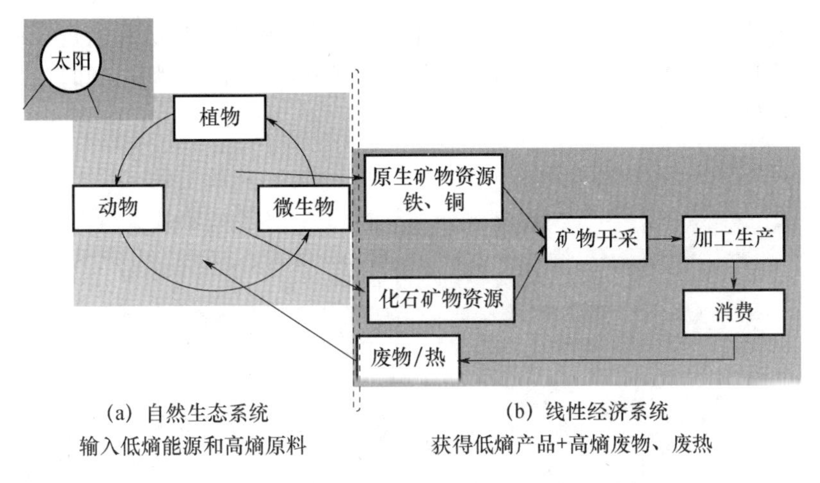

图 1-6 线性经济系统与自然生态系统的隔离

人们在使用低熵产品、享受现代文明的同时，必须清醒地意识到，各种产品生产过程排放的废气、废液、废渣和大量的生活垃圾，对我们的生存环境已造成严重污染，并破坏了生态平衡。土地沙漠化、沙尘暴、严重的旱涝不均、水资源的缺乏与污染、温室效应等现象，都是大自然对人类的报复，这都是熵值增加的结果。要保证经济持续发展，如何科学合理地利用有限的自然资源和空间，给我们的子孙后代留下一片蓝天、一片绿地和更多的自然资源，是我们每个人都必须认真思考和研究的问题。

结合前面的分析可知，产生这一问题的原因在于：人类将工业经济与自然生态两个系统人为隔离开，大力发展工业文明却大肆破坏自然生态。由于人类不仅存在于现代工业文明中，还是自然生态系统中的一员，因此，人类破坏自然生态也就破坏了自身的生存环境。

可见，工业系统的发展必须将视野扩大，与自然生态系统形成一个新的更大范围的开放系统。生态工业系统就是将自然生态系统与工业系统耦合后形成新的更大的系统，如图 1-7 所示。耦合系统的交集是人类社会。它的有序进化途径是充分利用负熵流，减少自身熵产，形成 $deS<0$（负熵流）且 $|deS|>|diS|$ 的局面，子系统进化以新边界以外的环境系统的熵增为代价。

虽然从地球或太阳尺度讲，被自然科学认定为不可循环的消耗结构，但是从局部工程科学角度，物质、能量可以实现循环运行，这一循环操作是以太阳及地球上的能量不断向宇宙空间发散为代价的。

因此，理想的生态工业是自然生态系统与工业系统的耦合系统，如图 1-5 和图 1-7 所示。该系统遵循生态学原则，通过物质循环和可再生能源的使用，实现不断进化发展（可持续发展）。这一发展的代价是进化发展过程的高熵能量不断向宇宙空间发散。

要建立理想的生态工业模式，需要实现物质的封闭循环，使工业经济系统如同自然生态一样，没有废弃物存在，通过资源的循环利用和可再生能源的注入，不断发展进化。

与自然生态系统相比较，资源生产部门是工业生态系统的生产者，它提供工业生产所需要的原料，包括各种原生资源和能源；加工生产部门是工业生态系统的消费者，它将各种原料转化成产品；但是，类似于大自然中消费者的新陈代谢和消费者死亡过程会产生废弃物或垃圾一样，加工生产部门在生产过程中会排出废弃物，同时，产品在使用寿命结束后将转变为垃圾。

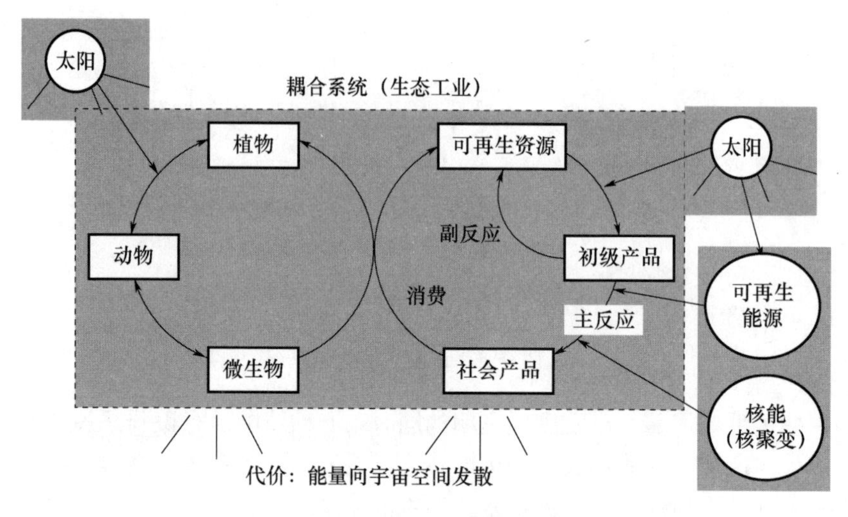

图 1-7　生态工业的耦合系统

对于自然生态系统，如图 1-8（a）所示，分解者负责将这些废弃物或垃圾转化为新的生产者的原料；而对于工业生产系统，如图 1-8（b）所示，同样需要承担起分解者功能的角色，这就是还原生产部门，也就是二次资源循环和利用的部门。

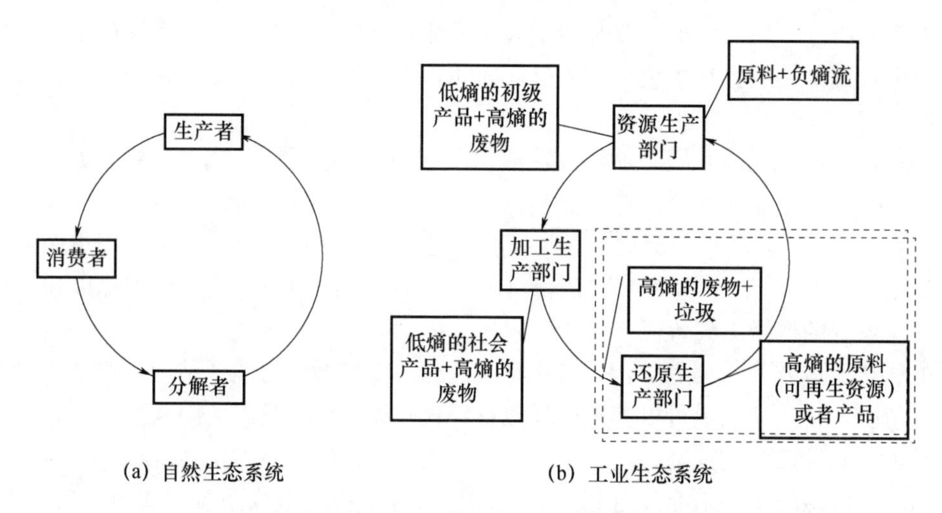

图 1-8　资源循环系统在生态工业中的角色和意义

1.3　材料在固废资源化利用中的地位和作用

1.3.1　材料的概述及分类

材料是人类生活和生产中必需的物质基础。历史学家曾将人类的历史按照石器时代、铜器时代和铁器时代来划分。新材料的使用对人类历史的发展起了重要作用。

美国材料科学与工程调查委员会把材料定义为："在机器、结构件、器件和产品中因其性能而成为有用的物质。"换句话说，材料是人们可用来制作物品的宇宙中物质的子集。

人类使用材料是一个巨大的、全球性的、时空无限的循环体系。从地球上通过采矿、钻井和采伐得到的矿物、石油、木材等原材料，在经过选矿、精炼、提纯、制浆及其他工艺过程后，转化为工业用材料，如金属、化学产品、纸张、水泥和纤维等。在随后的工艺过程中，这些材料进一步被加工成工程材料，如晶体、合金、陶瓷、塑料、混凝土和纺织品等，通过设计、制造、装配等过程，再把工程材料做成有用的产品。当产品经使用达到其寿命后，又以废料的形式回到地球；或经过解体和材料回收，以基本材料的形式再次进入材料循环系统（图 1-9）。

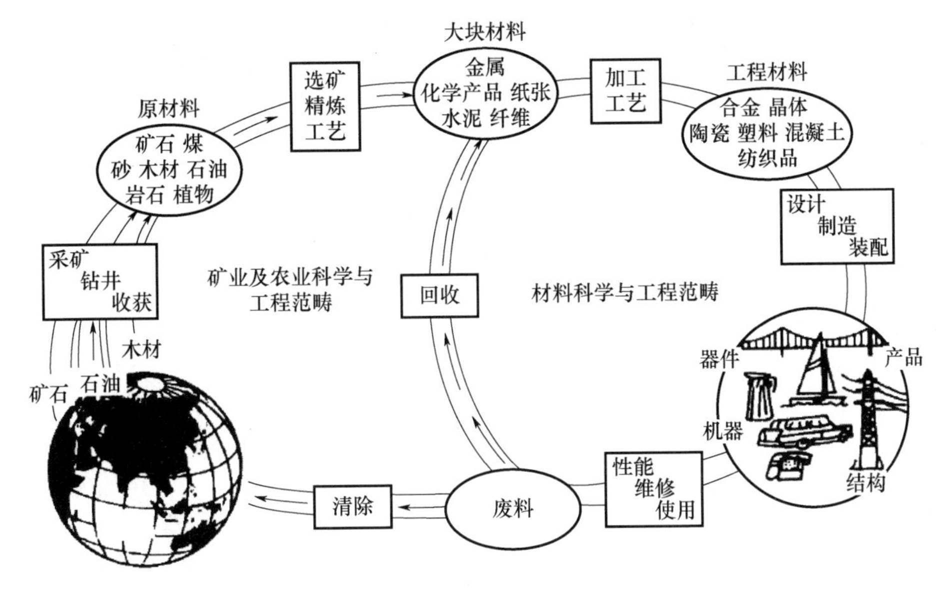

图 1-9 材料循环示意图

这样一来，材料循环很自然地就分为两个部分：左半部属于材料供应，主要是为了获得工业材料，它属于矿业及农业科学与工程的范畴；右半部属于材料消耗，主要是在制造结构件、器件、机器及其随后的使用中对工程材料的消耗，它属于材料科学与工程的范畴。

材料的种类繁多，可以按照不同的分类方法来划分。按物理化学属性来分，可分为无机非金属材料、金属材料、有机高分子材料以及复合材料。金属材料包括黑色金属，如钢、铁；有色金属，如轻金属、重金属、贵金属、类金属、稀有金属。有机高分子材料包括塑料、橡胶、纤维、黏合剂和涂料五大类；无机非金属材料包括混凝土（水泥）、玻璃、陶瓷、耐火材料四大类；复合材料是不同类型材料的复合，如无机-金属复合材料、高分子-无机复合材料，等等。

按照用途来分，又可以分为建筑材料、能源材料、电子材料、航空航天材料、核材料、生物材料等。

材料还可以分为结构材料与功能材料。其中，结构材料指以力学性能，如受力形变、脆性断裂和强度等作为应用性能，用于结构目的的材料，如钢铁、混凝土材料、普通玻璃。功能材料指具有优良的热学、光学、声学、电学、磁学、化学、力学和生物学功能及相互转化的性能，被用于非结构目的的高技术材料，如保温材料、镜片、隔声板、铜线、铝镍钴合金、沸石、压电陶瓷、人工骨骼等。

还可以将材料划分为传统材料与新型材料。传统材料是指那些已经成熟且在工业中已批量化生产并大量应用的材料，如钢铁、水泥等。这类材料由于其量大、产值高，涉及面广泛，又是很多支柱产业的基础，因此又被称为基础材料。新型材料又称为先进材料，指那些正在发展且具有优异性能和应用前景的一类材料。新型材料与传统材料之间并没有明显的界限，传统材料通过采用新技术，提高技术含量和性能，大幅度增加附加值而被称为新型材料。新型材料经过长期生产与应用之后也就成了传统材料。

无论是结构材料还是功能材料，无论是传统材料还是新型材料，其均可统一定义为“可供制作成品的物质、原料”。既然是一种物质或原料，那么它就必然取自环境，在其加工、制造和使用过程中也离不开环境；同时，高性能材料的出现又改变、改善或破坏了我们周围的环境。可见，材料和环境是相互依存、相互影响的。如何使其协调发展是材料学科发展要解决的问题。

1.3.2 建筑材料的分类及绿色建筑材料

建筑材料是建筑工程的物质基础。它决定着建筑物的坚固、耐久、适用、经济和美观。建筑材料费占整个工程费的60%以上。

按使用功能将建筑材料分为结构材料、围护材料和功能材料三大类。结构材料主要指构成建筑物受力构件和结构所用的材料，如梁、板、柱、基础、框架等构件或结构所使用的材料。其主要技术性能要求是具有强度和耐久性。常用的结构材料有混凝土、钢材、石材等。围护材料是用于建筑物围护结构的材料，如墙体、门窗、屋面等部位使用的材料。常用的围护材料有砖、砌块、发泡混凝土、板材等。围护材料不仅要求具有一定的强度和耐久性，更重要的是应具有良好的绝热性，符合节能要求。功能材料主要是指担负某些建筑功能的非承重用材料，如防水材料、装饰材料、绝热材料、吸声材料、密封材料等。

我国虽然拥有广阔的疆域，但是我国人口数量位列世界第一，使得我国能源人均拥有量十分少。我国社会经济虽呈现出快速发展趋势，但是伴随而来的是严重的生态环境污染问题，对人们身体健康产生了巨大的负面影响，同时不利于我国社会经济的可持续发展。据权威部门统计，建筑行业资源消耗大，且产生的污染十分严重，对生态环境污染更是严重，直接威胁到我国社会经济的快速发展。在此情况下，我国只有不断加大绿色建筑产业的发展，促进绿色建筑材料的发展与应用，才能有效改善建筑行业传统生产局面，减少能源消耗和污染，为推动我国建筑行业稳定、长远发展奠定良好的基础。

绿色建筑材料应用的主要特点如下：首先是能耗低，绿色建筑材料的应用以新型技术和工艺为主，可极大地提高能源利用率，从而有利于减少建筑施工能源消耗；其次是消耗低，绿色建筑材料生产原料以无污染、无毒害、重复回收利用的废弃物为主，因此，绿色建筑材料的应用可以实现建筑材料的二次利用，极大地减少自然资源的消耗量；最后是无污染，绿色建筑材料的研发和生产都高度重视原材料的选择，以无公害、无污染的原材料为主。因此，绿色建筑材料的应用可以为人们创造一个节能、环保、舒适的生活环境，这对于促进人与自然和谐发展极为有利。

我国绿色建筑材料发展趋势包括以下几个方面的内容：一是资源节约型材料，建筑材料在生产过程中，必然会消耗一定量的矿产资源，而加强资源节约型绿色建筑材料的使用，既可运用替代物进行生产建筑材料，可以在保障建筑材料充足供应的同时，减少矿产资源的消耗，又可以保护好生态环境；二是能源节约型材料，能源节约型建筑材料推广应用在建筑项目施工中，除了可以改良材料生产工艺，减少能源消耗之外，还可以在建筑物运行阶段强化能源消耗控制；三是环境友好型材料，人们的生态环保意识随生活品质的提高而不断提高，在此背景下，人们对自身所处的生态环境也提出了更高的要求，通常会在自身长期居住的建筑中，优先考虑无毒、无污染、无放射性的绿色建筑材料；四是空间绿色建筑材料，在现代社会建设发展过程中，全球温度因二氧化碳排放量的增多而不断升高，人们对建筑行业的要求也随之不断提高，对于一些具有隔热、防晒、反射光等功能的建筑材料的需求不断增大，使得我国绿色建筑材料呈现出空间绿色建筑材料的发展趋势，满足人们的现实需求。

1.3.3 大宗建筑材料

建筑材料是人类使用量最大的材料。我国 2020 年使用量超过亿吨的无机非金属类建筑材料包括砂石骨料、混凝土、水泥、烧结砖瓦、建筑陶瓷和石材制品。

砂石骨料是我国使用量最大的建筑材料，其年使用量超过 200 亿吨，约占世界砂石消费量的一半。由于国家对开山采石和河道挖砂的严格限制，传统砂石料来源减少。近年来我国砂石料一直紧缺，在长三角和珠三角地区多数地区砂石价格上涨数倍，部分地区价格超过 200 元/吨。

混凝土和水泥的年使用量分别接近 100 亿吨和超过 20 亿吨，其中水泥年产量占世界的 60%左右。掺入混凝土中的工业固废称为掺和料，掺入水泥中的工业固废称为水泥混合材。

年产 20 亿吨的建筑材料还有烧结砖和烧结瓦，其中烧结砖包括内燃砖和外燃砖，也包括标砖和多孔砖，价格折合每吨从近百元到近千元不等。建筑陶瓷种类多样，附加值较高，价格折合每吨数百元到上千元。近几年产量虽然有所波动，但是仍然接近 3 亿吨，约占世界产量的一半。

石材是另外一类天然的建筑材料。常用的石材包括花岗岩石材和大理石石材，在我国，总的年产量接近 2 亿吨。因颜色、纹路和力学性能等不同，不同石材和产地价格差别大。由于国家对天然石材资源开采的限制，石材价格逐年上涨。目前中低档石材价格折算近 1000 元/吨到 3000 元/吨不等。

我国其他能够大量消纳固废的建筑材料还包括百万吨数量级的岩棉和微晶玻璃等，以及数量较大的筑路材料、填充材料以及水泥墙体材料等。

1.4 冶金固废材料化利用势在必行

根据《中华人民共和国固体废物污染环境防治法》（2020 年修订）的定义：

（1）固体废物是指在生产、生活和其他活动中产生的丧失原有利用价值或者虽未丧失利用价值但被抛弃或者放弃的固态、半固态和置于容器中的气态的物品、物质以及法律、行政法规规定纳入固体废物管理的物品、物质，经无害化加工处理，并且符合强制性国家产品质量标准，不会危害公众健康和生态安全，或者根据固体废物鉴别标准和鉴别程序认定为不属于固体废物的除外。

（2）工业固体废物是指在工业生产活动中产生的固体废物。危险废物是指列入国家危险废物名录或者根据国家规定的危险废物鉴别标准和鉴别方法认定的具有危险特性的固体废物。

（3）贮存是指将固体废物临时置于特定设施或者场所中的活动。利用是指从固体废物中提取物质作为原材料或者燃料的活动。处置是指将固体废物焚烧和用其他改变固体废物的物理、化学、生物特性的方法，达到减少已产生的固体废物数量、缩小固体废物体积、减少或者消除其危险成分的活动，或者将固体废物最终置于符合环境保护规定要求的填埋场的活动。

冶金固体废物（以下简称“冶金固废”）是指在冶金工业生产中产生的丧失原有利用价值或者虽未丧失利用价值但被抛弃或者放弃的固态、半固态和置于容器中的气态的物品、物质以及法律、行政法规规定纳入固体废物管理的物品、物质。冶金固废主要包括冶炼渣、尘、泥、灰和废弃材料等。其中，含油、含重金属、含酸碱腐蚀性组分等固废被列入国家危险废物名录或者根据国家规定的危险废物鉴别标准和鉴别方法认定具有危险特性的既属于危险废物，也是冶金固废的一个组成部分。

冶金固废材料化利用的意义主要体现在以下四个方面：

（1）提供资源保障。回收有价元素，或者转化为建筑材料，实现二次资源替代一次资源，避免天然矿产资源的开采和利用，保障我国资源供给。

（2）源头保护环境。综合利用固废，减少大量的土地占用，避免固废堆存造成的环境隐患和安全隐患。

（3）促进节能减排。利用冶金固废能够形成新的节能减排领域，为“2030 年前碳达峰，2060 年前碳中和”的双碳目标开辟一条新的途径。利用的冶金固废余热资源包括高温的冶金熔渣、含碳的粉尘等制备材料；利用胶凝活性的矿渣、钢渣、硅锰渣等作为混合材，减少熟料用量，避免熟料制备过程的 CO_2 排放；固废高温烧结或熔渣调质过程协同处理含热值的污泥、煤矸石等固废；固废建材制备在技术上的节能降耗发展或者通过原料替代避免天然矿物的开采等都能够实现碳的减排。

（4）构建环境材料产业。通过利用大量工业固废，使传统建筑材料生产企业的转型升级为循环经济企业，形成更多绿色生态的新型建材产品，造就材料行业的新经济增长点，推动社会可持续发展。

1.4.1 冶金固废材料化利用在工业生态系统中的地位和角色

工业生态学的目标是通过分析自然界的生物圈循环系统，将生物圈的循环原理用于工业过程，把现有的工业体系通过工业生态学的途径，转化为可持续发展的体系，最终实现人类社会的可持续发展。

自然生态系统进化过程大致可分为三级生态系统，如图 1-10 所示。在一级生态系统中，系统内只有物质的线性单向流动，其代谢特征是无限的资源、能源投入和无限的废物排放。在二级生态系统中，系统内已有物质的循环流动，其代谢特征演变成有限资源投入和有限废物排放。在三级生态系统中，系统内已形成物质的闭路循环，没有资源和废物的区别，一切生物过程进化以完全循环的方式进行。对一个生物体来说，需要排出的废料，对另一个生物体来说却是资源，整个生态系统仅需要太阳能一类的外部能源输入即可。

典型的工业经济发展模式分别对应自然生态系统进化过程的三级生态系统，如图 1-10 所示，其中一级到三级生态系统分别对应图 1-10（a）、图 1-10（b）、图 1-10（c）中所述系统。要建立理想的生态工业模式，需要实现物质的封闭循环，使工业经济系统如同自然生态一样，没有废弃物存在，通过资源的循环利用和可再生能源的注入，不断发展进化。

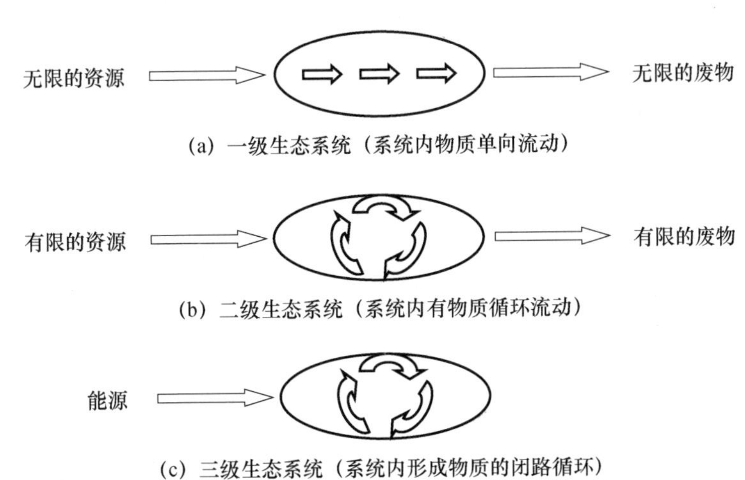

(a) 一级生态系统（系统内物质单向流动）

(b) 二级生态系统（系统内有物质循环流动）

(c) 三级生态系统（系统内形成物质的闭路循环）

图 1-10 生物进化的三种生态系统示意图

人类使用材料是一个巨大的、全球性的、时空无限的循环体系。但是在原料的挖掘、初级原料（大块材料）的生产、工程材料的制备、机器和器件的合成等过程中会排放大量废弃物。其中，金属冶炼是国民经济的基础产业，金属是大宗材料之一。我国是工业大国，大部分冶金固废排放量接近或超过世界排放量的一半，达到了千万吨和亿吨级别。这些大宗固废的循环利用是影响二级生态系统向三级生态系统转变、实现社会可持续发展的关键所在。

随着社会的发展，科学技术进步，跨行业之间物质流、能量流和信息流及优化、升级和耦合成为工业发展的重要方向。从生态系统的角度来看，如同生态链，冶金企业是社会“流”的一个单元，是工业生态系统的组成部分。冶金企业的固废利用是将低价值的非金属部分流动起来，形成社会有效的物质流，并带动能量流和信息流的有序流动。因此，从“流”的角度来看，固废等资源化利用是冶金企业工作使然，是实现冶金企业“绿色低碳化”（全组分的物质流和能量流）和“智能化”（全流程的信息流）的必然途径。

1.4.2 冶金固废材料化利用的技术路径

我国冶金固废的高效资源化利用是一个具有国内重大需求的世界性难题，需要自主创新发展。

我国冶金渣要在资源化利用方面取得进步，急需大量新理论、新技术、新工艺、新装备或者新模式，首先需要广大科研工作者的自主创新。在冶金渣材料化利用领域，需要针对我国冶金固废特点和建材市场特点，研发新型的冶金固废材料化技术，或者构建新的金属冶炼-材料制备循环经济产业链条。尽管建筑材料种类繁多，利用冶金固废制备建筑材料的种类和方式多样，然而对于不同的资源循环利用技术，从技术类别上可分为以下三种方式：

（1）物质回收的方式。二次资源经过处理，回收其中特定的组分，如金属、纸张以及废弃混凝土与玻璃等实现二次资源本身的再循环利用。其中，将废弃混凝土进行拆解，回收有价金属部分后，剩余的无机非金属部分制备为再生砂石骨料是废弃混凝土资源化利用的主要方式；将煤矸石、镍铁渣、铜渣等直接作为骨料进行筑路等，也是物质回收的资源化利用方式。

（2）物质转换的方式。二次资源以新的形式转化为新材料，如利用废玻璃和废橡胶生产铺路材料，利用炉渣生产水泥和其他建筑材料，利用有机垃圾生产堆肥和有机复合肥料等。其中，利用冶金固废作为原料生产水泥、陶瓷等建筑材料，均是物质转换的方式，这也是大宗固废制备建筑材料的主要形式。

（3）能量转化的方式。从二次资源利用过程中回收能量，如通过可燃垃圾的焚烧处理回收热量并进一步发电，利用可降解垃圾的厌氧消化产生沼气并作为能源向居民或企业供热或发电等。在冶金固废中，高温冶金熔渣具有大量余热，将这些高温熔渣直接制备为岩棉、微晶玻璃、铸石等产品，避免冷态原料重新熔融，也就实现了熔渣的“能”“质”协同转化利用。

以这三类资源化利用方式为指导，有利于开展冶金固废制备材料的理论创新和技术攻关。冶金固废材料化利用技术的创新发展和推广应用，将构建金属冶炼→固废排放→材料制备的新的循环经济产业链，使之成为当前冶金行业资源综合利用水平进一步提高，生态环境进一步改善，经济效益进一步增强的重要途径，并进一步促进工业三级生态系统的演变升级，最终推动社会实现可持续发展。

1.4.3 冶金固废材料化利用的发展趋势

我国大宗工业固体废物产量大，利用任务十分艰巨。据国家数据统计，截至2019年，我国工业固废总堆存量已达600亿吨。2019年我国大宗工业固废产生量约为36.98亿吨，同比2018年的34.49亿吨增长了7.2%。2019年我国大宗工业固废综合利用量约为20.78亿吨，较2018年的18.48亿吨增长了2.3亿吨，首次突破20亿吨；全国大宗工业固废综合利用率达到56.20%，较2018年提高了2.61%。预计“十四五”期间，我国年均固废产生量将维持在35亿吨左右。但整体来看，我国工业固体废物的综合利用率仍有待提升。如果要利用这些固废，需要一个大宗的出口使其获得循环利用。仅从我国现有材料的数量上看，年产出上百亿吨的大宗建筑材料将是也必然是包括数亿吨大宗冶金固废的所有工业固废资源化利用的主要途径。

“十三五”期间，我国累计综合利用各类大宗固废约130亿吨，减少占用土地超过100万亩（1亩≈666.7m^2），提供了大量资源综合利用产品，促进了煤炭、化工、电力、钢铁、建材等行业高质量发展，经济效益显著，对缓解我国部分原材料紧缺、改善生态环境质量发挥了重要作用。

随着我国生态文明建设步伐加快，我国在工业固废资源化利用方面进入了新的阶段，利用冶金固废制备绿色建材出现如下发展趋势：

（1）利用固废制备大宗建材技术的需求更加迫切。随着我国环保相关政策法规出台和严格的监督执法，传统简单堆存、填埋在环境、安全、经济等方面的成本越来越高。大部分冶金企业将不会获批废渣填埋场，将废渣转交给专业渣场需要支付15～50元/吨的费用，这部分堆存费成为企业固定的环保负担，将其转变为资源化利用的投资费用则是企业思考的重要方向。对于大型冶金企业，“固废不出厂”是企业对环保的要求，如何大宗消纳这些固废成为企业发展目标。虽然冶金固废企业对大宗建材领域并不熟悉，要厘清适合企业、市场及固废特点大宗资源化利用技术需要一定的时间，但是，固废大宗量消纳的趋势越来越明显，大宗量的固废利用技术的转化正迎来一个加速期。

（2）固废的协同利用是加快固废资源化利用的有效途径。大型冶金企业或冶金产业聚集区通常会排放多类别固废，将这些固废协同利用，不仅能够加大资源化产品中固废的掺入量，获得更多的税费减免等政策优惠，还因为固废掺入量越大，产品避免堆存而获得的补贴越多，生产成本将越低。在多种固废协同利用的同时，需要额外关注不同有害元素在产品制备和使用过程的耦合作用行为和赋存形式，保障固废资源化利用过程的绿色化。

（3）节能减排的固废利用技术将成为关注的重点方向。钢铁冶金熔渣的显热被认为是目前钢铁冶金行业最大的未利用的二次能源。按照利用熔渣3000万吨/年制备人造石材计算，每吨熔渣蕴含60kg标准煤的热量，当石材中熔渣利用量90%时，节省1.62×10^6 t标准煤，即年减排CO_2超过400万吨。除了直接利用熔渣制备石材等大宗量利用技术，利用熔渣协同处理危废、固废，在熔渣调质过程进行有价元素提取等也是具有前景的节能减排技术。随着社会和企业加强对碳减排技术的支持，对熔渣调质过程的装备、材料、在线检测等瓶颈技术的研究将会加快推进。

（4）固废利用与智能化的结合将会加速。一方面，冶金工业智能化的发展逐步取得成效，冶金主流程的大数据收集和挖掘等系统的完善也将带动冶金渣利用的智能化发展；对应固废和产品的关键理化特性的在线检测装备等也会逐渐向网络化、便捷化、低成本化方向发展。另一方面，固废理化性质存在波动性和差异性，同时，不同区域市场对固废产品的需求不同，因此，固废资源化利用技术的个性化将是其发展的一个显著特性。通过智能化手段控制固废产品质量，以及个性化产品的智能设计也将成为固废利用技术发展的重要方向。

（5）固废利用方面的标准和人才培养将会加速。随着国家对生态文明建设和“双碳目标”发展的推进，通过标准、规范、税收、法律等形式鼓励和推动新技术，限制和淘汰落后技术的趋势将会加强。从工业固废、生活垃圾、建筑垃圾到农业固废，每个行业都会加强跨学科、跨专业人才的培养，抢占技术先机，推动本行业固废利用水平的快速进步。同时，传统对危险废物简单固化填埋的形式也将逐渐转变为与精准利用、梯级利用相结合的综合利用和处置模式，对有害离子的形态和行为等研究将会加强。

（6）固废利用相关从业人员的思路将会转变。发展思路的转变是推动固废资源化利用的一个关键所在。

需要打破冶金的行业壁垒束缚。冶金企业是社会“物质流”“能量流”和“信息流”的一个单元，是工业生态系统的组成部分。冶金渣的利用无非是将低值的非金属组分流动起来，形成社会有效的物质流或能量流。固废资源化利用是冶金企业“绿色化”（全组分的物质流）、“智能化”（全流程的信息流）的必然途径。冶金行业对冶金渣在行业内的流动（利用）已经开展了大量工作，现阶段需要从物质流角度思考固废资源化利用，打破行业边界，从更大系统的角度去突破创新。

（7）需要把固废当成资源而不是废弃物。一方面，当把固废作为资源的时候，企业会根据固废的资源特性去分类管理，提高后续利用效率。比如，铁水预处理渣、精炼渣、转炉钢渣、电炉钢渣分类管理，可以在提取片状石墨、制备胶凝材料、混凝土掺和料和制备骨料等领域实现分类分质利用。另一方面，当把固废当成资源的时候，就会从源头去思考如何提高固废的资源价值，就会从包括冶炼工艺和固废利用工艺的整个系统的经济、环境和社会效益最优的角度去调整冶炼过程，从而进化整个系统。

固废篇

2 钢铁冶金固废

2.1 钢铁冶金渣概述

钢铁产业是我国经济的重要支柱产业之一，是技术、资金、资源、能源密集型行业，是我国现代化工业的基础产业，在整个国民经济中具有举足轻重的地位。钢铁产业涉及面广、产业关联度高、消费拉动大，在经济建设、社会发展、财政税收、国防建设以及稳定就业等方面发挥着重要角色，是国民经济和社会发展水平以及国家综合实力的重要标志。2020 年，钢铁生产保持平稳，产量继续增加。据国家统计局发布的数据，2020 年，我国粗钢产量 10.53 亿吨，同比增长 5.2%；生铁产量 8.88 亿吨，同比增长 4.3%；钢材产量 13.25 亿吨，同比增长 7.7%。图 2-1 是我国近几年粗钢产量现状及与各国（地区）的产量占比。

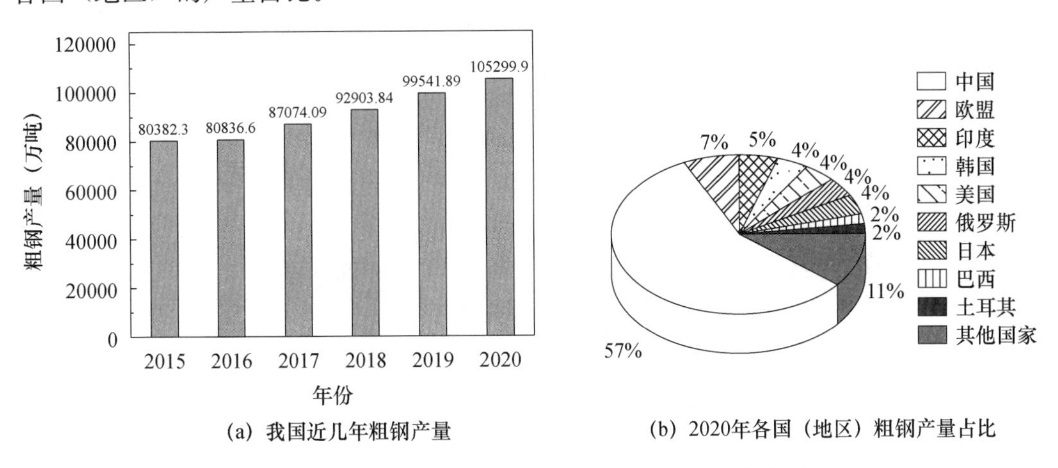

(a) 我国近几年粗钢产量　　(b) 2020年各国（地区）粗钢产量占比

图 2-1　我国近几年粗钢产量现状及与各国（地区）的产量占比

随着钢铁产量的不断增加，钢铁冶炼过程也给环境带来了巨大威胁。在炼铁炼钢过程中，需要先将铁从铁矿石中提取出来，之后对铁水进行脱硫、脱磷和去夹杂，生产出性能优异的钢。而实现这些功能，需要向铁水中加入造渣剂和渣料。这样导致粗钢生产的同时产生大量的钢铁冶炼渣堆积，给环境带来严重危害。目前国内外钢铁渣的利用领域见表 2-1。

目前我国的炼钢生产工艺流程如下：

长流程：炼焦→烧结→高炉炼铁→铁水脱硫预处理→转炉复合吹炼→二次精炼→全连铸。

短流程：电弧炉（废钢＋兑铁水）冶炼→二次精炼→全连铸。

表 2-1　国内外钢铁渣利用领域　%

国家	高炉渣	转炉钢渣
德国	水泥原料 81%，混凝原料 10%，中转储存、内部消耗等 9%	建材领域 53%，农业领域 9%，冶炼回收量约 13%，其余主要填埋处理
日本	水泥原料 72%，建筑、道路铺建领域 25%，农业领域 3%	建筑领域 41%，铺路材料 39%，其余主要用作水泥、地基改良的原材料使用
美国	路基路面材料 35%，胶结材约 30%，其余主要为混凝土的原材料	路基路面材料 66%，其余在水泥、农业领域多有应用
中国	矿渣粉 56%，水泥混合料 23%，慢冷渣碎石 3%，约 18%未得到利用	钢渣粉约 10%，冶金领域 7%，钢渣水泥和铺路的原材料 5%，约 71%选铁后堆置处理而未利用

从炼钢流程来看，产生冶炼渣的工序有：高炉炼铁、铁水脱硫预处理、转炉复合吹炼、电弧炉冶炼和二次精炼，共产生四类冶炼渣，分别是：高炉渣、铁水脱硫渣、钢渣（转炉钢渣、电炉钢渣）和精炼渣（图 2-2）。铁合金渣是在铁合金生产过程中，炉料加热熔融后经还原反应，其中形成的氧化物杂质与铁合金分离后排出的炉渣。铁合金作为我国钢铁工业和机械制造业必不可少的辅助原料，主要通过矿热电炉还原熔炼，部分采用高炉或转炉冶炼，在以上冶炼过程中会排放出冶金废渣。按铁合金品种分为锰系铁合金渣、铬铁渣、镍铁渣、硅铁渣、钨铁渣、钼铁渣、磷铁渣、金属铬浸出渣和钒浸出渣等。

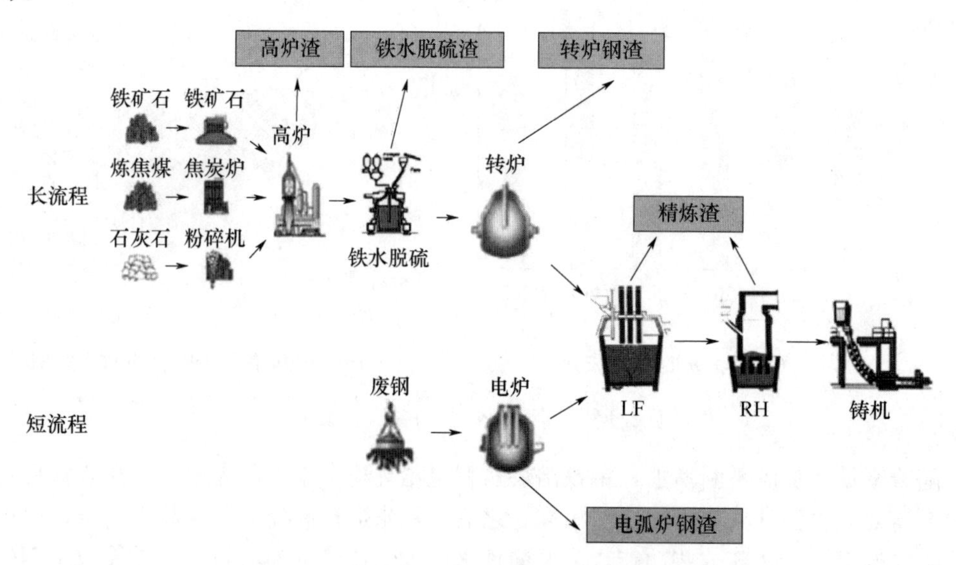

图 2-2　钢厂炼钢流程图及钢铁冶炼渣的来源

2.1.1　高炉渣

高炉渣作为高炉炼铁的副产品，其主要由铁矿石中的脉石、焦炭中的灰分、助熔剂和其他不能进入生铁中的杂质组成。其产量巨大，吨铁排渣量约为 350kg，2020 年我国的高炉渣排放量达 3.683 亿吨。

我国除少量含钛等特殊成分的高炉渣外，基本上都得到了应用。图 2-3 是高炉渣资源化利用的全产业链途径。大部分高炉渣采用水冲渣工艺处理，水淬粒化高炉渣以玻璃相为主，具有高胶凝活性，在混凝土、水泥领域获得了广泛应用。现阶段，高炉渣在我国已经不被定义为废弃物，不再享受国家固废资源化利用的鼓励政策。由于高炉渣排出时为高温熔体，具有大量余热，为了利用高炉渣余热，开展了大量干法粒化并回收余热的研究；采用“热”“渣”耦合利用工艺，直接将高温熔渣制备成材料取得进展，已有高炉渣制备矿棉的工业化应用，利用高炉渣制备微晶玻璃和铸石等的研究也在开展。其他少量在农业与生态修复领域应用，部分含钛高炉渣在钛元素提取方面进行利用。

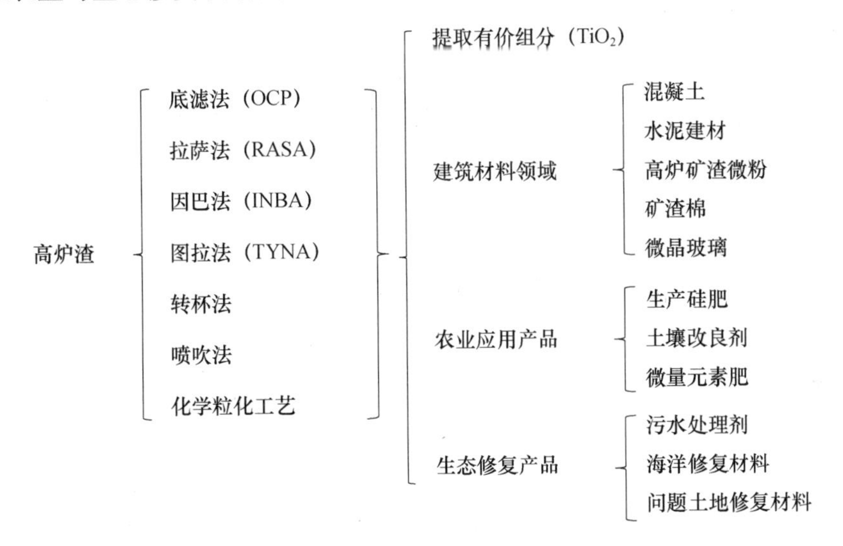

图 2-3 高炉渣资源化利用的全产业链途径

2.1.2 铁水脱硫渣

铁水脱硫渣是指铁水在进入转炉前进行预脱硫处理过程中产生的废渣。在预脱硫处理反应结束以后所生成的干稠状渣上浮到铁水表面，与铁水包内存在的少量高炉渣混合在一起，将浮渣扒掉即达到脱硫的目的。扒出的脱硫渣进入渣罐，成为脱硫渣的主体部分。此外，在扒渣过程中部分铁液或铁珠会随扒渣过程落入渣罐，沉积在罐底，成为脱硫渣的另一组成部分。同时，由于铁水在温度下降过程中能够析出固溶的碳元素，形成片状石墨进入脱硫渣，因此脱硫渣中除含有较高含量的铁，其他矿物组成因脱硫剂的种类、化学组成和矿物组成各异。每吨铁水产生脱硫渣约 13.7kg。图 2-4 是铁水脱硫渣的利用途径，目前主要途径是回收铁质组分，也有部分企业提取片状石墨，剩余尾渣可用于冶炼熔剂或建筑材料。

2.1.3 钢渣

钢渣是炼钢过程中的一种副产品。它由生铁中的硅、锰、磷、硫等杂质在熔炼过程中氧化而成的各种氧化物以及这些氧化物与熔剂反应生成的盐类所组成。钢渣含有多种有用成分：金属铁 2%～8%，氧化钙 40%～60%，氧化镁 3%～10%，氧化锰 1%～8%，故可作为钢铁冶金原料使用。钢渣的矿物组成受其成分和形成工艺的影响较大。

部分钢渣的矿物组成以硅酸三钙为主，其次是硅酸二钙、RO相、铁酸二钙和游离氧化钙等。钢渣主要有电炉钢渣和转炉钢渣。在我国，目前约90%的粗钢采用转炉炼钢工艺生产，钢渣中转炉钢渣对应占比接近90%。典型的转炉钢渣成分见表2-2。

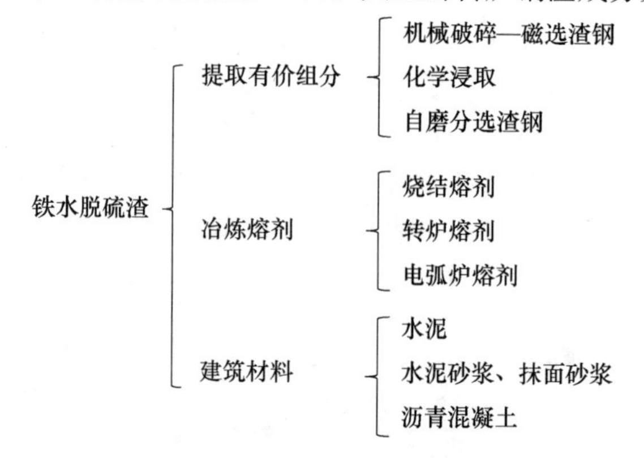

图2-4　铁水脱硫渣的利用途径

表2-2　国内4家钢厂转炉钢渣化学成分　　%

炼钢厂	CaO	MgO	SiO_2	Al_2O_3	FeO	Fe_2O_3	MnO	P_2O_5	*f*-CaO
宝钢	45～50	4～5	10～11	1～4	10～18	7～10	0.5～2.5	3～5	5～11
鞍钢	40～49	4～7	13～17	1～3	11～22	4～10	5～6	1～1.4	2～9.5
包钢	45～51	5～12	8～10	0.6～1	5～20	5～10	1.5～2.5	2～3	4～10
邯钢	42～54	3～8	12～20	2～6	4～18	2.5～13	1～2	0.2～1.3	2～10

钢渣的产生量大，每产1t钢坯就会产生约0.15t钢渣，而我国对钢渣的利用率只有30%左右。钢渣目前的冷却处理方法以热焖法、热泼法为主。通常热态钢渣冷却后经过冷渣破碎磁选工艺，以实现回收10%～15%具有经济价值的铁质组分，同时剩余85%（质量分数）左右难以利用的钢渣尾渣。通常所说的钢渣是指磁选后的转炉钢渣尾渣。在我国，钢渣主要在建材行业的水泥复合混合材、混凝土掺和料和道路工程等领域获得较多的应用。图2-5是我国现在钢渣资源化利用的全产业链途径。

2.1.4　精炼渣

精炼渣是钢水精炼后排出的废渣。为了满足市场对洁净钢生产的需求，国内钢厂普遍重视二次精炼工艺，到目前为止，我国钢铁工业精炼比已超过70%。炉外精炼工艺方法种类繁多，基本上分为真空和非真空精炼两大类。常见的精炼渣按化学成分可分为：$CaO\text{-}CaF_2$基、$CaO\text{-}Al_2O_3$基、$CaO\text{-}Al_2O_3\text{-}SiO_2$基等。

据统计，每生产1t钢水，产生20～50kg精炼渣。精炼渣由于种类不同，其矿物组成有所差异，主要矿物有硅酸盐和铝酸盐，如C_3S、C_2S、$C_{12}A_7$等。LF炉精炼废渣成分属铝酸钙渣系范畴，LF炉精炼过程加入的造渣料相互作用生成多种钙铝酸盐和硅钙系复杂物相。相比转炉渣而言，精炼渣中Fe_2O_3含量低，Al_2O_3含量较高，冷却过程中由于发生$\beta\text{-}C_2S$向$\gamma\text{-}C_2S$的晶型转变导致体积变大，这使得绝大部分精炼渣几乎完全粉化。从矿物组成上来判断，精炼渣具有一定的水硬胶凝性。图2-6是我国现阶段精炼渣资源化利用的全产业链途径。目前我国精炼渣总体领域水平不高，主要在钢铁行业实现热态回用或少量冷态循环利用，少量单独或者掺入钢渣中，用于建筑材料和污染治理等。

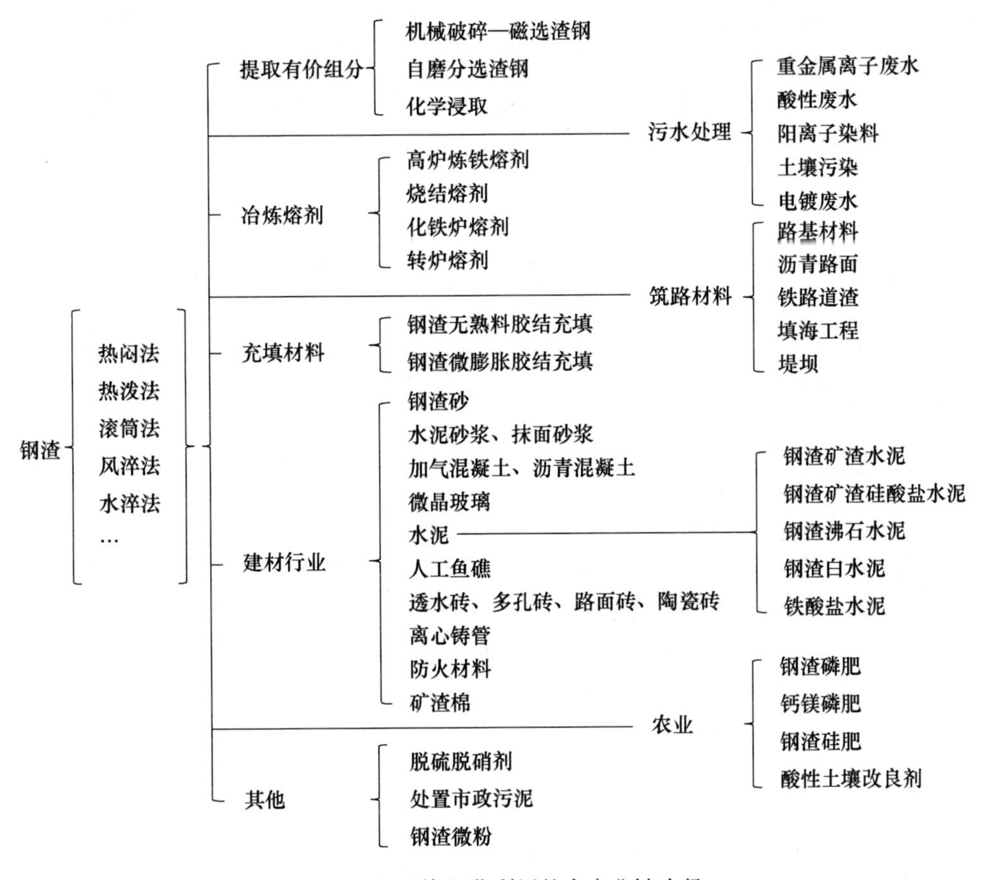

图 2-5　钢渣资源化利用的全产业链途径

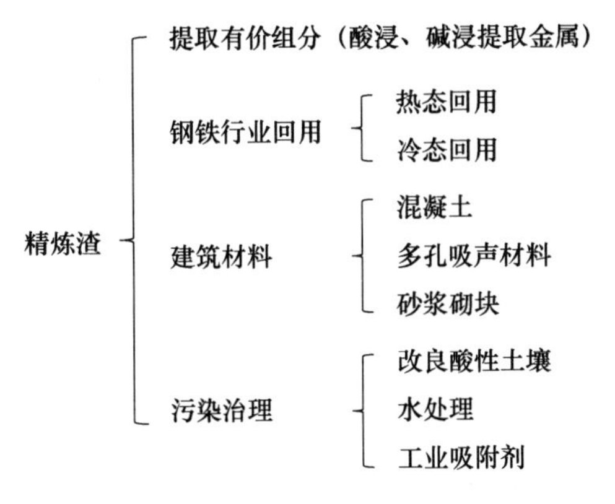

图 2-6　精炼渣资源化利用的全产业链途径

2.1.5　铁合金渣

铁合金主要采用矿热还原炉熔炼，部分采用高炉或者转炉冶炼，极少数产品采用其他方法冶炼。因生产品种、原料品位和氧化物回收率不同，生产 1t 合格产品所产生的渣量也不同。据统计，生产 1t 锰铁合金将产生 2.0～2.5t 锰铁渣，2007 年我国共有 40 多个铁合金冶炼企业，当年排放量的锰铁渣就多达 1700 万吨。生产 1t 硅锰合金将产生 1.2～1.3t 硅锰渣，近 10 年来，每年约有 300 万吨硅锰渣产生。生产 1t 高碳铬铁合金将产生 1.1～1.2t 废渣。每生产 1t 硅铁合金，会产生 50～60kg 硅铁合金渣。每生产 1t 镍铁合金，会产生 4～6t 镍铁渣。铁合金渣的成分随产品品种和工艺不同而异。典型铁合金渣的成分见表 2-3，其中镍铁渣包括电弧炉冶炼的电炉镍铁渣和高炉冶炼的高炉镍铁渣。

表 2-3 典型铁合金渣的成分 %

种类	SiO_2	Al_2O_3	CaO	MgO	Fe_2O_3	Cr_2O_3	MnO	其他
硅锰渣	42.17	20.71	16.07	3.68	0.12	0.01	11.38	5.86
铁铬渣	34.96	23.27	2.44	26.79	2.74	7.36	0.25	2.19
高炉的镍铁渣	28.92	22.81	31.55	10.69	1.24	0.23	0.22	4.34
电炉的镍铁渣	49.47	4.20	2.17	28.33	12.23	1.08	0.5	2.02

图 2-7 是我国现阶段铁合金渣资源化利用的全产业链途径。高炉镍铁渣的排渣工艺和成分接近普通高炉渣，具有较高的氧化铝和氧化镁，其成分见表 2-2。相对电炉镍铁渣，水淬的高炉镍铁渣含有玻璃相，胶凝活性较高，因而获得了较好的利用，已广泛用于水泥、混凝土行业。硅锰渣水淬后能够形成更多的玻璃相，具有一定的胶凝活性，也能用作水泥混合材或者混凝土掺和料，但较高的氧化锰含量制约了其广泛应用。

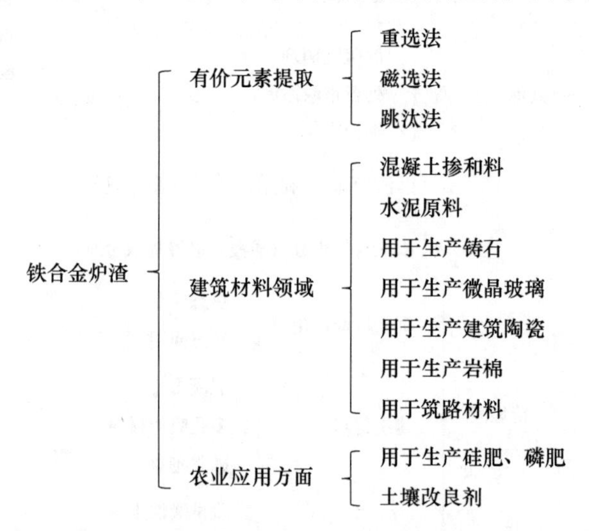

图 2-7 铁合金炉渣资源化利用的全产业链现状

将电炉镍铁渣、铬铁渣应用于砂石骨料领域是另外一种大宗利用的方法，电炉镍铁渣和铬铁渣的主要矿相分别为镁橄榄石以及镁橄榄石和尖晶石，具有较高的硬度。虽然这两种铁合金渣含有超过 20%的氧化镁，以及 2%～10%的氧化铬，对其安定性和浸出的试验都表明安定性和重金属浸出率均合格。目前相关研究已进入道路工程应用示范阶段。此外，我国硅锰渣、铬铁渣大多分布在电力丰富的内蒙古、宁夏和山西等中西部地区，这些地区对水泥、混凝土和道路的需求量少，缺乏消纳冶金渣的当地大宗市场，因此，市场因素也制约了铁合金渣的大宗利用。

2.2 高炉渣

2.2.1 高炉渣的形成

高炉渣的形成要经历初成渣→中间渣→终渣过程，高炉内成渣是从矿石软化开始，在炉料不断下降过程中进行着一系列的物理化学变化，形成最终炉渣。其变化过程简述如下：初成渣的生成包括固相反应、软化、熔融、滴落几个阶段，软熔带中形成液态初渣。初渣中 FeO、MnO 含量较高，处于软熔带以下、风口平面以上部位；中间渣中 FeO、MnO 含量逐渐减小，CaO、MgO 含量逐渐增大，炉渣黏度增大；终渣由中间渣转化而得，终渣中 Al_2O_3、SO_2含量增大，CaO、MgO、MnO 和 FeO 含量减小，CaS 含量增大，碱度减小。终渣通过风口平面聚集在炉缸，是成分、性质较稳定的熔态炉渣，温度为 1300～1500℃。

2.2.2 预处理方式

熔融态炉渣形成后与铁水排出，通过排渣沟后实现渣铁分离，熔渣单独排出并进一步进行冷却处理。熔融高炉渣的主要冷却处理方式是水淬，将熔融状态的高炉渣置于水中急速冷却限制其结晶，使其在热应力作用下粒化。水淬后得到沙粒状的粒化渣，绝大部分为玻璃相（图 2-8）。

图 2-8 高炉水淬渣冲渣及堆场

高炉熔渣冷却方式有多种。按脱水方式分为：（1）脱水槽法，亦即拉萨（RASA）法；（2）转鼓脱水法，包括因巴（INBA）法和图拉（TYNA）法；（3）渣池过滤法，即底滤（OCP）法；（4）提升脱水法，即明特法。水淬工艺处理的高炉渣，玻璃质（非晶体）含量超过 95%，可以作为活性混合材或掺和料应用于水泥、混凝土等领域。水淬粒化工艺已广泛应用于钢铁行业，但此法存在释放大量硫化物、干燥能源消耗大、循环水系统磨损大等问题。

表 2-4 表示的是上述几种高炉渣水淬处理方法的主要技术指标。

表 2-4　几种高炉渣水淬方法的主要技术指标

指标	因巴法	图拉法	底滤法	拉萨法
吨渣耗电量（kW·h）	约 5	约 2.5	约 8	15～16
吨渣循环水量（m^3）	6～8	约 3	约 10	10～15
吨渣新水耗量（m^3）	约 0.9	约 0.8	约 1.2	约 1
渣含水率（%）	约 15	8～10	15～20	15～20
国内钢厂应用情况	多	较多	最多	很少

高炉熔渣温度为 1300～1500℃，每吨熔渣的显热约为 60kg 标准煤。利用这些熔渣的余热可以实现热量的回收或利用，这对冶金行业节能和减排具有重要意义。回收熔渣余热的方法主要有干法粒化工艺、利用熔渣制备材料等。

2.2.3　高炉渣的特点及性质

高炉渣的主要成分为 CaO、SiO_2、Al_2O_3，还含有少量 MnO、Fe_2O_3和 S 等。由于炼铁原料以及操作工艺不同，矿渣的组成和性质也存在较大差异，根据高炉矿渣化学成分中的碱性氧化物含量可以将高炉矿渣分为碱性矿渣、中性矿渣和酸性矿渣。根据高炉矿渣中不同成分含量又可以将高炉矿渣分为普通渣、高钛渣、锰铁渣和含氟渣。我国主要钢铁厂高炉渣的化学成分见表 2-5。

表 2-5　我国主要钢铁厂高炉渣的化学成分　　%

名称	CaO	SiO_2	Al_2O_3	MgO	MnO	Fe_2O_3	TiO_2	V_2O_5	S	F
普通渣	38～39	26～42	6～17	1～10	0.1～1	0.15～2	—	—	0.1～1.5	—
高钛渣	23～46	20～35	9～15	2～10	<1	—	20～29	0.1～0.6	<1	—
锰铁渣	28～47	21～37	11～24	2～8	5～23	0.1～1.7	—	—	0.3～3	
含氟渣	35～45	22～29	6～8	3～7.8	0.1～0.8	0.15～0.19	—	—	—	7～8

高炉矿渣多为非晶态的玻璃相，同时含少量钙黄长石、方解石等晶态矿物相。图 2-9所示为明特法与因巴法冲制的高炉矿渣的矿物组成，可见不同处理工艺对高炉渣形成的矿相影响很大。明特法冲制的高炉矿渣含有大量的钙铝黄长石（$Ca_2Al_2SiO_7$）晶体，以及小部分的镁蔷薇辉石（$Ca_3MgSi_2O_8$）晶体，因巴法的热水冲渣制度下的矿渣，钙铝黄长石的晶体含量极少，且晶体形式主要以微晶状态存在，玻璃体含量高。高炉渣在水泥行业中使用时，其玻璃体含量越高，活性越大，掺入水泥的性能越好，因此因巴法水淬的高炉渣相对更适合掺入水泥或混凝土中。

2.2.4　高炉渣的利用现状及趋势

现阶段，高炉渣主要用于水泥和混凝土中的混合材和掺和料。高炉渣作为工业固体废物，其化学成分与硅酸盐水泥相似，由于高炉矿渣水淬过程中在极高冷却速度下被“冻结”形成玻璃相，部分未完全释放的能量被储存成为玻璃体的内能，这使得水淬高炉渣具有较高的化学活性。此外，利用熔融态高炉渣制备岩棉等已获得产业化应用。

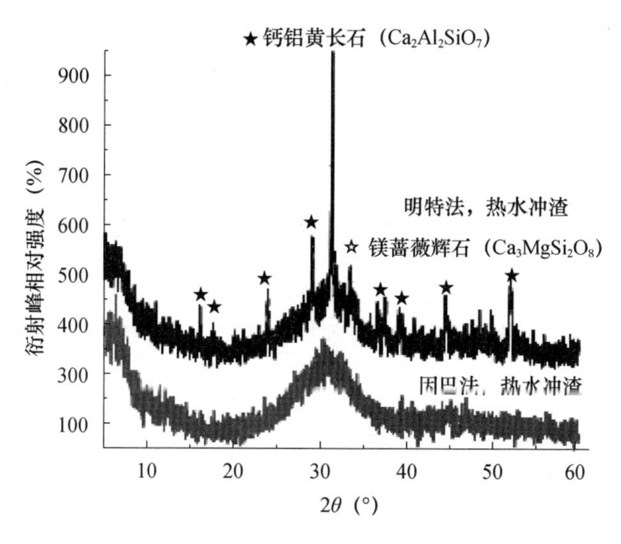

图 2-9 明特法与因巴法两种冲渣制度下的矿渣粉的 XRD 图

高炉渣在我国通常已经不被划为固体废物，不享受国家鼓励固废利用的相关优惠政策。高炉渣用于水泥行业的时候，通常被称为矿渣。对于水淬的粒化高炉渣，也被称为水渣。水淬的粒化高炉渣经济价值在 100 元上下，磨细的矿渣粉价值更高。

比较难利用的高炉渣是含钛的高炉渣，因为钛的存在，使得高炉渣失去了水化的活性，难以用作高附加值的水泥混合材或混凝土掺和料。现阶段，仅少部分含钛高炉渣被用于制备低附加值砂石骨料并用于筑路或混凝土中。氧化钛含量高的含钛高炉渣也是一种钛提取的二次资源，在从含钛高炉渣提取钛方面开展了大量研究，部分技术处于工业化实验阶段。

2.2.4.1 回收热能

每吨炉渣的显热相当于 60kg 标准煤，其显热的回收利用对钢铁工业“双碳”目标的实现具有重要意义。现阶段利用熔渣余热的方式有干式粒化法和直接制备材料方法。

由于熔渣是液态，要回收利用熔渣就需要用冷却介质和熔渣交换热量，交换热量就需要增加介质和熔渣的接触表面积。采用气流喷射或圆盘离心旋转等机械力，首先将熔渣粒化，粒化后的熔滴式颗粒能够增加热交换面积，这就是干式粒化过程。粒化过程的熔渣余热通过接触的气流或圆盘实现部分回收，然后再对粒化后高炉渣固体颗粒的热量进行回收。

干式粒化工艺是在不消耗水的情况下，利用高炉渣与传热介质直接或间接接触进行高炉渣粒化和显热回收的工艺，几乎没有有害气体排出，是一种环境友好的新式处理工艺。根据对粒化后高炉渣热量利用的方式不同，又分为物理法和化学法。

1. 物理法热回收工艺

物理法就是粒化后的高炉渣进一步与换热介质直接或间接换热达到余热利用的目的，比如常用的风淬法、滚筒转鼓法、离心粒化法。

（1）风淬法

风淬粒化熔渣处理工艺如图 2-10 所示。日本的三菱重工（Mitsubishi）和日本长野工业株式会社（NKK）建立了专门进行高炉渣热量回收的工厂，将液态渣倒入倾斜的渣沟中，渣沟下设鼓风机，液渣从渣沟末端流出时与鼓风机吹出的高速空气流接触后迅速粒化并被吹到热交换器内，渣在运行过程中从液态迅速凝结成固态，通过辐射和对流进行热交换，渣温从1500℃降到1000℃。渣在热交换器内冷却到300℃左右后，通过传送带送到储渣槽内。高炉渣经球磨后可作水泥厂原料，热回收率在40%～45%。但因其用空气作为热量回收介质，故所需空气量大，鼓风机能耗高。风淬与水淬相比冷却速度慢，为防止粒化渣在固结之前黏附到设备表面上，就要加大设备尺寸，存在设备体积庞大、结构复杂等不足。此外，风淬法得到的粒化渣的颗粒直径分布范围较宽，不利于后续处理。

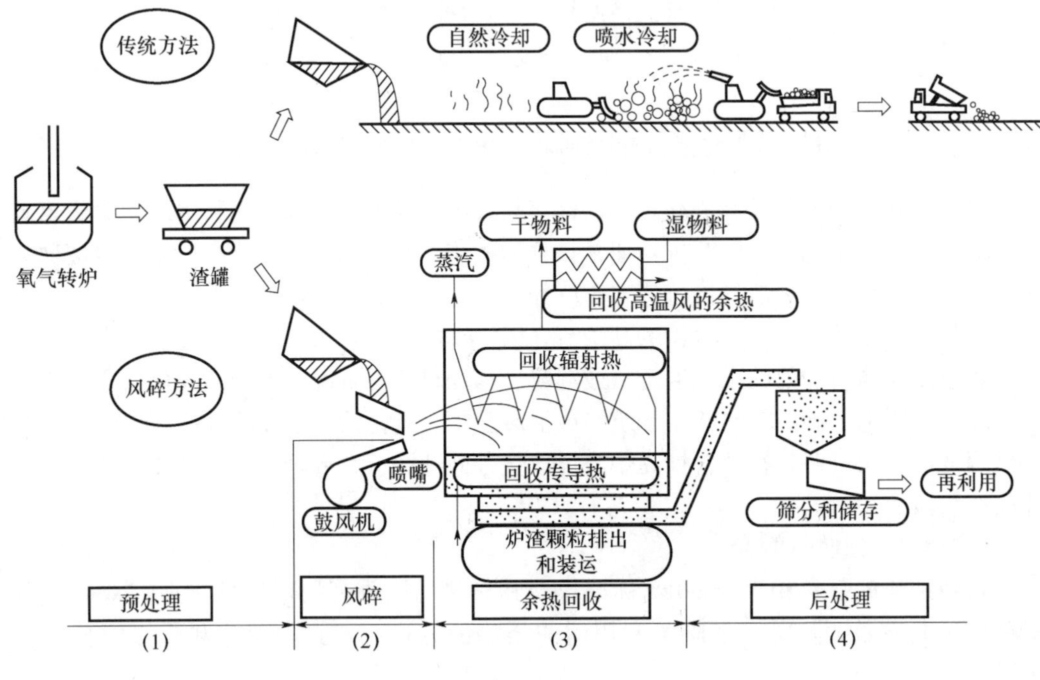

图 2-10　日本 NKK 和三菱重工联合开发风淬粒化熔渣处理工艺

（2）滚筒转鼓法

滚筒转鼓法分为滚筒法和内冷双滚筒法，日本 NKK 采用的内冷双滚筒法热回收设备如图 2-11 所示，具体是将熔融的高炉渣通过渣沟或管道注入到两个转鼓之间，转鼓中通入热交换气体（空气），渣在两个转鼓的挤压下形成一层渣片并黏附到转鼓上，薄渣片在转鼓表面迅速冷却，热量由转鼓内流动空气带走。热量回收后用于发电、供暖等。其缺点是薄渣片粘在转鼓上需用耙子刮下，工作效率低，且设备的热回收率和寿命明显下降，所得冷渣以片状形式排出会影响其继续利用。滚筒法与内冷双滚筒法的主要区别是当渣流冲击到旋转着的单滚筒外表面上时被破碎（粒化），粒化渣再落到流化床上进行热交换，可以回收 50%～60%的熔渣显热。该方法属于半急冷处理，所得产品是混凝土骨料。日本住友集团的单滚筒工艺破碎粒化熔渣的能力低，渣粒的粒径分布范围大，与换热介质的换热面积小，换热效率低，粒化渣玻璃体含量不足，不能作为水泥原料。

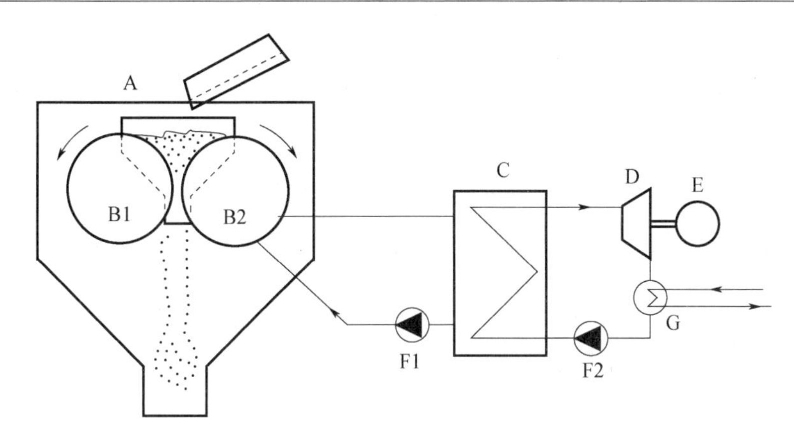

图 2-11　内冷双滚筒法粒化熔渣热能回收系统

（3）离心粒化法

离心粒化技术是指液态渣落在高速转动的转杯、转盘、滚筒上受离心力的作用被甩出粒化的工艺技术。英国的 Keveaner Davy 公司发明了一种离心粒化法，运用流化床技术来提高热回收率。通过使用高速旋转的盘子为粒化器，液态高炉渣从管道或者渣沟流入盘子中间。当盘子到达预定的旋转速度时，在向心力的作用下，液渣从盘中飞出且粒化成粒。液渣运动时与空气进行热交换直到凝结。之后，高炉渣陆续落到底部，并在下部流化床中与空气交换热量，从设施顶部回收热空气。这种设备可将渣均匀粒化并充分热交换，其处理能力可达到 6t/min，盘子转速为 1500r/min，如图 2-12 所示。表 2-6 是高炉渣干式粒化法的比较。

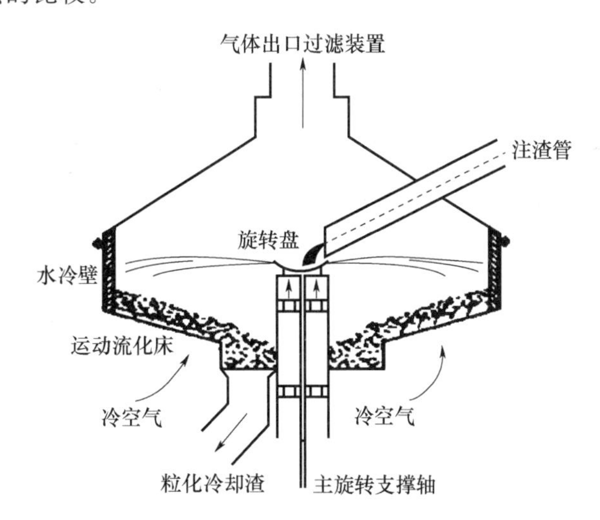

图 2-12　Kvaerner Davy 离心粒化法热能回收工艺

表 2-6　各种熔渣干式粒化法的比较

项目	风淬法	滚筒法	离心粒化法
粒化方式	高压鼓风	机械力冲击破碎	离心力
粒化效果（mm）	＜5 的占 95％	＜10 的占 95％，最大 20	平均直径 2
设备处理能力（t/h）	100	40	60～360

续表

项目	风淬法	滚筒法	离心粒化法
冷却速度	急冷	缓冷	急冷
换热介质	空气（流化床式）	空气（流化床式）	空气（流化床式），冷却水
熔渣温度（℃）	1400～1600	1400	<1550
出渣温度（℃）	150	450	300
热回收率（%）	62.6	50～60	58.5（计算值）
回收热量的形式	电力	蒸汽，电力	热风，热水
渣用途	水泥	混凝土细骨料	水泥

2. 化学法热回收工艺

化学法就是将高炉渣的热量作为化学反应所需要的热源，从而达到回收利用的目的。目前，利用甲烷制备氢气、生物质气化等都属于化学回收法范畴。

利用甲烷制备氢气是利用吸热化学反应：$CH_4(g)+H_2O(g)=\!=\!=3H_2(g)+CO(g)$，$\Delta H=+206kJ/mol$ 将熔渣的热能转化为化学能。日本学者通过试验，提出了基于转杯粒化的甲烷-水蒸气催化反应的技术方案，具体工艺如图 2-13 所示，将甲烷（CH_4）和水蒸气（H_2O）充分混合，然后在高炉渣通过圆盘离心粒化后的热态高炉渣颗粒放出的高热作用下生成氢气（H_2）和一氧化碳（CO）气体，这个反应为吸热反应，因此该反应就把高炉渣颗粒的热量转移出来，并进入下一反应器，在一定条件下氢气（H_2）和一氧化碳（CO）气体又反应生成甲烷（CH_4）和水蒸气（H_2O），这个反应为放热反应，因此又放出了热量。通过这个循环也就达到了高炉渣热量回收的目的。回收的热量可供热风炉使用以及发电，实现了资源的循环利用。根据热量和物料平衡模型进行有效能分析和经济评估后认为，该系统的整体有效能损失仅为传统方法的 15%，经济价值相当可观。

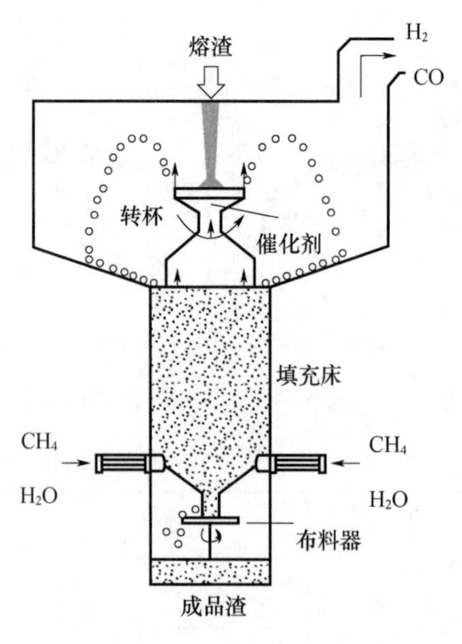

图 2-13　甲烷-水蒸气重整工艺

采用干式粒化方法的好处在于实现了热量的回收，但是由于干式粒化过程对熔渣的冷却速度小于水淬冷却熔渣的速度，因此粒化渣的玻璃相会减少，活性会降低。特别是粒化后的高炉渣导热系数低，内部的熔渣温度降低慢，析出的晶相更多，这导致粒化高炉渣在水泥和混凝土行业应用时的活性降低，质量下降；同时，干法粒化并凝固后的高炉渣热量从内部传递到外部的导热效率低，且颗粒内部较软，颗粒间容易产生黏结，因此阻碍了热回收工艺的进行。

目前干式粒化法的设备还不成熟，转化效率低，存在渣换热的间歇性等问题；化学法工艺技术对设备及控制条件要求较高，能量转化效率受化学反应温度影响，因此，无论是物理法还是化学法，尚未见到成熟的工业化报道。

熔渣余热利用对冶金行业节能减排意义重大。进一步提高干式粒化方法的热量利用效率，改善粒化渣性能，优化现有比较成熟的离心法粒化工艺和设备等是这一技术发展的重要方向。

与干式粒化方法不同，将熔渣直接制备材料是“渣”和“热”耦合利用的方式。这一方式类似于高温铁水和钢水的利用，即物质与其具有的显热可以一同进行利用，制备出更高附加值的材料。这一部分的介绍详见第 10 章利用熔渣制备建筑材料。

2.2.4.2　建筑材料

1. 水泥和混凝土原料

我国高炉渣绝大部分为水淬渣，水淬渣在进行急冷处理过程中，熔态炉渣的绝大部分物质还没形成稳定的化合物晶体，而是以无定形体或玻璃体的状态将没能释放的热能转化为化学能储存起来，从而具有良好的潜在水硬性，在水泥熟料、石灰、石膏等激发剂作用下，可作为优质的水泥原料混合材，或直接替代部分水泥作为活性掺和料用于混凝土生产，可制成矿渣硅酸盐水泥、石膏矿渣水泥、石灰矿渣水泥、矿渣砖、矿渣混凝土等。目前以高炉渣作为原料生产矿渣水泥的工艺技术已经很成熟。在国家通用水泥标准中，矿渣硅酸盐水泥是其中一类重要的品种，其中规定了矿渣的加入量为 20%～70%。高炉渣可作为生产水泥的混合材原料，在水泥粉磨过程中掺入高炉渣，有助于提高水泥后期强度；水泥中掺入高炉渣后，减少了熟料的使用量，而生产 1t 熟料排放约 1t 二氧化碳，因此水泥中大量掺入矿渣粉对水泥行业节能减排具有重要意义。

2. 高炉渣矿棉

建筑行业中，保温隔热类材料一般有矿物纤维（硅酸铝纤维棉、岩棉、矿棉等）和泡沫塑料（酚醛树脂、聚氨酯、聚苯乙烯等）两大类。矿物纤维类保温材料具有隔声降噪、耐火等特点，在建筑行业广泛使用。

传统的高炉渣矿棉的生产以高炉渣粒料及焦炭等为主要原料，再添加适当量的调质剂如石英制得符合要求的熔渣，进一步经过离心或喷吹制成矿棉纤维，再由收集器集棉等工序得到不同用途和性能的矿棉制品。

高炉渣矿棉生产技术的关键在于两点：

一是成纤技术。目前，离心法和喷吹法是我国通常应用的两种技术，喷吹法的设施简便且所得纤维细，但短且渣球含量高；离心法的收成好、纤维长、成纤较容易、渣球含量低，但设施繁琐，不利于维修且成本高。

二是集棉技术。这是生产优质棉的关键之处，其发展主要表现在几个方面：确保生产各类结构与卷状棉板制品；确保纤维能按照成品要求出现不同分布状态；确保产生接连不断的迭棉带；确保形成用于不同制品的集棉技术。

传统矿棉制备大多采用冲天炉工艺，但此工艺有着污染大、质量差等缺点，其发展受到环保限制。直接利用熔渣，或者熔渣经过热态下组分调质后，直接制备成矿棉。该工艺能够实现熔渣的“热”和“渣”利用，是节能和减排的鼓励方向，在我国发展得较快。利用熔渣制备矿棉具有较好的经济性，能够制备出中低档矿棉产品。但是，我国矿棉市场的年产量仅百万吨数量级，这在数量上限制了上亿吨高炉渣的利用。

3. 陶瓷材料

陶瓷是另一类大宗量的建筑材料，我国陶瓷砖的年产量超过 3 亿吨，适合大宗量利用固废。高炉渣以氧化硅和氧化钙为主，氧化铁含量低，可以很好地替代传统硅灰石原料，应用于普通建筑陶瓷中。

加入高炉渣后的陶瓷，因为带入了氧化钙等组分，会析出钙长石等新的晶相，同时能够降低陶瓷烧结温度，有利于陶瓷低温快速烧结。以高炉渣和黏土为原料制备陶瓷时，含高炉渣的陶瓷试样在低温阶段（800～1000℃）就开始了致密化过程，主要因为高炉渣中含有较多的玻璃相，在低温阶段发生软化，使混合料的烧结过程呈现液相烧结特征，促进了烧结。高炉渣含有硫、铁、锰等杂质成分，在使用高炉渣为原料时要注意杂质成分在高温烧结过程中烧结行为控制，以降低杂质成分对陶瓷品质的影响。

由于陶瓷原料的价格仅为 100～300 元，同时利用高炉渣制备陶瓷对技术要求高，因此目前在钢铁企业并没有获得很好的应用。由于钢铁企业有大量煤气资源，将其作为陶瓷烧结的燃料，能够大大降低陶瓷企业生产成本，因此，如果能够再将高炉渣与其他难处理钢铁固废协同利用，所制备的冶金渣陶瓷或烧结陶粒产品将具有市场竞争力，这也仍然是钢铁企业循环经济发展一个重要方面。

4. 微晶玻璃

微晶玻璃是一种多晶固体材料，特定成分的基础玻璃在加热时经控制晶化从而得到大量玻璃相和微晶相。高炉渣的主要成分为 CaO、SiO_2、MgO、Al_2O_3，其玻璃体结构是制备微晶玻璃的主要原料。由高炉渣所制得的微晶玻璃产品，具有高附加值、高强度的特点，集中了陶瓷和玻璃的物理化学性能特点。

利用高炉渣制备微晶玻璃，主要是将炉渣与所需原料按一定配比混合均匀，在高温下熔化，然后通过一定的热处理工艺得到所需形状的微晶玻璃。

虽然利用高炉渣制备微晶玻璃使得高炉渣有了更广阔的用途，所制得的微晶玻璃性能也很好，但是也存在一些问题，如耗能高，这提高了成本，即使直接利用熔渣制备微晶玻璃，也在熔渣成分调整、均化等过程中产生了大量能耗。另一个重要因素是市场量小，一方面由于陶瓷釉面技术的快速发展，普通建筑装饰市场对微晶玻璃的需求已大大降低；另一方面，受到矿渣杂质成分影响，微晶玻璃产品的花色单一，限制了其应用。

2.2.4.3 功能材料

通过高炉渣制备功能材料的应用比较少，主要表现在以下几个方面：

（1）制备肥料。在农业生产中，硅肥是一种重要的矿物质肥料，成分以氧化硅和氧化钙为主，可以促进农作物的光合作用而增产。氧化硅和氧化钙这两种关键的矿物成分则广泛存在于高炉渣中，因此可将高炉渣深加工制成硅钙肥。

（2）用于废水处理。高炉渣经水淬后成为一种多孔质硅酸盐材料，具有一定的比表面积及活性，因而有很好的吸附性，并且其所含有的元素在水中有一系列作用，在水处理方面有着很好的发展前景，可以用来处理重金属及印染废水，也可用来除磷，而除磷特性也可用来作为人工湿地的基质。但处理污水时也存在着使用量大、产生其他废物等缺点，且处理方式单一，对酸碱的水质处理效果不佳。

（3）用于光催化降解。由于高炉渣中的各元素都较为稳定，无放射性元素，因此以它作为光催化降解剂是可行的。研究表明，含钛高炉渣在光催化降解上有比较理想的效果，以 TiO_2 为基础的光催化降解剂拥有良好的应用前景。

2.2.4.4　含钛高炉渣提取钛

钛在国民生产生活中有着极其丰富的利用价值，具有广泛的应用范围，例如用于特制合金、高级化妆品、特殊药品等。因此，对含钛高炉渣中含钛成分的提取，是对含钛高炉渣最具有经济效益的利用。

1. TiO_2 的提取

含钛高炉渣中 TiO_2 的提取有硫酸铵-氨水沉淀法、酸法、碱法等，主要是利用不同种的化学试剂如硫酸铵、盐酸、氢氧化钠等与高炉渣发生反应，将高炉渣中的钛溶解在溶液中，最后高温下进行煅烧得到含有 TiO_2 的沉淀物。但是这些方法不仅消耗大量的热，反应产生氨气，最后得到的废液也很难处理，因此实际生产中并没有得到大规模的应用。

2. TiC 的制取

TiC 的制取采用高温碳热还原法，该工艺是在高于 1500℃条件下，含钛高炉渣中 TiO_2 与碳反应生成 TiC。由于 TiC 熔点高、密度大，而且是铁磁性物质，在高温碳化过程中易在熔渣中形成富集带，因此可采用磁选。经过 3 次以上的选矿，筛选出 TiC。但是，此种方法产量较低，不值得推广。

另外，也可以在真空条件下碳化后高梯度磁选提取钛，相较常压碳化温度降低 400℃。该法可以将 TiO_2 还原为 TiO 蒸汽，将 MgO 还原成 Mg 金属，从高炉渣体系中剔除，大大缩短工艺流程，降低成本，但也存在参数精度要求过高等问题。

3. 钛合金的制备

熔盐电解法通过选取不同的熔盐体系，以含钛物质为电极，用电沉积的方式制备钛合金。例如，以固体透氧膜管内碳粉饱和的铜液为阳极，烧结成型含钛高炉渣为阴极，熔融 $CaCl_2$ 为电解质，在 1100℃、电解电压 4V 的条件下，电解 6h，还原产物中的 Ca、Mg、Al 等金属元素被有效去除。

熔盐电解法具有能耗低、能源清洁等优点，但在如何实现工业化问题上，还需要进一步研究。

目前对于含钛高炉渣的处理利用有很多方面，每种处理方法也都有着自己的特点，但是在处理过程中也存在着利用率低、成本较高、二次污染严重等诸多不利因素。如酸法和碱法提取钛会消耗大量的浸出剂，容易造成二次污染，且产品质量较差，未来的发展会受限；高温碳化-低温氯化工艺具有发展潜力，但面临氯化残渣和散热量如何处理的两大难题；选择性富集的工艺繁琐，能耗高；碳热还原工艺参数的精确控制难以掌握；熔盐电解法使用较为清洁的电能，产生的能耗低，符合国家的绿色发展理念，但从实验室研究到实现工业化仍面临较大困难。因此，要实现含钛高炉渣大规模处理和应用还需要更加努力。

2.3 钢 渣

造渣是转炉炼钢过程中的重要工艺，造渣剂与吹炼氧化后的锰、碳、磷、硅等杂质反应生成相对密度较小的熔渣，浮于钢水之上，从而实现钢中杂质的脱除。为调整钢渣性质而加入的造渣材料、金属炉料中杂质元素氧化后的氧化物、被侵蚀的炉衬、补炉材料、金属炉料带入的杂质等共同组成了钢渣。

钢渣种类多样，除了转炉炼钢过程排放的转炉钢渣，还有电炉炼钢过程中排放的电炉钢渣、不锈钢冶炼过程中排放的不锈钢钢渣。在我国，目前约 90％的粗钢采用转炉炼钢工艺生产，钢渣中转炉钢渣对应占比接近 90％。炼钢是高温冶炼过程，炼钢结束后排放钢渣的温度是 1500～1650℃。高温排放的熔融钢渣需要首先进行预处理，再进行资源利用。钢渣预处理主要经过热态钢渣冷却和冷渣破碎磁选工艺，以实现回收 10％～15％具有经济价值的铁质组分，同时剩余 85％（质量分数）左右难以利用的钢渣尾渣。通常所说的钢渣是指磁选后的转炉钢渣尾渣。

2.3.1 钢渣的预处理工艺

冶炼技术的不断提高，钢渣的预处理方法也在不断发展，形成了多种钢渣处理工艺技术。合适的处理技术得到的钢渣均匀性和粒度较好，钢和渣有效分离，并能降低钢渣中的 f-CaO、f-MgO 含量，使其 C_2S、C_3S 矿物的化学活性不降低，从而为钢渣后续加工和高效利用奠定良好的基础。

目前我国钢渣的预处理方法主要有水淬法、风淬法、热泼法、浅盘法、滚筒法、粒化轮法和热焖法等。具体工艺流程及优缺点见表 2-7。

表 2-7 不同钢渣处理工艺流程及优缺点

处理方法	工艺流程	优缺点
水淬法	熔融液态钢渣在流出过程中，采用一定压力的水将其打碎并冷却，形成碎小的钢渣粒	工艺简单，排渣快，占地少，但钢渣粒的均匀性较差，仅适于处理液态钢渣
风淬法	熔融液态钢渣经高压空气（即压缩气流）吹散，破碎的液渣滴因表面张力收缩凝固成微粒	排渣快，占地少，钢渣粒度较小，稳定性较好，但也仅适于处理液态钢渣
热泼法	将熔融液态钢渣分层泼到在渣床上（或渣坑内），然后喷淋适量的水冷却，钢渣在热胀冷缩和游离钙镁水化作用下破裂成微粒	工艺简单，排渣快，处理能力大，但占地多，不利于环保和余热利用，且粉化不彻底，渣铁分离效果较差
浅盘法	将熔融液态钢渣均匀倒在渣盘上，然后喷淋适量水使其急冷破裂，再将碎渣倾倒在渣车中喷水冷却，最后倒入水池中进一步冷却	占地少，钢渣冷却速度快，处理量大，但工艺较复杂，且渣盘易变形，运输和投资费用较大，钢渣活性较低

续表

处理方法	工艺流程	优缺点
滚筒法	熔融液态钢渣经溜槽流入滚筒中，再以水为冷却介质，钢渣在高速旋转的滚筒中急冷、固化和破碎及渣铁分离	排渣较快，占地少，污染小，但钢渣粒度较大，均匀性也差，活性较低，投资费用较高，且只能处理液态钢渣
粒化轮法	熔融液态钢渣经溜槽流入粒化器中，被高速旋转的水冷粒化轮击碎，在沿切线方向抛出的过程中，粒化轮四周向碎渣喷水进一步冷却	排渣快，适于流动性好的高炉液态钢渣，但设备磨损大，寿命短，钢渣粒度的均匀性较差
热焖法	将冷却至300～800℃的钢渣倒入热焖装置中，喷淋适量的水使其产生饱和蒸汽，与渣中游离钙镁发生反应，产生膨胀应力使钢渣破碎粉化	钢渣的粉化效率和渣铁分离率高，安定性好，节能并能处理固态渣，但钢渣粒度不均匀，后续需破碎加工

热焖法对钢渣的适应性强，固态钢渣、液态钢渣均能得到有效处理，而且其工艺简单、投资成本低，钢渣中 f-CaO 和 f-MgO 的消解充分，安定性良好，能够为钢渣的建材资源化利用提供良好的质量保证。因此，热焖法处理钢渣的应用最为广泛。

2.3.2 钢渣的特点及性质

2.3.2.1 钢渣的物理化学性质

钢渣的主要成分为二氧化硅（SiO_2）、氧化钙（CaO）、方铁矿（FeO）、赤铁矿（Fe_2O_3）和氧化镁（MgO），这些占钢渣成分的85%。次要成分包括锰（Mn）、铁（Fe）、铝（Al）和硫（S）的化合物，以及一些微量的其他元素。表2-8列出了部分文献报道的转炉钢渣和电炉渣的主要化学成分。

表 2-8 转炉钢渣的化学成分 %

项目	SiO_2	Al_2O_3	Fe_2O_3	CaO	MgO	SO_3	K_2O	Na_2O	总量
迁安钢渣	12.8	2.28	8.5	60.3	5.22	7.94	0.09	0.13	97.26
莱芜钢渣	19.6	2.9	23.1	42.9	4.1	—	0.1	—	92.7
武安钢渣	10.26	4.66	23.95	42.03	8.43	0.19	0.05	0.3	89.87
邯郸钢渣	9.9	4.91	25.85	37.93	10.6	0.19	0.08	0.3	89.76
贵州钢渣	20.3	3.91	24.3	40.5	3.78	0.53	0.11	0.35	93.78

从表2-9可以看出不同的冶炼工艺钢渣的成分不同，即便是同样的冶炼工艺钢渣成分也是波动较大，成分波动是影响钢渣利用的重要因素之一。

表 2-9 电炉钢渣的化学成分 %

样品号	CaO	Al_2O_3	SiO_2	MgO	Fe_2O_3	FeO	MnO	P_2O_5	TiO_2	f-CaO
电炉钢渣1	29.60	9.30	13.02	3.65	—	32.84	5.09	—	0.35	—
电炉钢渣2	32.10	8.60	19.40	9.40	—	—	6.80	—	0.40	—
电炉钢渣3	35.70	6.25	17.53	6.45	26～36	—	2.50	—	0.76	—
电炉钢渣4	40.78	4.23	17.81	8.53	3.97	9.25	9.79	0.74	—	—

除成分外，冷却工艺选择和化学组成决定了钢渣的晶相组成，而钢渣的晶相组成也决定了钢渣的物理化学性质。钢渣主要由硅酸二钙（C_2S）、硅酸三钙（C_3S）、RO 相（以 FeO、MgO 以及 MnO 为主的二价金属氧化物形成的广泛固溶体）、铁铝酸四钙（C_4AF）、橄榄石、镁钙硅石和游离氧化钙等组成。

不锈钢在电炉冶炼过程排放钢渣的 Cr_2O_3 含量在 2.92%～10.4%之间，这也使得不锈钢钢渣目前难以直接掺入水泥或混凝土中。保证不锈钢钢渣资源化产品的绿色安全是其大宗利用的先决条件。

此外，钢渣并没有像矿渣、硅灰、粉煤灰一样得到充分的重视，大部分钢厂将钢渣视为废料排放，有企业把铁水预处理、精炼等炼钢相关工艺排放的预处理渣、精炼渣、铸余渣等也全部排放到钢渣渣场处理，将不同的废渣混合，致钢渣的成分波动较大，除了安定性，还有硫、碳等有害元素增加，这大大增加了此类混合渣的利用难度。因此，从管理上着手，从思想上把钢渣作为有价值的资源，才能够从源头上将不同冶炼固废分类管理，增加钢渣及其他固废的利用价值，推动资源化利用技术进步。

2.3.2.2　安定性

钢渣中结晶过大的 f-CaO、f-MgO 和 RO 相是影响钢渣体积稳定性的三大因素。通常由于炼钢出渣时间缩短，不仅钢渣成分中钙硅比高，而且投入的石灰过量，钢渣含有极易膨胀的游离氧化钙、自由氧化镁以及多种氧化物和矿物质，具有与硅酸盐相似的物化成分，在一定的环境条件下经过水化作用后，使钢渣具有不稳定性。研究表明，钢渣在富水环境下会产生体积膨胀，在混凝土内部引起应力集中，破环结构。产生这种膨胀的原因主要是钢渣中 f-CaO 和 f-MgO 的水化。一方面，这些化合物在富水环境下可反应生成氢氧化钙和氢氧化镁，使得其体积分别膨胀 1.98 倍和 2.48 倍；另一方面，这些水化反应速度慢，反应时间长，通常在半年以上。因此，这两个特性会造成钢渣试件后期体积膨胀，特别是在钢渣水泥制品或钢渣混凝土建筑硬化后体积膨胀，造成安全隐患。此外，金属铁和铁化合物的氧化也会引起混凝土体积的膨胀。目前国内研究者主要是通过减少钢渣掺量，或通过蒸压和碳化等预处理方式改善其安定性问题。

另外，不同地区、不同企业的钢渣成分并不相同。我国大部分区域的钢渣中 MgO 含量为 3%～6%，然而北方地区部分钢铁厂的氧化镁含量高于 8%。由于游离氧化镁水化后的体积膨胀率大，且相对游离氧化钙反应更缓慢，还缺乏成熟的检测方法，因此，氧化镁含量较高的钢渣的安定性不良隐患更大，即使在其游离氧化钙含量并不高的情况下，对其使用也需要更加谨慎（图 2-14）。

图 2-14　混凝土中掺钢渣不适产生的质量问题

2.3.2.3 易磨性

钢渣的易磨性与其矿物结构和组成有关。钢渣的密度为 $3.2 \sim 3.9 g/cm^3$。从外观上看，钢渣多孔且松散，但由于钢渣中铁的氧化物含量高，同时存在金属铁单质，因此显得坚硬耐磨。引起钢渣易磨性较差的另一原因是：钢渣中矿物组成 C_2S、RO、C_3S 相均在 1600℃高温下形成，结晶粗大完整、缺陷比较少，难以粉磨。以标准砂的可磨指数为 1 作为基准，钢渣的可磨指数仅为 0.7。钢渣不易粉磨的特性使通过机械活化钢渣来提高其胶凝活性的成本增加，限制了钢渣的综合利用率。另外，由于存在安定性不良的 f-CaO 和 f-MgO 等，因此，将钢渣尽量磨细，如果能够加快 f-CaO 和 f-MgO 的水化反应，使其体积膨胀在水泥体完全硬化前完成，那么就能够在很大程度上减缓体积安定性的问题。有学者提出将钢渣粉磨至通过 500 目筛，有学者提出钢渣粉磨至通过 2000 目筛。由于钢渣成分不同，具体钢渣粉磨到能够加快 f-CaO 和 f-MgO 反应的粒度还需要具体分析和实验，但是要将钢渣粉磨至如此细的粒度，需要开发新的粉磨工艺才能降低成本。我国近年来在这方面开展了大量的工作。

2.3.2.4 胶凝性

钢渣在化学成分及矿物组成上类似于硅酸盐水泥熟料，主要有 CaO、SiO_2、Al_2O_3、MgO、Fe_2O_3、FeO 等。这些组分以硅酸三钙、硅酸二钙、铝酸盐及铁铝酸盐等矿物形式存在，皆具有水化性能。其中，硅酸三钙和硅酸二钙的水化反应为：

$$3CaO \cdot SiO_2 + nH_2O \longrightarrow (3-x)Ca(OH)_2 + xCaO \cdot SiO_2 + yH_2O$$

$$2CaO \cdot SiO_2 + nH_2O \longrightarrow (2-x)Ca(OH)_2 + xCaO \cdot SiO_2 + yH_2O$$

但在冶炼钢铁时，钢渣和钢水一起经历了熔融状态，其有效的胶凝活性组分 C_2S 和 C_3S 晶粒粗大，难以发生水化反应，同时由于钢渣中磷、硫等微量元素氧化物的存在抑制水化反应的进行。非胶凝活性组分 RO 相含量高（为钢渣质量分数的 20%～30%），导致钢渣整体胶凝活性低。将钢渣粉掺到水泥中，其在水化前期主要起到填料的作用，且会使水泥早期强度降低，限制了钢渣在此领域的大规模应用。

2.3.3 钢渣的利用现状及趋势

2.3.3.1 钢渣在水泥方面的应用

钢渣化学成分与硅酸盐熟料相似，矿物组成主要为 C_2S、C_3S、RO 相（MgO、FeO 和 MnO 的固溶体）及少量 f-CaO、C_4AF。其中，C_2S、C_3S、C_4AF 为胶凝组分，RO 相为惰性组分；胶凝组分相的粒径较小，RO 相的粒径较大。由于其胶凝组分的存在，钢渣被认为是一种潜在的矿物掺和料。研究表明，钢渣应用于水泥混凝土中，具有改善水泥浆体的流动性、延缓水泥的凝结时间、减少早期水化放热、改善混凝土后期的耐久性等特点。

此外，采用一定的处理工艺可以提高钢渣的活性，用作生产钢渣水泥目前常用的方式是提高细度，增大钢渣的比表面积。钢渣水泥是以钢渣为主要成分，加入一定量的混合材和石膏，经磨细而制成的水硬性胶凝材料。用钢渣水泥制成的混凝土具有后期强度高、耐磨、耐蚀、抗冻、大气稳定性好和水化热低等特点，适合用作大坝水泥。

由于钢渣中含有 f-CaO，会导致混凝土体积膨胀开裂，目前在实际应用中，钢渣在水泥中的掺量通常不超过 10%。将钢渣磨细至比表面积为 $550 m^2/kg$ 或更细被认为能够加速钢渣中游离氧化钙的反应速度，避免后期膨胀，有望成为钢渣利用的有效途径。但是，粉磨成本是限制该方法工业化应用的关键问题，目前低成本的钢渣粉磨技术仍是研究的重要方向。

相关研究表明，将钢渣磨细成比表面积为400～550m^2/kg的微粉，f-CaO在水中参与水化反应，可以改善体积安定性问题。用钢渣等量代替10％～30％的水泥，由于微珠效应可以显著改善混凝土的工作性，降低混凝土的干缩，提高混凝土强度、抗氯离子渗透性和抗冻融性。若将钢渣-粉煤灰或矿粉进行复掺，可以产生超叠加效应，相互激发，促进火山灰效应。有文献报道将钢渣-矿渣-粉煤灰复合微粉加入水泥中制备混凝土，当复合微粉等量取代水泥后，混凝土7d强度低于普通混凝土的强度，但后期强度发展高于普通混凝土。当复合微粉掺量不大于45％时，其28d强度高于普通混凝土，而当龄期达到90d时，即使掺量达到60％，掺复合微粉混凝土的强度也可达到或超过同龄期基准混凝土强度；混凝土的抗氯离子渗透性能显著提高，混凝土的干燥收缩也有效降低。

2.3.3.2　钢渣在混凝土材料中的应用

由于钢渣存在安定性隐患，因此将颗粒状钢渣作为砂石骨料直接用于混凝土会导致严重的安定性不良问题。将钢渣粉磨成细粉后作为混凝土掺和料，则是一条可行的钢渣利用途径。

混凝土的工作性能主要表现为流动性和坍落度，这是混凝土的一项重要综合性能指标。钢渣作为活性矿物质加入混凝土，对混凝土工作性能有改善作用。将钢渣磨细成微粉掺入混凝土，相对于基准混凝土，其保水性和黏滞性有较大改善，混凝土的流动性增强。

钢渣具有一定的活性，可减少达到混凝土可塑性所需的用水量，在相同的用水量下用钢渣替代水泥可改善浆体的流动性，同时，钢渣吸水量的减少也可抑制混凝土的坍落度经时损失。

钢渣掺量以及粒度大小对混凝土工作性能的改善有较大影响。加入钢渣的粒度并非越细越好，当钢渣粒度较细时，其比表面积增大，需水量相应增大，钢渣内部矿物与水的接触面积也增大，加快了水化反应的速度，对改善混凝土流动性和降低坍落度经时损失的效果将减弱。

2.3.3.3　钢渣在道路工程中的应用

由于冶炼工艺不同，电炉钢渣中的游离氧化钙和游离氧化镁含量较低，含铁组分的磁选效率较差。因此，电炉钢渣直接用作道路工程骨料的前景优于转炉钢渣。发达国家工业发展较早，社会废钢蓄积量多，主要采用以废钢为主要原料的电炉炼钢，电炉钢渣数量较多，欧洲和美国排放钢渣中超过一半的数量用于筑路，特别是沥青路面，并取得了很好的效果。我国钢渣的类型与发达国家不同，以转炉渣为主，电炉炼钢比例仅为10％左右。因此，我国在电炉钢渣筑路方面起步较晚，目前研究以转炉钢渣为主，转炉钢渣沥青混凝土等研究已进入应用示范阶段。

钢渣作为骨料用于道路工程的主要物理特性表现在以下几个方面：

（1）良好的棱角性：钢渣颗粒多呈不规则状，具有良好的内摩擦嵌挤力，而内摩擦嵌挤力是评判道材、骨料适用性的重要依据。

（2）密实度高：钢渣中富含铁，堆积密度超过 1900kg/m^3，强度高（一般大于 180MPa），大于大部分天然砂石，相对密度大确保了钢渣作为路面材料的抗碾压强度和有效耐久性，同时也确保其磨光值较高，磨光值（PSV 值）位于 60～65 之间，能提供好的抗滑路面，保证车辆舒适安全行驶。

（3）抗水性和黏附性好：钢渣吸水率不到 2%，与其他天然砂石相近，具有良好的抗冻性；颗粒级配形状好，呈碱性，表面多孔收缩性小，与沥青有良好的黏附性。有些国家和地区采用更严格的芒硝试验，表明钢渣的收缩率很小，这保证了钢渣沥青路面在霜冻情况下不易产生沥青剥落现象（图 2-15）。

图 2-15　钢渣沥青路面

我国近年来出现了钢渣、粉煤灰和石灰配制料在道路基层中的应用，钢渣、矿粉细骨料在混凝土面层的应用，钢渣复合微粉作为混凝土掺和料在城市道路混凝土中的应用，转炉钢渣沥青混凝土路面在高速公路上的应用，整体情况比较理想，强度、回弹模量等指标都能达到道路工程的有关标准。

目前用于道路工程的钢渣数量同样有限。除了经济性问题，钢渣安定性隐患同样是制约钢渣用于道路工程的瓶颈问题。钢渣在道路工程中仅采用较低游离氧化钙和游离氧化镁的类型。对于游离氧化钙和游离氧化镁较高的钢渣，需要将钢渣至少陈化 12 个月，或者采用消除安定性的蒸养等方法处理，并且钢渣各项指标满足道路施工的标准要求，才能够代替石料用于道路的基层及垫层。

2.3.3.4　钢渣在陶瓷方面的应用

钢渣的主要组分是硅酸盐成分，可以用来制备陶瓷材料。钢渣的主要成分包括质量分数 10%～20%的 SiO_2，还有 40%～55%的 CaO 和 15%～25% FeO 等。由于传统建筑陶瓷以氧化硅和氧化铝为主要成分，因此在传统氧化硅-氧化铝体系建筑陶瓷中掺入钢渣的数量较少，一般不超过 20%，仅替代长石类原料，起到助熔剂的作用，这限制了钢渣的利用。要高效利用钢渣制备陶瓷，需要制备出氧化钙和氧化铁含量高的陶瓷体系。北京科技大学在利用钢渣制备陶瓷方面做了大量研究，提出了将钢渣制备为辉石体系陶瓷的思路。以辉石族矿物相为主晶相的陶瓷不仅具有高强的力学性能，而且具有较高的氧化钙和氧化铁含量，属于新型的 SiO_2-CaO-MgO-Al_2O_3-Fe_2O_3 体系（硅钙体系）。

国内外利用钢渣制备陶瓷的大量试验研究表明，钢渣陶瓷具有如下主要性能特点：

（1）高温烧结能避免安定性问题：钢渣掺量可在 40%～60%，其力学性能满足国家标准要求，同时大量的游离氧化钙、游离氧化镁等组分与其他黏土或尾矿等硅铝质原料在高温下反应，转化为稳定的辉石、钙长石类矿物。

（2）力学性能优良：利用钢渣中 RO、橄榄石等物相，生成陶瓷产品以辉石相为主，结构致密，高强耐磨。利用钢渣制备的辉石质陶瓷断裂模数可达 108MPa，是国家标准 35MPa 的 3 倍。

（3）绿色环保：重金属离子以形成固溶体而参与物相组成（如生成铬透辉石）等形式被固结；不锈钢钢渣（含 $Cr_2O_3$5.7%）掺量 45%的钢渣陶瓷重金属浸出完全满足国家标准要求；掺入 40%转炉钢渣的陶瓷砖放射性内外照射指数均为 0.1，远低于国家标准（分别 0.9 和 1.2）。

（4）节能减排：利用钢铁渣中玻璃相等过剩热能，降低烧成温度，适合低温快烧工艺；缩短烧成周期，节约单位燃耗 10%～20%。典型的钢渣陶瓷砖产品如图 2-16（a）所示，以钢渣陶瓷为坯体烧制陶瓷，其中钢渣掺量 30%，陶瓷坯体表面施釉并烧成后抛光。

陶瓷烧结砖是建筑陶瓷中的一个类别，在国内广场砖、内墙砖、外墙砖（劈离砖）、瓦等制备过程中获得广泛应用。传统的烧结砖多以硅铝质的黏土、页岩、粉煤灰或煤矸石等为主要原料烧制而成，产品以石英、莫来石等为主晶相，在成分上属于 SiO_2-Al_2O_3 为主的陶瓷体系。与传统的陶瓷原料不同，在传统陶瓷的 SiO_2-Al_2O_3 体系中掺入钢渣中较多的氧化钙、氧化铁后，陶瓷主晶相转变为钙长石、辉石等，在组分上以 SiO_2-CaO 组成为主。研究表明，Ca 元素在钢渣陶瓷中主要进入钙长石相和辉石相；钢渣中铁多以 Fe^{2+} 形式存在，在烧结过程中氧分压不同，最终赋存形态也不相同。利用钢渣制备陶瓷烧结砖已经完成了工业化实验及工业化应用，如图 2-16（b）所示。

陶瓷材料能够从源头上通过材料设计和高温烧结反应将安定性不良的组分转化为稳定的辉石、钙长石类硅酸盐矿物，将重金属离子固结在陶瓷晶相中，避免安定性隐患和重金属离子浸出。因此，对于安定性隐患大、重金属含量高的钢渣，适合将其制备为烧结陶粒材料。如图 2-16（c）所示，利用钢渣烧制的陶粒安定性良好，其中钢渣掺量 40%，不存在游离氧化钙和游离氧化镁，以辉石和钙长石为主要矿相，其力学性能优良，吸水率为 5%～9%，筒压强度为 8～12MPa，粒度为 5～10mm，达到了高强轻骨料的标准要求。

(a) 钢渣陶瓷抛釉砖
（钢渣掺量30%）

(b) 钢渣陶瓷烧结砖
（钢渣掺量40%）

(c) 钢渣烧结陶粒
（钢渣掺量40%）

图 2-16　钢渣陶瓷产品

现阶段利用钢渣制备陶瓷墙地砖的应用仍然较少，主要是因为钢渣作为陶瓷原料的附加值并不高，同时钢渣中含有大量杂质，这使得其产品类型局限于褐色或黑色的瓷砖类型，产品单一，质量不稳定，市场量小。

烧结陶粒也是一类高温烧结形成的陶瓷材料，能够在建筑领域替代传统砂石骨料。砂石骨料是一个每年 200 亿吨的海量市场，并由于砂石骨料对颜色、外观缺陷等没有要求，因此作为人造砂石骨料的钢渣烧结陶粒有望成为钢渣利用的一条有效途径。

2.3.3.5 钢渣在农业方面的应用

1. 作土壤改良剂

钢渣中含有较高的钙、镁，因而可以作为酸性土壤改良剂。对于酸性土壤的改良多习惯施用石灰来调节其 pH 、改善土壤结构和增加孔隙度等理化性状，但长期施用石灰会引起钙、镁、钾等元素失衡，降低镁的活度和肥料有效性。而采用钢渣作为改良剂，由于其中含有一定量的可溶性的镁和磷，因此可以取得比施用石灰来进行改良酸性土壤更好的效果。

2. 生产磷肥

当采用中高磷铁水炼钢时，在不加萤石造渣条件下所得到的转炉钢渣可以用于制备钢渣磷肥。钢渣中的磷几乎不溶于水，具有较好的枸溶性，可在植物根部的弱酸环境下溶解而被植物吸收，因而钢渣磷肥是一种枸溶性肥料。

由于钢渣中的氟离子容易形成枸溶率低的氟磷灰石［$Ca_{10}F_2(P_2O_5)_6$］，因此要求钢渣中氟含量应小于 0.5%，而且钢渣中 CaO/SiO_2 和 SiO_2/P_2O_5 值越大，其 P_2O_5 的枸溶率越高。钢渣磷肥不仅在酸性土壤里施用效果好，在缺磷的土壤里施用还有增产效果，在水田和旱田里均可取得较好的肥效（图 2-17）。

图 2-17 钢渣肥料的试验场地图

3. 生产硅肥

硅是水稻生长的必需元素，可以提高其抗病虫害的能力。含 SiO_2 超过 15%的转炉钢渣经磨细到 60 目以下，即可作为硅肥用于水稻田。转炉渣中的硅是枸溶性的，枸溶率可在 80%以上，根据有关栽培试验结果，施用钢渣合成的硅肥在水稻生产中取得了增产 12.5%～15.5%的效果。

4. 生产硅钾肥

利用钢渣生产缓释性硅钾肥，是近年来资源化利用钢渣的一种新兴技术。其生产工艺为：在炼钢铁水进行脱硅处理时，将碳酸钾（K_2CO_3）连续加入到铁水包内，在通过向包内吹入氮气的搅动下融入炉渣中，铁水脱硅处理后的炉渣经冷却后磨成粉状肥料。所合成的无机硅钾肥中 K_2O 含量可在 20%以上，肥料由玻璃态和结晶态的物质组成，其中晶态物质主要为 $K_2Ca_2Si_2O_7$。这种肥料难溶于水，但可以溶于柠檬酸等弱酸中，是一种具有缓慢释放特性的肥料。

日本肥料与种子研究协会对这种肥料与其他的商业硅钾肥进行了施用效果的调查研究，对比的农作物有稻米、甘蓝和菠菜等，结果表明，施用此种肥料的作物产量要好于其他种类的肥料，并于 2000 年制定有关标准，推广应用。

然而，由于钢渣中存在大量可能致病的有害元素，如 Cr、Mn、F、Zn、Pb 等，因此，将钢渣制备为直接进入食物链的废料，在应用层面的政策或标准制定上，一直较为谨慎，目前在我国还未能大规模应用。

2.4 钢铁尘泥

据统计，2020 年我国钢铁尘泥的总产量超 1 亿吨，其排放量约为粗钢产量的 10%。大量的冶金尘泥若不妥当处理，不仅会占用大量土地，给环境带来污染，还会浪费宝贵的二次资源。

按照钢铁冶炼的生产工艺，冶金尘泥主要产生于烧结、炼铁、炼钢和轧钢等工序，是随着煤气气流或在氧化过程中随烟气排出冶炼设备形成的。一般通过干式收集的称为尘，通过湿式收集的称为泥。根据产生的工艺环节，可以将冶金尘泥分为烧结除尘灰、高炉尘泥、炼铁除尘灰、转炉尘泥、电炉尘泥、轧钢铁鳞等。冶金尘泥的主要来源如图 2-18 所示。

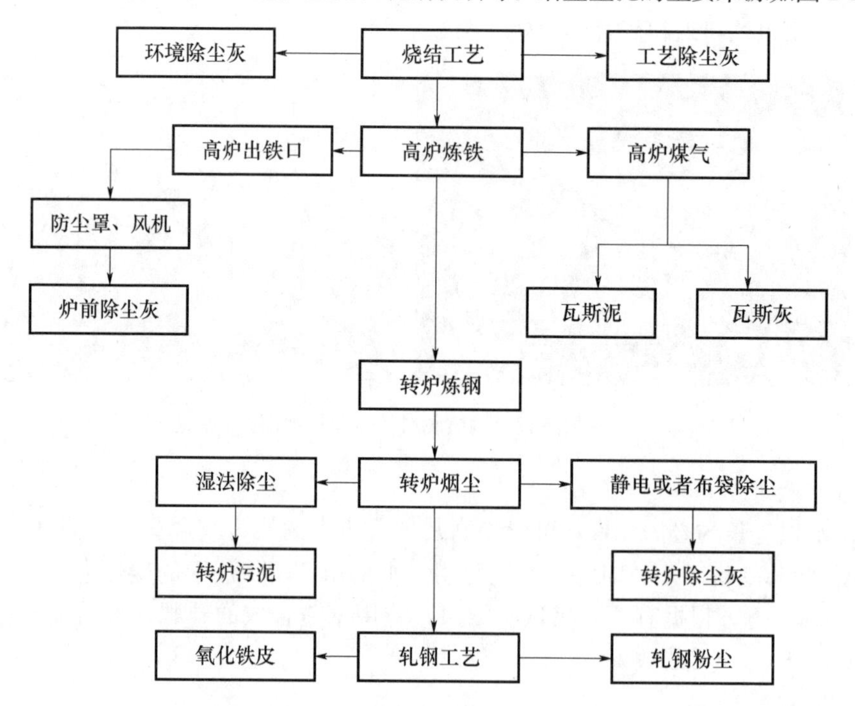

图 2-18　钢铁生产中冶金尘泥的主要来源

冶金尘泥来源不同，成分差别较大。钢铁生产中冶金尘泥的大致来源分布见表 2-

10，高炉布袋灰、高炉重力灰是其中数量最大的尘泥来源，其次为轧制过程形成的铁鳞等污泥，以及炼钢烟气净化过程形成的尘泥。尘泥来源不同，成分变化较大，通常存在铁、碳、锌或钾等有价元素组分，含有氧化硅、氧化铝、氧化钙等硅酸盐组分，还含有微量的重金属元素 Mn、Ni、Cr 和 Pb 等，可以根据含锌、含铁或含钾量分为高铁高锌、低铁高锌、高铁低锌、高碱金属等多种类型，见表 2-11。同时，不同来源的粉尘粒度组成也存在差异，见表 2-12，其中电炉粉尘的粒度较小。

由表 2-10 可知，典型钢铁厂冶金尘泥来源主要是高炉布袋灰、高炉重力灰和热、精轧钢铁鳞。典型尘泥的成分、粒度见表 2-12。

表 2-10 典型钢铁厂冶金尘泥来源分布 %

尘泥来源	烧结除尘灰	高炉布袋灰	高炉重力灰	转炉灰	转炉泥	电炉除尘	热、精轧钢铁鳞
产量分布	1～2	25～30	18～20	10～12	10～12	6	15～20

表 2-11 部分尘泥的有价元素组成 %

来源	C	TFe	K_2O	ZnO
干法除尘灰	9.06	20.1	8.41	10.21
湿法除尘灰	15.9	31.9	3.94	7.46
二次除尘灰	1	36.85	0.8	11.11
OG 细泥	5.98	54.86	0.44	4.7
LT 细灰	0.18	56.26	0.41	10.64
烧结电除尘灰	0.487	28.293	21.043	0.151
炼铁除尘灰	18.7	46.56	0.18	0.033
OG 粗泥	7.76	48.51	0.17	0.92
LT 粗灰	0.61	52.63	0.14	2.74
炼钢二次除尘灰	5.39	42.02	0.49	1.81
酸泥	0.2	49.8	0.24	0.006
硅泥	0.18	51.58	0.25	—
倒罐脱硫除尘	5.28	20.07	0.44	0.241
碱泥	26.1	14.52	0.42	0.019
镁泥	0.93	1.68	0.12	0.001
铬泥	1.47	0.28	1.05	0.065

表 2-12 部分粉尘的典型粒度组成

粒径（mm）	>4.75	>0.84	>0.50	>0.149	>0.044	>0.038	>0.005
高炉粉尘（%）	2	9	18	42	68	76	—
氧化铁皮（%）	9	19	64	77	92	94	—
转炉粗尘（%）	—	—	12	43	82	83	95
转炉细尘（%）	—	—	—	—	—	8	55
电炉尘（%）	—	—	—	—	—	10	40

2.4.1 钢铁尘泥的形成及特点

2.4.1.1 钢铁普通尘泥

（1）烧结除尘灰：烧结过程产生的除尘灰主要分为烧结机头除尘灰、烧结机尾除尘灰以及环境除尘灰三种。烧结机头除尘灰为烧结原料在抽风烧结过程中进入烟道形成并被通风系统收集的粉尘；烧结机尾除尘灰为烧结矿在破碎、冷却过程中形成的粉尘；环境除尘灰是烧结矿机尾卸矿、进入筛分系统以及运输过程中产生的粉尘。其生产的过程如图 2-19 所示。

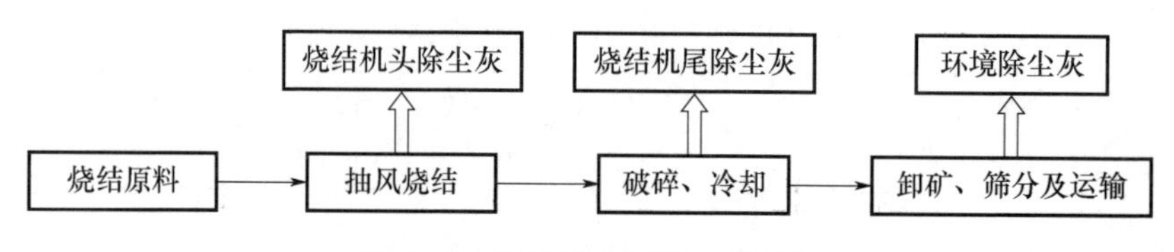

图 2-19 烧结除尘灰的生产流程

（2）高炉尘泥：高炉粉尘灰、粉尘泥是高炉在冶炼过程中随高炉煤气从炉顶排出的原料粉尘，根据除尘方式不同，对其进行净化处理后，经湿式除尘收得的细粒泥浆为瓦斯泥，经重力除尘收得的为高炉瓦斯灰。高炉粉尘灰呈灰色，粒度较高炉瓦斯泥粗，含有低价铁氧化物、CaO、MgO、SiO_2、Al_2O_3、Zn、Pb、C 等。其产生的过程如图 2-20 所示。

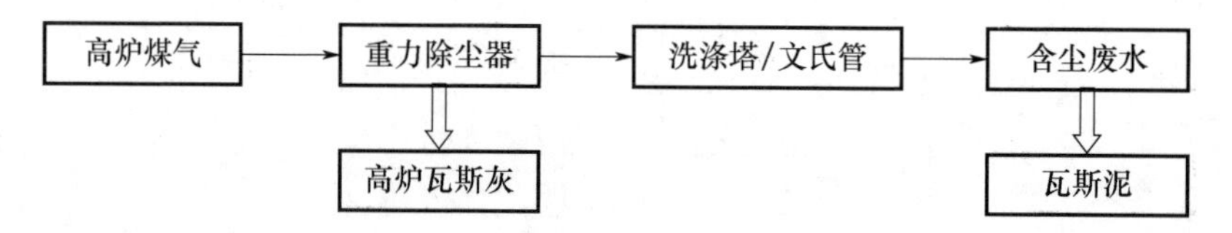

图 2-20 高炉瓦斯灰和瓦斯泥的生产流程

（3）转炉尘泥：转炉尘泥是转炉炼钢工艺中产生的 CO 和 CO_2 气体从烟道排出时带出的大量烟尘灰，经过湿式除尘或电除尘方式净化回收后形成的一种冶金尘泥，主要成分为铁、钙、硅、铝和镁的氧化物，由于使用废钢种类不同，还可能含有 ZnO、PbO 等。转炉尘泥颗粒粒度较小，水分大、易黏结、粒度细、比表面积大、表面能高、表面活性大，随冶炼条件的改变，其性质能发生较大的波动。由于转炉尘、泥中还含有少量的生石灰和白云石粉，经过一系列反应会生成影响有价元素回收的石灰石，影响转炉尘、泥的除尘效率。其产生的过程如图 2-21 所示。

图 2-21 转炉尘泥的生产流程

（4）炼铁除尘灰：炼铁除尘灰主要来自出铁厂和原料转运系统，是出铁过程和原料转运过程产生的烟尘，含有铁和碳等多种元素，具有粒度细、密度轻等特点，而且含有多种有害元素。其产生的过程如图 2-22 所示。

（5）电炉尘泥：电炉冶炼过程中烟气除尘得到的产物为电炉尘泥，粒度很细，除含

Fe 外，还含有 Zn、Pb、Cr 等金属，具体化学成分及含量与冶炼钢种有关，通常冶炼碳钢和低合金钢含较多的 Zn 和 Pb，冶炼不锈钢和特种钢的粉尘含 Cr、Ni、Mn 等。

（6）热精钢铁鳞：热精钢铁鳞是在钢材轧制过程剥落下来的氧化铁皮以及钢材在酸洗过程中被溶解而成的渣泥的总称，其总铁含量在 70%以上，可作为烧结原料直接返回利用。主要含有 Fe、Mn、P 等化学元素，其中铁存在形式为 Fe_2O_3 和 Fe_3O_4 以及 FeO，因此可以用来制造永磁铁氧体材料、还原铁粉和硅铁合金等。

图 2-22　炼铁除尘灰的生产流程

2.4.1.2　钢铁危废尘泥

冶金尘泥还有不锈钢除尘灰和酸洗污泥，这些尘泥含有较多的重金属元素、氟等危险组分，因而属于危险固废。

不锈钢除尘灰是在不锈钢冶炼过程中由各种除尘设备收集而来的混合物，它主要来源于 EAF 炉和 AOD 炉中金属和炉渣的喷溅以及不同元素在高温下的挥发。不锈钢除尘灰主要含有 Fe、Cr、Ni、Si、Ca、Mn、Zn、Al、Mg 等元素，这些元素的含量随工序及产出时间的不同而略有差别。粉尘的粒度一般小于 1 μm 到几十微米不等，表 2-13 所示为典型不锈钢除尘灰粒度组成。

表 2-13　典型不锈钢除尘灰粒度组成

除尘灰粒度（μm）	EAFD-A（%）	EAFD-B（%）	AODD-B（%）
<5	19.7	58.8	72.1
5～10	3.3	5.9	12.3
10～30	20.8	26.4	6.9
30～40	2.5	1.1	2.1
>40	53.7	7.8	6.6

在不锈钢的生产过程中，需要经过退火、正火、淬火等热处理工艺，在其表面经常出现黑色的氧化铁皮，成分主要为铁、锰、铬和镍的氧化物等，均为不溶于水的碱性氧化物，需要用酸进行处理溶解，常用于酸洗的酸种类有硫酸、盐酸和硝酸等。酸洗污泥一般为深红色的块状物，由粒径细小的微粒黏结而成，含水量较高，一般能达到 50%。酸洗污泥质地坚硬、易于运输和储存。酸洗污泥中的重金属以氢氧化物的形式存在，不稳定，易浸出，具有毒性。

2.4.2　冶金尘泥的典型利用现状

2.4.2.1　典型利用途径

根据对冶金尘泥的利用方式不同，大致将现有利用方式分为四类。

1. 冶炼配料制备法

将冶金尘泥作为原料，制备成各种烧结配料、炼铁配料和炼钢配料，对其进行厂内循环再利用。这一方式主要利用冶金尘泥中丰富的 Fe_2O_3，在回收铁的同时，还可利用其中的碳或 CaO 资源。

做烧结配料是将冶金尘泥经过加工处理，提高透气率，同高炉烧结物料混合加入，在满足烧结率的情况下，利用冶金尘泥。做炼铁配料是在高炉炼铁过程中，将适量的冶金尘泥同原料混合并满足高炉冶炼要求后，进行回收利用。做炼钢造渣剂是通过将冶金尘泥造块后用作炼钢的冷却剂。

作为冶炼配料的企业内循环利用方法在一定程度上回收了尘泥中的铁等资源，处理了冶金尘泥，但是处理尘泥类型和数量受限，难以处理高锌和高碱的尘泥。由于未事先对尘泥进行预处理除去其中的碱金属和重金属元素，尤其是锌和碱金属元素，会导致其在循环利用过程中进一步被富集，影响高炉等工艺的顺行以及寿命；由于配入烧结后会在一定程度上降低烧结矿本身的质量和品位，这又将会增加高炉能耗，从而在一定程度上导致钢铁厂炼铁产率降低。同时，在用作烧结配料时，由于粉尘成分、粒度及水分的不稳定，造成烧结混合料的粒度组成变坏、烧结透气性下降等现象，最终导致烧结利用系数降低、能耗升高、烧结矿质量下降等问题。

将颗粒细小的尘泥制备为冶炼配料，需要提前将粉尘制备成块状或球状。通常的制备过程有高温烧结法（包括小球烧结法和氧化球团法）和低温冷固结球团法两种。

（1）小球烧结法：冶金尘泥由于经过高温焙烧，物料表面活性变差，不易成球，直接将其配入烧结原料中会因部分冶金尘泥的粒度细而导致烧结料层透气性的恶化，降低烧结机台时产量及产品质量。如果在圆盘造球机上把混匀后的各种冶金尘泥制成一定尺寸范围内的小球，再同其他烧结原料混合后烧结，与直接配入烧结混合料相比，可以改善烧结料层的透气性，提高烧结机的利用系数，且烧结矿成分稳定。钢铁厂采用了此项技术后，不仅能够有效利用各种冶金尘泥，减少环境污染，而且能提高烧结矿的冶金性能和产量。

（2）氧化球团法：将冶金尘泥混入其他造球铁矿粉中，然后制成 8～16mm 的球团，最后经过焙烧后冷却而成，最终的氧化球团送入高炉炼铁。生产氧化球团的方法包括竖炉法、带式焙烧机法和链箆机—回转窑法。国内处理冶金尘泥的竖炉氧化球团法发展较快，通常采用的是冶金尘泥泥浆代替造球过程中的添加水，此法在操作过程中必须保证冶金尘泥浓度的稳定，浓度波动大，所造生球的合格率低，容易影响生产过程的稳定性和连续性。

（3）冷固结球团法：将冶金尘泥配加黏结剂及碳粉制成球团或者压制成型，再经过筛分、自然养生及干燥，然后返回高炉、转炉或电炉重新冶炼。冷固结球团法是一种低温制备球团的工艺，包括由瑞典发展起来的以水泥为黏结剂和由美国密歇根工业大学研究的以 SiO_2 和 CaO 为黏结剂的传统的冷固结球团法。马钢的冷固结球团试验研究表明，冷固结球团能够代替烧结厂的烧结矿，由六分之一批料提高到六分之二批料时，没有对高炉炉况造成影响，反而是使高炉冶炼强度增加，焦比降低，熔剂比下降，产量增加。此法的特点是冶金尘泥的回收成本低，冶金尘泥中的铁可方便地回收，但含锌量超过高炉许可范围的冶金尘泥不能用于高炉，因此冶金尘泥处理量和范围较小。

2. 有价元素回收法

冶金尘泥中除了含有 Fe_2O_3、Al_2O_3、SiO_2外，还含有 Zn、Mn、Ni、Mo、V、K

和 Cr 等有价元素，目前对冶金尘泥中有价元素的回收主要为锌和氯化钾回收。

(1) 锌的回收与脱除

随着钢铁厂对中低品位铁矿石的使用率增加以及镀锌钢材和其他锌铅防腐钢材消费量的增加，钢铁生产过程产生的冶金尘泥中锌含量较高，需低锌尘泥才能返回钢铁生产工艺，因此，对冶金尘泥进行锌的回收利用和脱除非常重要。

根据冶金尘泥中锌元素的含量高低，可将冶金尘泥分为以下几类：低锌冶金尘泥、中低锌冶金尘泥、中锌冶金尘泥、中高锌冶金尘泥以及高锌冶金尘泥。表 2-14 所示为含锌冶金尘泥的分类；表 2-15 所示为典型含锌冶金尘泥的主要成分。

表 2-14 含锌冶金尘泥分类 %

冶金尘泥	低锌冶金尘泥	中低锌冶金尘泥	中锌冶金尘泥	中高锌冶金尘泥	高锌冶金尘泥
锌含量	<1	1～4	4～8	8～20	>20

表 2-15 典型含锌冶金尘泥的主要成分 %

种类	CaO	MgO	Zn	Pb	C	MFe	FeO	Fe_2O_3	S
炉前除尘灰	0.44	0.08	0.73	0.33	3.38	1.61	11.55	78.32	0.22
高炉瓦斯灰	3.14	0.70	1.21	0.23	26.9	0.84	7.31	35.95	0.39
高炉瓦斯泥	2.97	0.77	9.32	4.70	21.58	1.85	5.3	42.18	1.20
炼钢除尘灰	11.33	5.51	6.43	0.62	4.16	0.65	7.32	43.84	0.47
转炉污泥	19.96	3.66	0.63	0.019	19.96	28.64	19.83	13.79	0.13

对于锌含量低于 1%的低锌冶金尘泥，可以直接作为冶炼配料返回烧结或高炉流程进行回收利用，但对于锌含量较高的冶金尘泥，烧结不能去除其中的锌，会导致锌、铅等进入高炉中并逐渐富集，影响高炉的正常生产。因此，对于含锌冶金尘泥需要进行提锌处理（即脱锌处理）。基于含锌冶金尘泥的特点和性质，目前常见的处理含锌冶金尘泥的方式主要有以下几类：

① 物理处理法

物理处理法主要是通过物理作用，将冶金尘泥中的有价元素进行富集、分离。常见的处理方式可以分为磁性分离和机械分离两大类。常用的机械分离方法有浮选-重选工艺、水力旋流脱锌工艺等；常用的磁性分离方法有弱磁-强磁联合工艺。其工艺操作较为简单，部分处理后的粉尘可以直接返回高炉炼铁工艺，进行回收利用。这两种方法的缺点为分离效果差，有价元素富集率较低；磁性分离法处理费用高，产品含锌量低。

总体来看，物理处理法的锌脱除效率较低，一般作为湿法或火法的预处理工艺。

② 湿法处理法

湿法工艺的原理是利用溶液将原料中的锌元素浸出，最后通过置换、沉淀、电解等手段得到含锌量较高的粗锌产品，同时对浸出液进行再处理，可以回收有用元素铁、碳。湿法工艺一般用于中锌和高锌粉尘的处理，低锌粉尘经物理法初步富集后，再采用湿法处理。由于氧化锌是一种既溶于酸又溶于碱的两性氧化物，且易与铵根离子等离子团形成配位化合物，根据浸出液的不同，湿法浸出锌元素的工艺分为酸浸、碱浸、焙烧碱浸结合三种。

③ 火法处理法

含锌粉尘的火法处理工艺是目前冶金粉尘处理的主流工艺。按照处理后的产品的形态，可以将火法处理工艺分为直接还原法和熔融还原法两类。

直接还原法包括回转窑法、转底炉法和循环流化床法。

我国钢铁企业产出的高炉含锌粉尘大部分为中、低含锌粉尘。处理这类含锌粉尘主要使用直接还原法。直接还原的原理为：锌沸点较低（为 952℃），在高温条件下将锌的氧化物还原可以得到金属锌，并且金属锌会汽化变成锌蒸汽随着烟气排出，使得锌与其他固体物料分离，从而达到脱锌的目的。在空气中，锌蒸汽容易被氧化而形成锌的氧化物，使用布袋除尘器可以在烟气处理系统中收集而被富集回收。

a. 回转窑法（Waelz 法）所代表的回转窑工艺是目前应用最广泛的含锌粉尘处理工艺，工艺比较成熟。经过回转窑法还原挥发出的锌氧化物纯度较高，可直接用于锌的冶炼。Waelz 法可以将各种来源的废料经过混合、干燥等预处理，再配入一定量的固体还原剂如煤粉、焦粉，经混合后送入回转窑。在回转窑中物料被加热至一定温度时，其中铁和锌的氧化物被还原，锌在高温下蒸发随着烟气一起排出，经过收集装置富集氧化锌，而残留原料排出经过冷却和筛分后可以回收利用（图 2-23）。

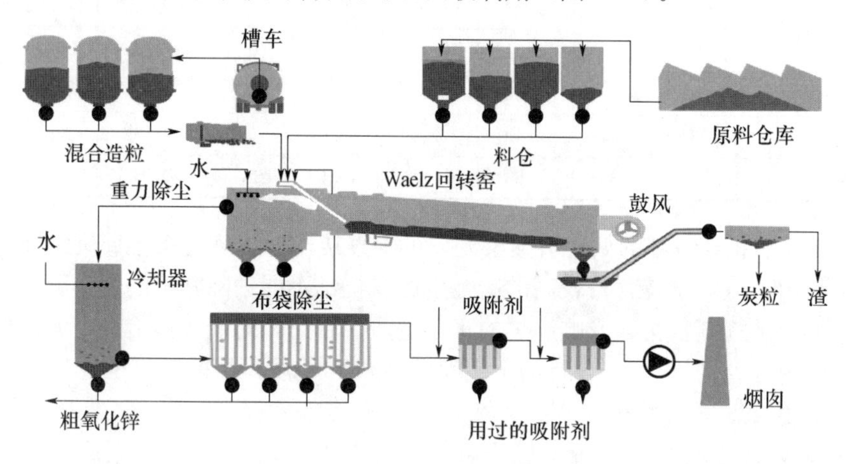

图 2-23　Waelz 回转窑工艺流程

Waelz 处理工艺不需要进行造球或压球处理，大于 7mm（约 30%）的产品可以直接进入高炉使用，小于 7mm（约 70%）的还原产品送至烧结厂循环利用。Waelz 法的缺点为回转窑内原料填充率比较低，因而产品质量较差，生产率较低，同时运行过程容易出现回转窑内部黏结、结圈问题，影响生产运行，甚至迫使回转窑时常停窑维修。

b. 转底炉法（Fastmet 法）是利用尘泥的另一种常见方法。转底炉通过不断改进和发展，至今已开发出多种类型，其中比较典型的有 Fastmet 工艺，其工艺流程如图 2-24 所示。Fastmet 工艺过程主要是将含锌粉尘（或铁矿）与其他碳质还原剂混合造球（或压块），干燥后送入转底炉，炉料随着炉底旋转 1 周的时间为 10～30min，料层高度为 1～3 层球团，燃料燃烧产生的烟气在炉料的上方逆向流动，通过炉墙和废气的热辐射传递来加热球团，使生球依序经过烘干、预热、还原过程，并在 1250℃以上高温还原段快速还原，锌等元素还原挥发进入烟气，普遍可实现脱锌 90%以上，同时获得金属化率 70%以上的金属化球团。

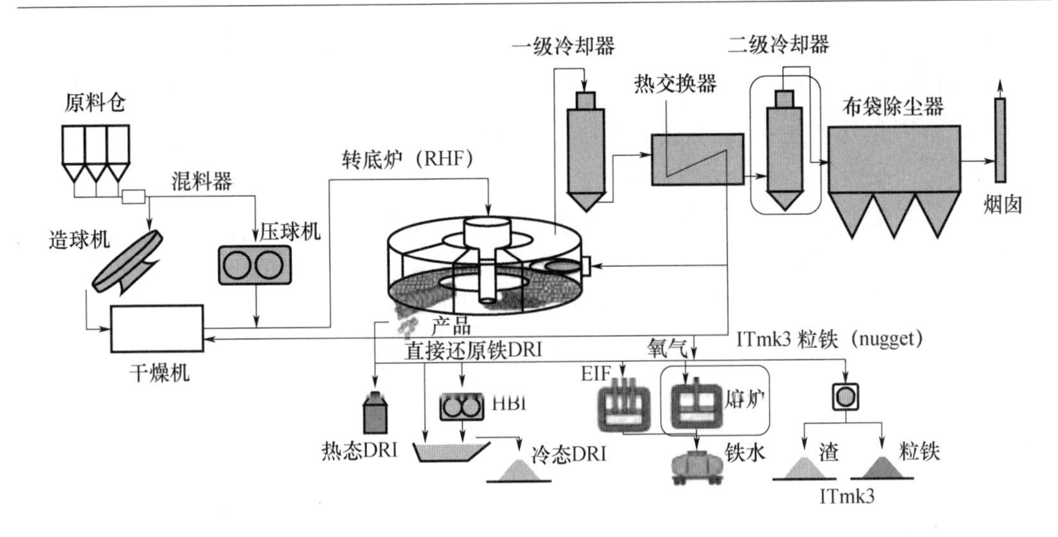

图 2-24　Fastmet 转底炉法工艺流程

用转底炉将含铁尘泥造块，可用于生产金属化球团，供给高炉炼铁或生产直接还原球团代替废钢供给转炉冶炼纯净钢。其特点在于使尘泥能全面利用，还可除去尘泥中的有害金属元素（铅、锌）。

转底炉法在处理含锌粉尘时，制得的球团中脉石成分会残留在金属化球团中；转底炉法的脱锌能力不强，锌的脱除不完全。这些缺点都将限制转底炉法的应用。

c. 循环流化床法具有优良的气体动力学条件，并且可以对气氛和温度进行一定范围的控制，能在氧化锌还原并转变为锌蒸汽的同时，抑制其中铁氧化物的还原，降低能耗。使用循环流化床法无须造球，且粉尘的加热和反应所需时间较短，单位产量较高。但是由于含锌粉尘较细，得到的氧化锌粉尘纯度会受到影响，并且流化床的运行状态不易控制，温度低有利于避免炉料的黏结，但也意味着生产效率较低，成本较高。

④ 熔融还原法

熔融还原法包括火焰反应炉还原法、Z-Star 竖炉熔融还原法、Romelt 法、等离子法。熔融还原一般用来锌含量大于 30%的含锌粉尘，因此熔融还原在西方国家的应用比较普遍，我国也在含锌含铁尘泥的熔融还原技术等方面进行了工业化应用。

（2）氯化钾回收

从烧结灰中回收氯化钾的工艺技术目前已有工业化应用，在我国主要有“水浸出—沉降分离—硫化钠除杂—分步结晶”和“浮选—重选—减压蒸发”两种工艺。“水浸出—沉降分离—硫化钠除杂—分步结晶”法按固液比 1∶(1～2)，将钢铁企业烧结灰中高含量的氯化钾和氯化钠进行水洗，固液分离后将所得固体干燥返回烧结利用，而浸取液可通过加热浓缩、冷却和分步结晶等一系列步骤逐步分别制取氯化钾和氯化钠，因此该工艺可避免碱金属在烧结灰中的恶性富集。北京科技大学等提出的烧结除尘灰水浸—除杂—分步结晶方法 K、Na 回收率大于 90%，且 KCl 产品纯度在 70%以上，该方法已实现工业化应用。

3. 固化处理法

固化处理是一种用来处理含重金属等危险固废的传统处理方法，分为玻璃化固化处理和烧结固化处理两种方法。玻璃化固化处理工艺类似于典型的玻璃融化工艺，将冶金尘泥进行混料，然后加到熔化炉在高温下（一般为800～1300℃）熔化，挥发性金属锌、铅等物质在冷却管中冷却收集，而融态残渣则可收集用于生产玻璃或者陶瓷材料。

而烧结固化处理主要用于处理对环境危害巨大且不具有回收利用价值的冶金尘泥，其目的不是回收资源，而是将冶金尘泥和固化剂均匀混合后经过高温烧结处理，固化剂中的其他物质将冶金尘泥包裹使其稳定，形成不渗透的固体，随后填埋处理。

随着利用固废制备陶瓷和微晶玻璃技术的成熟，将难利用的冶金尘泥制备为陶瓷和陶粒类烧结材料，或者微晶玻璃类熔铸材料，实现尘泥的材料化利用将成为这一方法的发展趋势。陶瓷和玻璃都具有优异的重金属离子固结性能，烧结和熔融处理过程中不会产生二次污染物，残余在固相中的金属离子可以作为晶核剂等有益组分进入成品，因此可以实现这类不具有有价组分尘泥的绿色、高值化利用。

4. 高附加值利用法

除了传统的利用方法，还有一些对冶金尘泥制备为其他材料而实现高附加值利用的方法，如制备氧化铁红、制备还原铁粉、制备锂离子电池正极材料、制备载氧体和絮凝剂等。但是，这些方法或者产品市场量小，或者对杂质成分要求严格，导致目前应用较少。

冶金尘泥中存在大量的铁，其主要以金属氧化物的形式存在，因而可以通过直接高温还原的方式将其中的铁氧化物转化为金属铁，再经过后续的磁选获得铁精粉。有学者在高温条件下使用木炭作为还原剂将转炉烟尘还原成颗粒细、流动性好、全铁量大于98%的还原铁粉。

也有学者对冶金尘泥进行纯化和表面粗糙化处理，得到了化学组成符合粉末冶金用铁粉基本要求的还原铁粉，其压缩特性介于还原铁粉和雾化铁粉之间，成型特性还优于还原铁粉。有企业在利用粉尘提锌的过程中通过控制回转窑内气氛，在提取锌元素的同时，制得金属含量较高的窑渣。待窑渣排出冷却后，经过粉磨磁选，可以获得铁品位70%以上的还原铁粉。

冶金尘泥也可以用来制备聚合硫酸铁或者聚合硫酸铁铝等。有学者以粉煤灰和氧化铁皮为原料制备了聚硅酸铝铁混凝剂，获得的混凝剂具有网状结构并具有较好的稳定性。

氧化铁鳞中的含铁氧化物组成纯度较高，其作为磁性材料原料附加值较高。冷轧废盐酸处理铁锈得到的尘泥主要成分是Fe_2O_3，可以深加工为永磁材料和软磁材料。

2.4.2.2　危废尘泥的利用方法

目前，对危废尘泥的综合利用主要包括无害化处理和资源化利用。但无害化处理重点在于“解毒”，未进行资源化利用，经处置的危废尘泥主要用于填埋，造成了大量镍、铬、水泥固化剂等资源的浪费和土地被占用，属于不锈钢尘泥综合利用的初级阶段。因此，未来不锈钢尘泥的资源化利用应为不锈钢尘泥综合利用的重点研究和发展方向。

1. 无害化处理

（1）固化处理

使用固化剂对危险固废进行固化是处理危险固废的一个重要方法。进行固化处理后的酸洗污泥即可进行填埋处理，常用的固化剂有水泥、沥青、石灰、玻璃和塑料等。固化填埋法处理酸洗污泥的成本较低，是一条便捷途径。

不锈钢除尘灰的固化是将其与黏土均匀混合，然后在高温下处理。试验证实，经高温处理后的重金属离子可被黏土中的其他物质包裹起来，变得相对稳定。该法操作简便，易于实现除尘灰的无害化处理，处理后的除尘灰可保持长期的稳定性，符合环保部门的填埋标准。固化后的不锈钢除尘灰可就地填埋或用于修路等，但固化所需的费用较高。

（2）玻璃化处理

玻璃化是固化的改进，固化产物的浸出物低于环保排放标准，并且其热稳定性很好。该方法的优点是原料价格低廉、操作简单、成本低。但是，其长期的稳定性还未得到证实。

（3）还原解毒法

此法的原理是利用还原剂将酸洗污泥中有毒的六价铬转化为三价铬，按照工艺可分为湿法还原和火法还原两种。湿法还原是利用酸液或碱液将污泥溶解，并添加还原剂将 Cr^{6+} 转化为 $Cr(OH)_3$ 沉淀或者 Cr^{3+}。湿法需要大量的酸液碱液，因而成本高，不适宜大规模利用。

2. 资源化利用

（1）制备建筑材料

对于危险固废，采用玻璃化处理和利用是目前可以接受的资源化方式。通过将不锈钢粉尘和辅料按照一定比例混合后在高温下熔化，部分金属离子进入气相，部分金属残留于熔渣，并直接利用熔渣制备为微晶玻璃、铸石或岩棉等熔铸类建筑材料，重金属离子能够稳定固结在微晶玻璃和铸石材料中。酸洗污泥也能够熔融后，制备为熔铸类建筑材料。但高温条件下，酸洗污泥中的氟元素会以 HF、SiF_4 等气态物形式逸出，不仅腐蚀设备、导致窑口结圈，还会危害周围环境。为此，利用酸洗污泥的企业采用回转窑预处理等方式预先处理，再实现建材化利用。

酸洗污泥中含有 CaO、SiO_2、Al_2O_3 等，从成分上来看可以充当建材原料，目前用酸洗污泥作为原料制备的建材有水泥熟料、陶瓷材料和烧结砖等。将酸洗污泥制备成水泥和建筑用砖的方法可大量处理酸洗污泥，但是由于其与外界环境长期接触，可能会导致其中的 Cr^{3+} 重新被氧化为 Cr^{6+}，导致铬元素的浸出，存在一定的潜在危险，而水泥和混凝土类材料的危险性显著大于陶瓷类材料。因此，需要在酸洗污泥材料化产品应用过程中，监测其长期的重金属浸出性能。

（2）有价元素提取法

酸洗污泥中含有的 Cr 和 Ni，它们既是易被氧化造成污染的元素，也是应用广泛的有价元素，因此可以从酸洗污泥中提取 Cr 和 Ni 元素，这样既对其进行了无害化处理，又避免了其中的有价金属资源浪费。目前从酸洗污泥中提取有价金属的方法有火法与湿法两种，其中湿法可以分为酸浸法和氨浸法，酸法常用的浸出剂有盐酸、硝酸和硫酸，氨浸法常用的浸出剂有碳酸氨和氢氧化铵。

对不锈钢粉尘进行高温直接还原回收是对其综合利用的主要方式，此法既可防止其对环境的污染，又能实现不锈钢粉尘中有价元素的利用。目前国外主流工艺及特点见表 2-16。

表 2-16　国外不锈钢除尘灰直接还原回收的主要工艺及特点

工艺	优点	缺点
Inmetco 工艺	升温速度快，反应率高，金属回收率高	前期处理复杂，会产生二次废渣和粉尘
Fastmelt 工艺	流程短，占地面积小，反应时间短，无二次污染	能耗大，回收率不高
STAR 工艺	有价元素回收率高	—
等离子工艺	无二次污染，回收率高	电能、电极消耗高，耐材损耗严重

我国有关研究的起步较晚，虽然进行了一些试探性试验，但是缺少工业化应用。

（3）冶金辅料资源化利用

综合酸洗污泥熔点及黏度指标，其适合用作冶金辅料，可以在将酸洗污泥返回冶炼过程中回收有价金属并利用污泥充当冶金辅料。同时，酸洗污泥中的 CaF_2 及 CaO 可以作为冶金生产中的熔剂或配料，在冶金环节中有一定的使用机会。

2.4.3　钢铁尘泥资源化利用的现状及发展趋势

随着国家对固体废物的管控越来越严格，钢铁冶金尘泥已经到了必须 100%回收利用的阶段，特别是钢铁生产中产生的含锌、铅、钾、钠等元素的尘泥，应按照危险废物进行管理。这需要对各单元技术进行科学耦合与系统集成，实现有价组分梯级分离与全量利用。

由于冶金尘泥中存在锌、铅、钾、钠、铋、碘、铟、锗、铁等有价元素，对冶金尘泥多元素协同利用、梯级利用和全组分利用正成为发展方向。尤其是我国钢铁产业集聚区内的各类尘泥，要实现零排放，必须进行基于产品设计的各种尘泥间的协同搭配、单元技术间的科学耦合和系统集成，最终实现组分梯级分离（获得各类高值产品）和全量利用。

在传统提锌工艺上，回转窑提锌技术逐渐成为主流。粉尘等原料智能化收集、配料，冶金尘泥和其他危/固废（如垃圾焚烧飞灰）协同处理也是冶金尘泥利用值得关注的一个新方向。根据富集粉尘的组分特点，开展锌、铅、钾、钠、铋、碘、铟或锗等有价元素梯级分离关键单元技术的耦合优化是湿法提取发展的重要方向。

2.5　铁水预处理渣

2.5.1　铁水预处理渣的形成及分类

将铁水兑入炼钢炉进行炼钢之前，往往需要脱除杂质元素或回收有价值元素，称为铁水预处理，包括铁水脱硅、脱硫、脱磷（俗称“三脱”），以及铁水提钒、提铌、提钨等。其中，铁水预处理脱硫是最主要也是最重要的环节，既有利于稳定高炉造渣制度，又能保证炼钢吃精料。

铁水预处理渣根据处理元素不同，可以分为脱硫渣和脱磷渣，其中脱硫渣为主要成分，而脱磷渣研究较少。铁水脱硫法有铺撒法、摇包法、机械搅拌法、喷吹法、吹气搅拌法、镁脱硫法、现代工业中，与其他脱硫方法比较，由于KR机械搅拌法脱硫动力学条件好、脱硫效果稳定且可以将硫降至很低水平，脱硫率可在90%以上而被广泛使用。因此，KR脱硫渣的回收利用是重点。

KR法脱硫是将耐火材料制成的搅拌器插入铁水包液相深处，并使之旋转。脱硫反应结束后，生成的干稠状的渣浮在铁水上面，其中还含有少量高炉渣。扒出的渣进入渣罐，成为KR脱硫渣的主体，并且少量铁液或铁珠会在扒渣过程中随着渣进入渣罐，成为脱硫渣的一部分。

KR脱硫渣的典型成分及碱度见表2-17，其中硫、铁含量高，且硬度大，不易破碎。其中的主要矿物相为硅酸二钙、铁酸镁、金属铁、硅酸三钙和磁铁矿，处理后的尾渣中含有大量硅酸二钙和硅酸三钙，由此可知其具有一定的水胶硬性。铁水中的含碳量较高，在扒渣过程中会有部分进入脱硫渣中，随着温度降低，其中的部分碳会析出并与空气中的氧反应，产生CO，使得部分KR脱硫渣具有毒性。

表2-17　KR脱硫渣的典型成分　　%

成分	CaO	SiO_2	TFe	S	Al_2O_3	MnO	R
含量	17.06	26.5	46.1	2.1	4.6	1.1	0.64

2.5.2　铁水预处理渣的利用现状

为了提高经济效益，降低环保压力，钢铁厂一直致力于研究对预处理脱硫渣的回收利用。目前，主要利用方式有以下几种：

1. 脱硫渣冷态循环利用

脱硫渣处理主要采用热焖技术，分为脱硫渣带罐打水焖渣系统和脱硫渣磁选筛分系统。处理好的脱硫渣送到生产线上进行破碎、筛分、磁选。对破碎的脱硫渣进行磁选、筛分分类，孔径小于150mm的可进入球磨机进行球磨，可以很好地将渣铁进行分离，最终产品为粒铁、铁精粉和尾矿。筛选出TFe质量分数在90%以上的渣铁，可加入供高炉或电炉使用。

由于脱硫渣磷、硫质量分数高，磁选后的材料无法大批量返回转炉炼钢使用，但电炉炼钢对硫质量分数要求较低。国内有钢厂将脱硫渣经磁选选出脱硫渣钢和脱硫磁选粉，将脱硫磁选粉造球后变成高密度球体，并和脱硫渣钢一起直接用于电炉炼钢，用以调节冶炼温度，充分利用脱硫渣中的铁元素。

还有炼钢厂利用“一罐到底”的工艺优势，将小块渣铁直接加入空铁水包，之后到高炉进行接铁，以该种方式实现渣铁循环利用。

在脱硫过程中，特别是表层的铁水会降温。铁水的降温过程会析出大量碳，这些析出的碳像树枝一样与凝固的铁块连接在一起。采用传统粉磨工艺，会导致大量密度较轻的石墨随风飘浮，污染环境；采用湿磨工艺，会导致水中石墨富集，部分石墨进入磁选的尾渣，会降低尾渣作为水泥或混凝土掺和料的品质。

脱硫渣中析出的石墨以鳞片状石墨为主，是一种有价资源。钢铁企业尝试采用气力破碎的方法，通过气力携带脱硫渣碰撞，进一步实现石墨和脱硫渣的分级。也有企业采用湿磨工艺，在湿磨后，进一步采用浮选工艺，将煤炭行业的浮选技术应用于石墨浮选，浮选的石墨制备成高附加值的鳞片状石墨，剩余浮选尾渣排出用于建材行业。

由于脱硫渣中具有一定的水胶硬性，但也含有硫、磷等对水泥有害的组分。因此，磁选后的无磁性尾渣可以用于水泥混合材或者筑路材料使用，但是使用效果和掺量受到限制。

也有学者尝试将铁水脱硫渣作为橡胶填料，但是仍处于试验阶段。研究表明，在合适的配比下用铁水脱硫渣做橡胶填料可以加速橡胶硫化，降低生产成本，同时对其力学性能影响较小。

2. 脱硫渣热循环

脱硫渣热循环法是将脱硫渣在高温状态下直接再利用的方法，其流程如图 2-25 所示。脱硫过程中，脱硫剂的脱硫能力并未完全发挥出来。刚刚处理的脱硫渣为凝结粒的状态，随着温度下降造成凝结粒崩散，形成新的未反应组分，因此可以反复使用、有效利用未反应组分，最大限度地发挥渣的脱硫能力。同时，可以回收排渣时释放的热量，有利于节约资源。

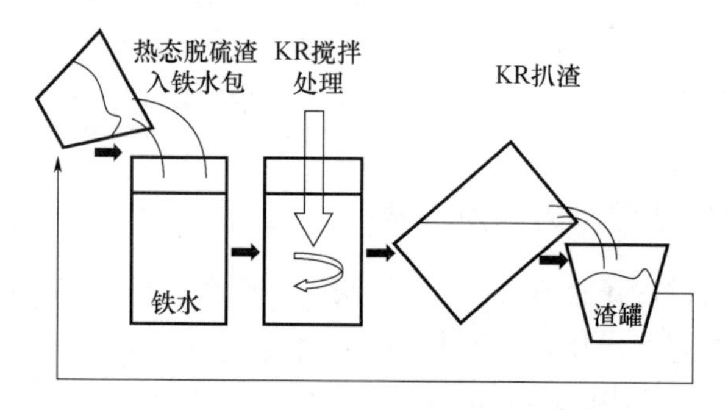

图 2-25　脱硫渣热循环法的工艺流程图

从源头上减少脱硫渣的排放，选用更高效的脱硫剂优化脱硫工艺。热态脱硫渣循环法可以反复使用脱硫渣、有效利用未反应组分，可最大限度地发挥渣的脱硫能力，同时由于是对高温状态下的渣进行再利用，还能回收排渣时释放的热量，同时减少脱硫渣中含铁组分的排放，因此热态脱硫渣循环法是对脱硫渣减量化处理的发展方向。

2.6　废弃耐火材料

2.6.1　废弃耐火材料的形成及特点

钢铁冶金属于高温生产行业，需要使用大量的耐火材料，同时不可避免地产生大量废弃耐火材料。我国的耐火材料年消耗量达 1600 万吨，用后的废弃耐火材料达 700 万吨，废弃耐火材料占耐火材料总消耗量的 43.75％。

根据耐火材料的材质不同，可以将耐火材料分为废高铝砖、废镁碳砖、废镁砖、镁铬砖、废铝镁碳砖、废铝碳化硅砖、石墨耐火材料。此外，还有两种功能耐火材料：滑板砖和鱼雷罐砖。由于各种耐火材料成分差距较大，因此一般对耐火材料的回收利用都是分类处理。

2.6.2　废弃耐火材料的典型利用现状

2.6.2.1　国外废弃耐火材料利用现状

国外发达国家非常重视废弃耐火材料的资源化利用，对其研究较早。当前，一些发达国家废弃耐火材料回收利用率较高，一般在70%左右，个别产品甚至达到了100%回收利用。美国早在1998年便开始组织研究废弃耐火材料的资源化再利用工作。截至20世纪末，美国废弃的耐火材料资源化回收利用比例在72%左右。意大利的公司开发出各炉子、中间包、铸锭模以及钢包内衬等耐火材料的回收利用技术，将废弃耐火材料直接喷吹入炉膛以起到保护炉壁的作用。德国研究了采用废弃MgO-C砖生产钢包和转炉的永久内衬，效果显著。韩国某公司2004年废弃耐火材料回收再利用率超过了80%。日本将废弃耐火材料主要作为造渣、溅渣调节剂，同时也可作为型砂的替代原料，其表现出优良的性能以及良好的使用效果。新日铁公司还研发出了废弃铝碳耐火材料生产连铸用长水口的技术。

2.6.2.2　我国废弃耐火材料利用现状

我国废弃耐火材料回收利用研究起步较晚，其利用率远低于发达国家。但是国内一些钢铁企业以及耐火材料生产企业开始重视废弃耐火材料的价值，以再生镁碳砖、再生铝镁碳砖、再生滑板砖等为代表的再生耐火制品不断出现，取得了良好的使用效果。根据利用的方式深入程度不同，可以将废弃耐火材料的利用分为四个级别：

(1) 直接使用法是指在废弃耐火材料当中，拆除之后不加工而是直接进行利用的方法。直接利用的废弃耐火材料可用到安全要求比较低或者不主要的地方。

(2) 初级使用法是对废弃耐火材料经过加工后制成不同的颗粒料来进行使用的方法，但是这种方法会使得产品的质量大大降低。

(3) 中级使用法是将废弃耐火材料加工处理后作为新的耐火材料原料，接近或达到原耐火材料的性能水平。

(4) 高级使用法是将废弃的耐火材料加工处理后，与其他原料一起制备新材料；或从废弃耐火材料中提取有价元素，比如从高铬砖中提取铬元素；也可将它们加工成微粉或者纳米粉。

2.6.3　废弃耐火材料资源化利用的发展趋势

当前，我国的耐火材料资源再利用率还很低，即便进行了再利用，由于没有相应的理论做支持，也没有与先进的再生技术结合起来，基本上只是简单的、粗放的回收利用，因此没有能够产生特别明显的经济效益和社会效益，许多回收利用仅是实验室成果，没有应用到工业生产中。但是，放眼国内外研究，废弃耐火材料的回收利用无论是从经济还是从社会来说都是相当有益的。因此，发展废弃耐火材料回收技术具有较好的前景。

耐火材料种类复杂，目前，大多数企业对废弃耐火材料的回收意识不强，各种不同的废弃耐火材料收集、处理不规范，给后续分类加工处理带来了巨大困难，导致废弃耐火材料回收成本高、利用率低。因此，提高废弃耐火材料利用率的首要问题是对其进行规范、合理的收集处理。

目前对于废弃耐火材料进行综合利用的主要方式有三类：将耐火材料降级使用（直接使用法）、简单修复后使用以及加工处理后制备成规格颗粒料以配入的方法式利用。通过各种提纯手段从废弃耐火材料中提取有价元素，或者将废弃耐火材料用作再生料的部分或者全部替代正品颗粒，从而最大限度地将综合利用率提高，并且使产品的附加值提高。

2.7 钢铁冶金脱硫灰

2.7.1 钢铁冶金脱硫灰的形成

钢铁冶金脱硫灰是指利用湿法、干法或半干法对烧结过程中产生的含有大量 SO_2 的烟气进行脱硫处理后的产物，因为半干法烟气脱硫技术兼具湿法烟气脱硫技术和干法烟气脱硫技术的特点，所以，钢厂以半干法脱硫技术为主，半干法脱硫灰排放量较多。

高炉炼铁的燃料是焦炭和煤粉，原料是烧结矿、球团矿以及一些天然块矿，但绕结矿和球团矿的获得需要铁矿石通过一定工序得到，即烧结和球团。炼铁过程中每 1t 铁产生 SO_2 为 0.8～1.0kg，在烧结工序中 SO_2 排放占比最大。脱硫工艺如图 2-26 所示，钢铁冶金生产流程中的烧结工序产生的烟气经过半干法脱硫而形成脱硫灰，生石灰粉在吸收塔中与烟气均匀混合，利用生石灰粉与烟气中的 SO_2 充分反应，生成 $CaSO_3$ 或者 $CaSO_4$ 产物，从而达到固定烟气中 SO_2 的效果，半干法的脱硫产物一般被称为脱硫灰，最后将脱硫灰从吸收塔下方排出。

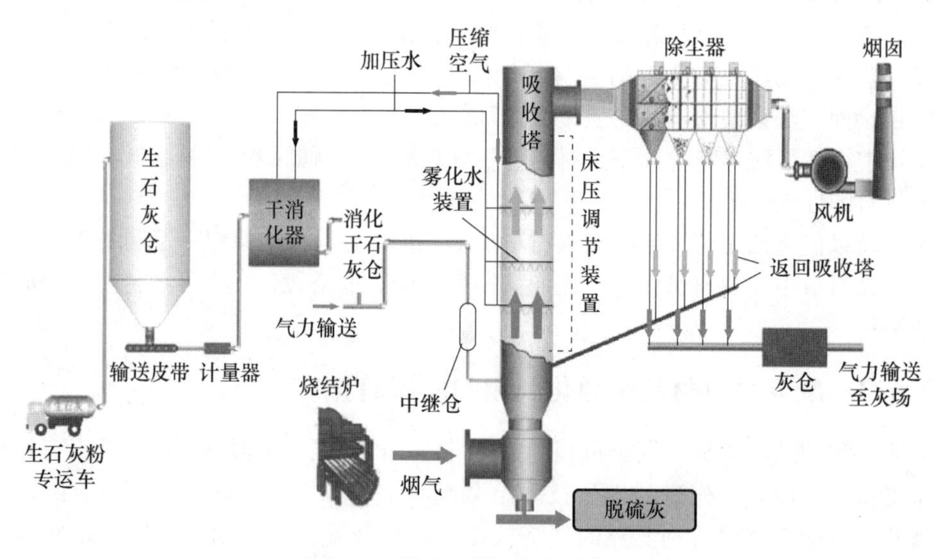

图 2-26 脱硫灰的生产工艺流程

2.7.2 钢铁冶金脱硫灰的特点及性质

2.7.2.1 组成及粒径特征

国内某钢铁厂的脱硫灰化学成分见表 2-18。由表 2-18 可知，脱硫灰中含有较高的 CaO 和 SO_3。这主要是因为在烟气脱硫过程中，过量的石灰粉与烟气中的 SO_2 结合，形成 $CaSO_3$ 或者 $CaSO_4$ 所导致。烧结脱硫灰中 SiO_2 和 Al_2O_3 含量在 8%～15%，这说明脱硫灰中含有少量的粉煤灰。无定形的 SiO_2 和 Al_2O_3 是活性物质，对于提高水泥建材的强度作用很大。

表 2-18 典型脱硫灰的主要化学成分 %

名称	CaO	SiO_2	Al_2O_3	SO_3	MgO	Fe_2O_3	Na_2O	Cl
脱硫灰	35.13	14.21	8.62	20.63	1.16	1.66	0.57	1.40

脱硫灰的矿物组成如图 2-27 所示。因为脱硫工艺自身的特点，所以脱硫灰的主要矿物由 $CaSO_3 \cdot 0.5H_2O$、$Ca(OH)_2$、$CaSO_3$ 和 KCl 组成。

脱硫灰的粒径（图 2-28）主要分布在 2～200 μm 之间，$D_{50}=33.4$ μm，$D_{90}=77.0$μm，即粒径小于 33.4 μm 的颗粒体积占全部颗粒的比例为 50%，粒径小于 77.0 μm 的颗粒体积占全部颗粒的比例为 90%。

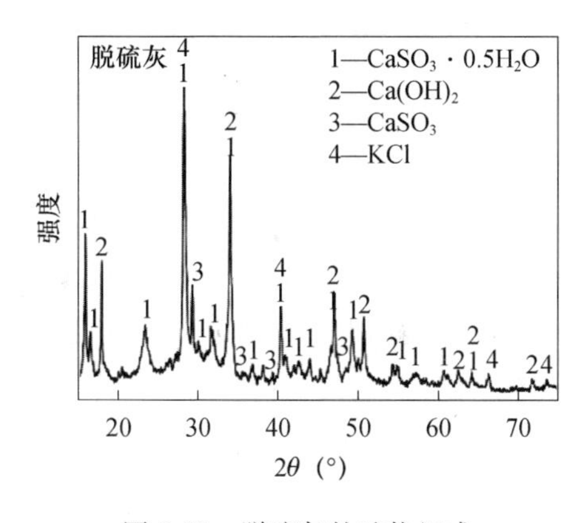

图 2-27 脱硫灰的矿物组成

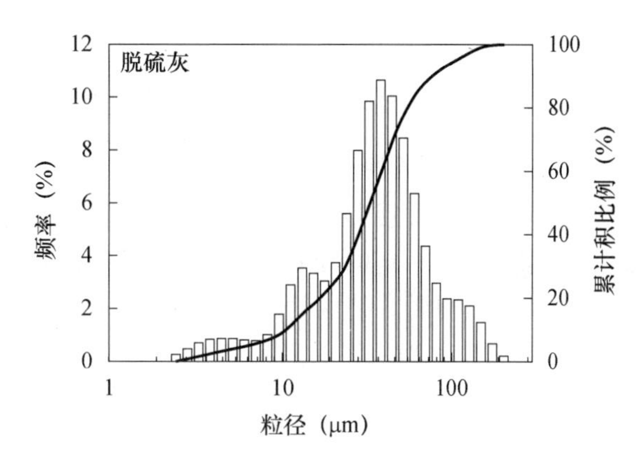

图 2-28 脱硫灰粒径分布

2.7.2.2 热重和差热分析

图 2-29 所示为脱硫灰分别在氮气和空气氛围下的 TG-DTA 曲线。由图 2-29（a）可知，在 N_2 氛围下，脱硫灰的失重呈现 4 个阶段，其中 100～360 ℃的失重对应 $CaSO_3 \cdot 0.5H_2O$ 结晶水的脱除，600～800 ℃对应 $Ca(OH)_2$ 和 $CaSO_3$ 的分解，800～1200 ℃对应 $CaSO_3$ 的分解，1200℃以上 $CaSO_4$ 开始分解，1200 ℃时失重为 43%。由图 2-29（b）知，在空气氛围下，脱硫灰的失重也呈现 4 个阶段，其中 100～360 ℃的失重对应 $CaSO_3 \cdot 0.5H_2O$ 结晶水的脱除，400～650 ℃对应 $CaSO_3$ 的氧化和 $Ca(OH)_2$ 的分解，1200 ℃以上 $CaSO_4$ 开始分解，1200 ℃时失重为 22%。

2.7.2.3 安定性

由于脱硫灰含有较多不安定组分 f-CaO 和 SO_3，这两种不安定组分在水化过程中容易产生膨胀作用，导致其安定性较差。f-CaO 和 $CaSO_4$（SO_3 存在形式）具有膨胀性，是因为它们会参与以下反应：

$$CaO+H_2O \longrightarrow Ca(OH)_2$$

$$2CaSO_3+O_2 = 2CaSO_4$$

$$f\text{-}CaO+Al_2O_3+H_2O+CaSO_4 \longrightarrow Ca_6Al_2(SO_4)_3(OH)_{12} \cdot 26H_2O\text{(钙矾石)}$$

根据资料统计，游离氧化钙与水反应生成氢氧化钙时，体积增大到原来的 1.98 倍；Ⅱ-$CaSO_4$ 水化生成二水石膏，体积增大到原来的 2.26 倍；$CaSO_4$ 水化并与活性氧化铝、游离氧化钙/氢氧化钙和水反应生成钙矾石，体积增大到原来的 2.22 倍，因为脱硫灰高膨胀性导致其安定性较差，使其在建筑材料中应用受限制。

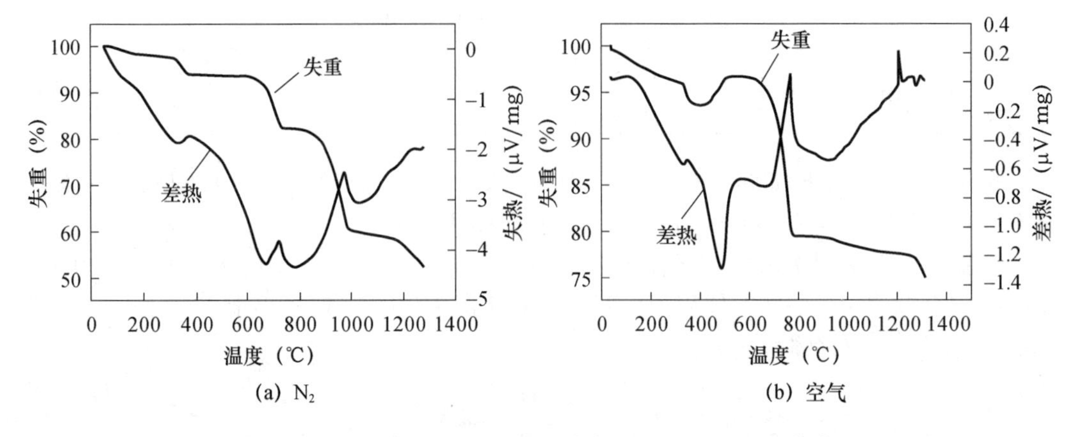

图 2-29 脱硫灰在 N_2 氛围和空气氛围下的 TG-DTA 曲线

2.7.2.4 胶凝特性

脱硫灰含有无定形的 SiO_2 和 Al_2O_3 活性物质，在碱激发作用下会发生胶凝反应，因此，脱硫灰具有一定的胶凝活性。以生石灰和烧结脱硫灰作为水淬渣复合激发剂制备的新型充填胶凝材料，烧结脱硫灰渣掺量达到 10%时，胶结充填体强度不低于相同条件下的以 32.5R 早强水泥为胶凝剂的充填体强度，而其成本低于水泥材料。通过对脱硫灰改性，掺加促凝剂等使凝结时间达标，研制出的胶凝材料化学指标符合《通用硅酸盐水泥》(GB 175—2007) 中矿渣硅酸盐水泥标准要求。半干法脱硫灰与多种固废协同利用也可以发挥较好的胶凝活性，采用改性脱硫灰、钢渣、矿渣及水泥熟料再混磨制备的复合胶凝材料，具有良好的安定性等水化性能和力学性能；当改性脱硫灰掺入量为 20%、减水剂 0.5%及水泥熟料 23%时，矿渣掺量在 12%～44%、钢渣掺量在 11%～44%之间制备的胶凝材料初凝时间、终凝时间、力学性能满足相关标准要求。

现阶段脱硫灰的利用率仍然很低，主要是因为脱硫灰矿物成分是半水亚硫酸钙 ($CaSO_3 \cdot 0.5H_2O$)、碳酸钙 ($CaCO_3$) 及反应剩余的部分氢氧化钙 [$Ca(OH)_2$]，其含有的无定形 SiO_2 和 Al_2O_3 活性物质占少数，水泥中对硫酸盐、安定性等有严格限制，这使得脱硫灰在水泥中掺量少，利用效果差。同时，我国天然石膏丰富，工业副产石膏性能较差，市场空间小。而脱硫灰相对于电厂脱硫石膏以及其他工业副产石膏，其成分更复杂，杂质离子多，因此，作为石膏性能差。在水泥行业、石膏制品行业更趋向于优先选择电厂脱硫石膏，这更导致脱硫灰难以利用。

2.7.3 钢铁冶金脱硫灰的利用现状和发展趋势

脱硫灰不同于天然石膏，虽然在国外已形成了较为完善的研究、开放、应用体系，但在国内由于市场价格的因素，脱硫灰的竞争力不强，阻碍了脱硫灰的综合利用，目前以堆放为主。根据钢铁冶金脱硫灰中含有的成分，总结钢铁冶金脱硫灰利用的发展趋势，如图 2-30 所示。具体介绍如下：

(1) 脱硫灰中含有大量的钙元素，用盐酸或氯化铵浸取钙，通过气-液法或液-液法制备碳酸钙，这种方法制备的碳酸钙具有一定的经济效益，属于碳减排的环保技术，但是应用的技术还不成熟。

（2）脱硫灰含硫含钙，可以用作硫酸钙实现利用。脱硫灰可用于水泥缓凝剂和生产各种建筑石膏制品。未来脱硫灰在建筑材料方面应用仍然会是其主要利用方法。

（3）脱硫灰中含有亚硫酸钙、氧化钙、氢氧化钙等，三者均不稳定，空气中的氧气、二氧化碳使脱硫灰的稳定性遭到破坏，导致掺有脱硫灰的水泥在使用过程中，水泥制品和用混凝土浇筑的建筑产生微量膨胀。同时，使用脱硫灰制成的砖瓦砌块会发生泛霜、鼓包等现象。将半干法脱硫灰在回转窑等装置中进行加热氧化，加热温度在650℃左右，使更多的亚硫酸钙转变为硫酸钙，实现对其改性，并且氧化脱硫灰呈粉状，不含水，使用更加方便。改性后的脱硫灰实用价值得到提升，既可以将氧化后的半干法脱硫灰综合利用，又可以提取硫酸钙，用于建筑石膏、水泥缓凝剂、胶凝材料或者土壤改良剂。

（4）铁矿粉和脱硫灰进行高温加热反应，生成铁酸钙并排放二氧化硫、三氧化硫。对预处理脱硫灰替代氧化钙的铁矿粉基础特性研究表明，温度和黏结相强度随着脱硫灰替代比例的增加呈现先增加后减小的趋势。当替代量小于40％时，可改善烧结矿的质量，促进铁酸钙的生成；当替代比大于40％时，铁酸钙生成量减少，硅酸盐生成量增多。

（5）根据钢铁冶金脱硫灰的特点，可用于制造对三氧化硫、烧失量无特殊要求的烧结砖或轻骨料——陶粒。虽然黏土-脱硫灰烧结砖可以达到普通烧结砖的性能指标，并有一定的性能指标调节幅度，但是上述方法存在二次污染。如果能够在利用脱硫灰制备铁酸钙、制备陶粒或制备烧结砖等高温过程中，将氧化硫气体富集并制备成硫酸，那么这将能够实现脱硫灰的全组分循环利用，避免气体污染。但是，目前还处于试验探索阶段。

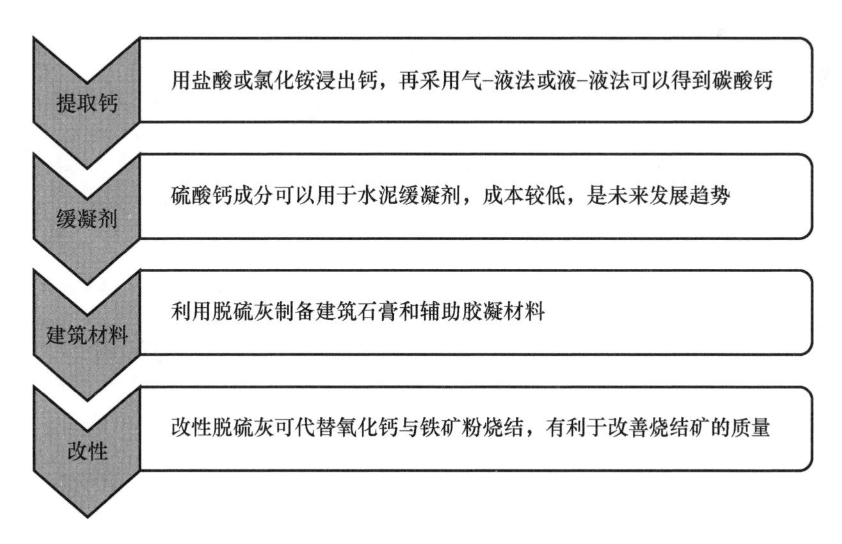

图2-30　钢铁冶金脱硫灰的利用现状

3　有色冶金固废

3.1　铝冶炼渣

铝行业固废主要包括氧化铝工业和铝电解工业产生的固体废物。如图 3-1 所示，氧化铝工业固废主要包括两部分：第一，赤泥，按照生产方法分类，包括拜耳法赤泥、烧结法赤泥、联合法赤泥；第二，选矿尾矿，包括洗矿尾矿和浮选尾矿；铝电解行业的固废主要是铝灰和废槽衬。

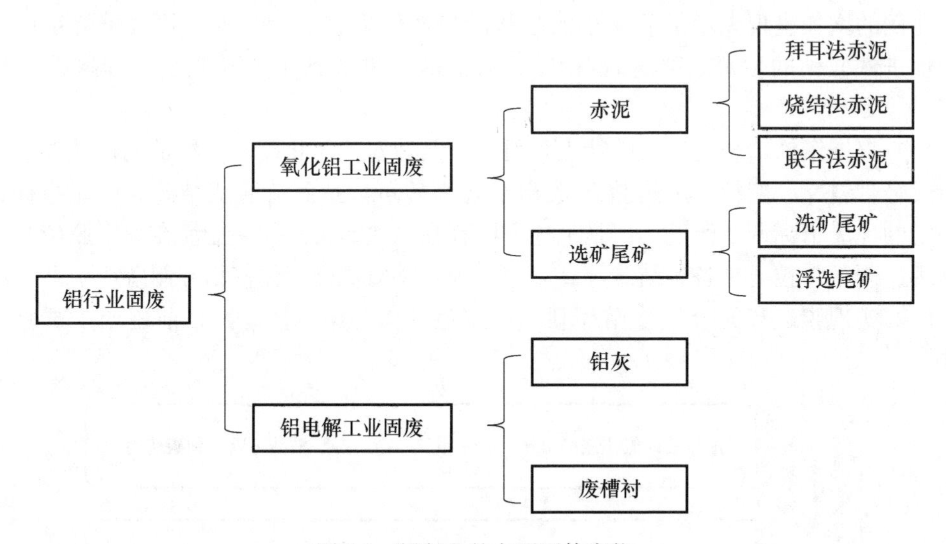

图 3-1　铝行业的主要固体废物

3.1.1　赤泥

赤泥是氧化铝行业产生的一种污染性工业固体废物，因其含有大量的氧化铁而呈红色，故被称为赤泥（图 3-2）。但有的因含氧化铁较少而呈棕色，甚至呈灰白色。赤泥是氧化铝生产过程中产生的碱性固体废物，也是氧化铝工业的主要污染物。由于生产方法和铝土矿品位的不同，每生产一吨的氧化铝会产生 1～2t 的赤泥。2020 年我国氧化铝行业产量为 7100 万吨，占世界产量的 53%，由此对应排放赤泥超过 1 亿吨。从图 3-3 中可以看出，2011 年到 2019 年赤泥的产生量从 0.43 亿吨增加到 1.08 亿吨，但是利用量最高只有 0.05 亿吨，赤泥的综合利用率不超过 5%。

目前，大量的赤泥主要依靠露天堆积、深坑填埋以及修筑赤泥坝等处置。赤泥的堆放不仅占用了大量的土地和农田，而且需要企业承担高昂的维护管理费用。存在于赤泥中的碱，向地下渗透，造成地下水体和土壤污染，裸露赤泥形成的粉尘污染大气，对人类和动植物生存造成负面影响，恶化了生态环境，造成了严重污染。国内外相继发生多起氧化铝厂赤泥库泄漏等环保事故，引起政府机构和相关市场人士高度重视，越来越多的普通民众开始关注赤泥对环境的危害，例如对土地资源的占用，对大气、土壤和水体的污染，对建构筑物表面的腐蚀等。资源利用、环境保护和民生安全等多方面均对赤泥综合利用提出了要求。

图 3-2　赤泥

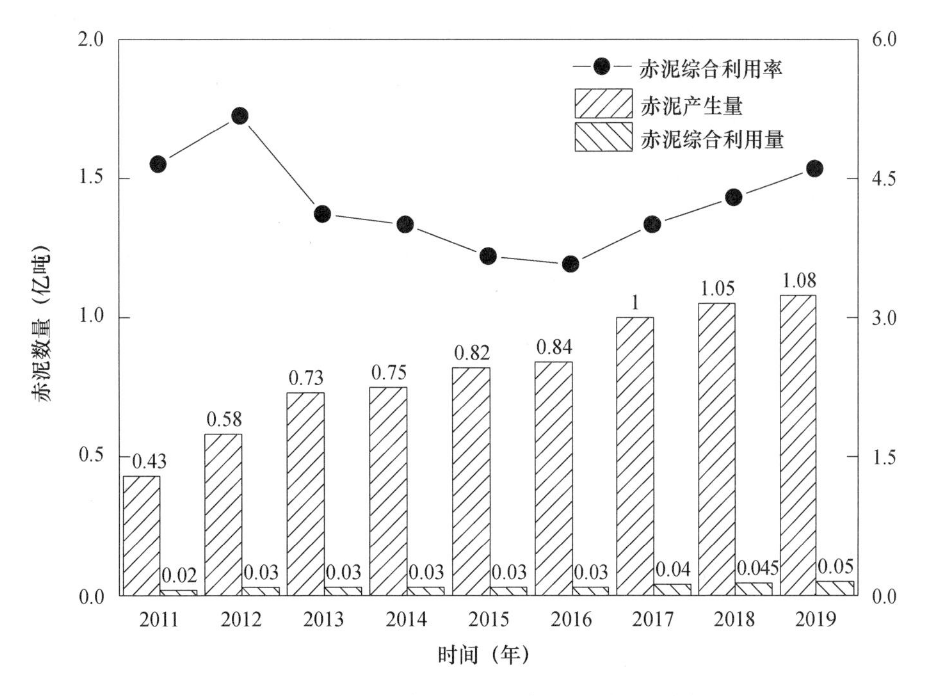

图 3-3　2011—2019 年全国赤泥产量和利用基本情况

赤泥根据氧化铝生产方法可分为拜耳法赤泥、烧结法赤泥和联合法赤泥三种。拜耳法生产工艺是强碱 NaOH 溶出高铝、高铁、一水软铝石型和三水铝石型铝土矿，所产生的赤泥含有较高的氧化铝、氧化铁和碱含量。烧结法和联合法产生的是难溶的高铝、高硅、低铁、一水硬铝石型、高岭石型铝土矿，赤泥中 CaO 含量高，碱和铁含量较低。由于拜耳法氧化铝产量占世界总产量的 90%以上，因此，目前氧化铝行业中的赤泥主要是拜耳法赤泥。

3.1.1.1 赤泥的形成

1. 拜耳法赤泥的形成过程

拜耳法的生产流程如图 3-4 所示：先用粉碎机将铝土矿的矿石粉碎成直径为 30mm 左右的颗粒，然后用水冲洗掉颗粒表面的黏土等杂质。冲洗过的这些颗粒与含有氢氧化钠浓度为 30%～40%的拜耳法余液相混合，借助球磨形成固体粒径在 300μm 以下的悬浊液。随着粒径逐渐变小，铝土矿的比表面积大大增加，这有助于加快后续化学反应的速度。铝土矿和高浓度氢氧化钠溶液形成的悬浮液随后进入反应釜，通过提高温度和压力使铝土矿中的氧化铝和氢氧化钠反应，生成可以溶解的铝酸钠 [$NaAl(OH)_4$]，这被称为溶出，其方程式如下：$Al_2O_3+2NaOH+3H_2O \longrightarrow 2NaAl(OH)_4$。反应釜的温度和压力根据铝土矿的组成确定。对于含三水铝石较多的铝土矿，可在常压下，150℃进行反应，而对于一水硬铝石和勃姆石含量多的，则需要在加压条件下进行反应，常用条件为 200～250℃，30～40 个大气压。与氢氧化钠反应时，铝土矿中所含铁的各种氧化物、氧化钙和二氧化钛基本不会和氢氧化钠反应，形成了固体沉淀，留在反应釜底部，它们会被过滤掉，形成的滤渣呈红色，被称作赤泥，将赤泥进行洗涤后排入赤泥堆场。热的铝酸钠溶液进入冷却装置中，加水稀释同时逐渐冷却，铝酸钠会发生水解，生成氢氧化铝，然后析出白色的氢氧化铝固体，经过 1000℃煅烧，最终分解成氧化铝。

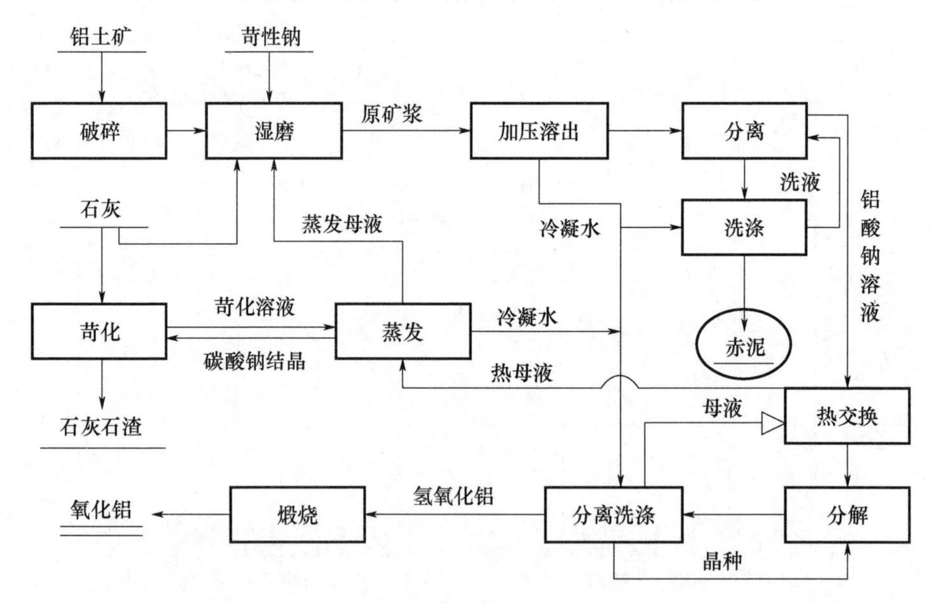

图 3-4 拜耳法赤泥的主要形成过程

2. 烧结法及联合法赤泥的形成过程

烧结法处理铝土矿的流程如图 3-5 所示：先将铝土矿按要求进行破碎，然后配料，湿磨配料是为了保证炉料中各组分在烧结时能生成预期的化合物，因此各组分间必须严格地保持一定的配合比例。烧结过程的目的就是要使调配合格后的生料浆在熟料烧结窑中高温烧结，使生料各成分互相反应，使其中的氧化铝尽可能转变成易溶于水或稀碱溶液的 $Na_2O \cdot Al_2O_3$，而使 Fe_2O_3 转变成易溶于水的 $Na_2O \cdot Fe_2O_3$，SiO_2 等杂质转变为不溶于水或稀碱溶液的 $2CaO \cdot SiO_2$，并形成具有一定容积密度和孔隙率、可磨性好的熟料，以便在溶出过程中将有用成分与有害杂质较好地进行分离，最大限度地提取氧化铝和回收碱。熟料溶出的目的就是将熟料中的氧化铝和氧化钠最大限度地溶解于溶液中，制取铝酸钠溶液，而将熟料中的原硅酸钙转入固相赤泥中，实现有用成分氧化钠和氧化铝与杂质进行分离，并为赤泥分离洗涤创造良好的条件。

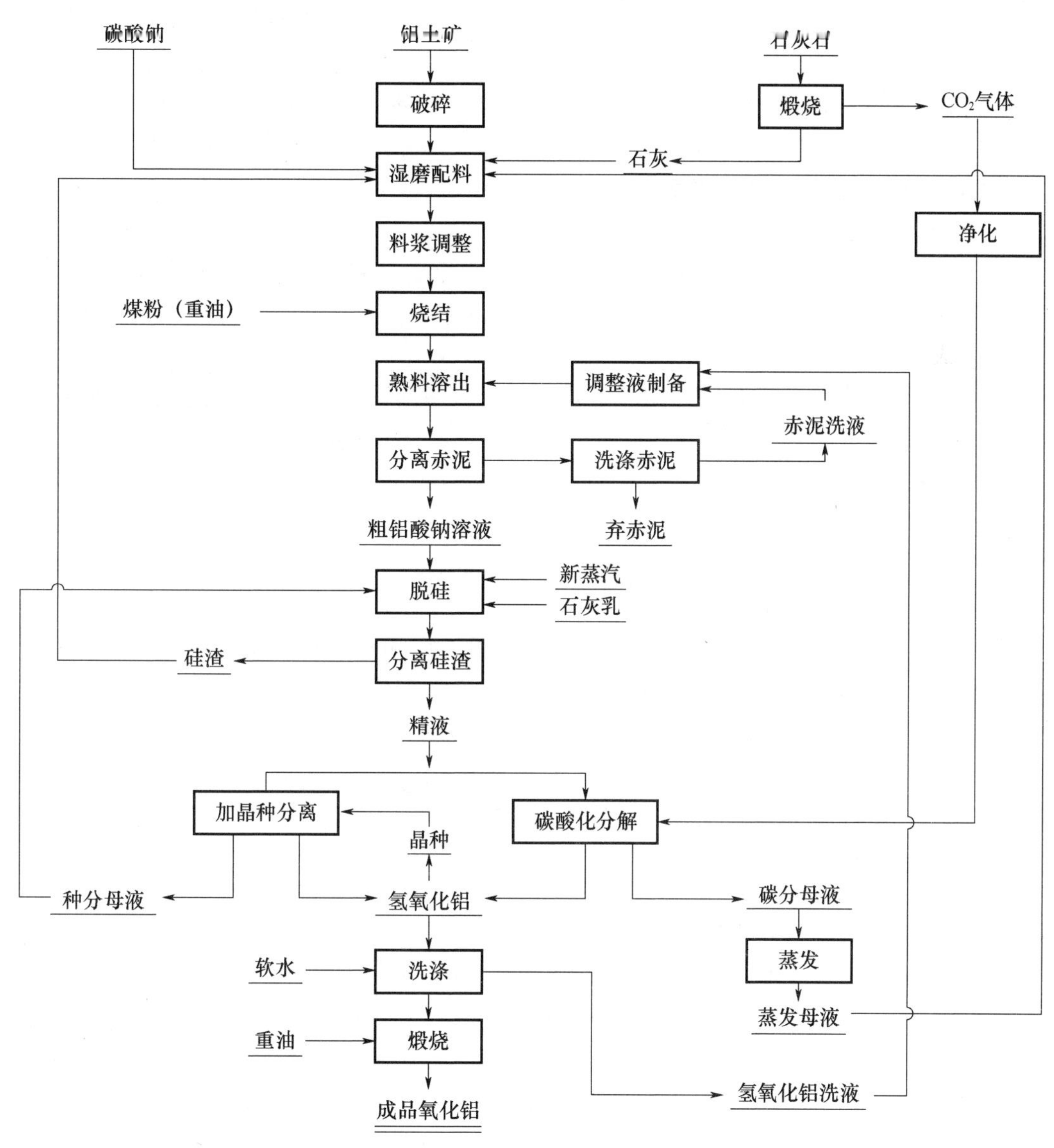

图 3-5　烧结法赤泥的主要形成过程

联合法是将拜耳法工艺流程和烧结法工艺流程有机地结合起来形成新的生产工艺，并可根据联结方式的不同划分为并联法、串联法和混联法三种。

并联法使用拜耳法和烧结法两个平行的生产系统，分别处理不同品位的铝土矿，最后将得到的铝酸钠溶液一起分离、结晶、焙烧产生出氧化铝，而形成的赤泥基本为拜耳法赤泥和烧结法赤泥的混合体。

串联法是我国独创的生产氧化铝的方式，它是先使用拜耳法处理铝土矿后，将拜耳法产生的赤泥再使用烧结法提取氧化铝，铝土矿经过拜耳法及烧结法的共同处理，氧化铝的产量提高，碱耗也有所降低，进而降低生产成本，氧化铝的回收率也会随之增加。

混联法工艺流程是在拜耳法赤泥中添加一部分低品位的矿石进行烧结，使烧成温度范围变宽，改善烧结过程，同时对铝土矿的利用加大。但混联法的流程较长，设备也较复杂，造成能耗加大，成本偏高。混联法产出的赤泥都是烧结法赤泥。混联法中包括了完整的拜耳法和烧结法系统，设备繁多，控制复杂，能耗和成本也随之增加。

3.1.1.2　赤泥的特点及性质

1. 赤泥的物理性质

赤泥不溶于水，而且由于含铁量不同，其颜色会有暗红色、棕色和灰白色。形状呈颗粒状，颗粒分散性好、比表面积大。颗粒直径 0.088～0.25mm，比重 2.7～2.9，相对密度 0.8～1.0，孔隙比 2.53～2.95，熔点 1200～1250℃。

另外，部分赤泥还具有放射性，赤泥中含有多种微量元素，而放射性主要来自镭、钍、钾，一般内外照白指数均在 2.0 以上，因而这部分少量具有放射性的赤泥属于危险的固体废物。

2. 赤泥的化学性质

不同地区赤泥的化学成分及物理性质与氧化铝的生产方法、生产过程中添加的物质以及铝土矿的化合物等有关，见表 3-1。通常赤泥的 pH 约为 12，并含有微量氟化物。拜耳法赤泥组分以氧化硅、氧化铁、氧化铝、氧化钠和氧化钙为主，还含有 Cr、Cd、Mn、Pb 或 As 等重金属元素。其中，拜耳法赤泥中氧化钠含量在 2%～12%，pH 为 9.7～12.8，并含有微量氟化物。

表 3-1　不同类型赤泥的化学成分　　%

赤泥类型	Al_2O_3	Fe_2O_3	SiO_2	CaO	Na_2O	K_2O	MgO	TiO_2	烧失量
拜耳法	10～20	30～60	3～20	2～8	2～10	—	—	0.1～10	10～15
烧结法	5～7	7～10	20～23	46～49	2.0～2.5	0.2～0.4	1.2～1.6	2.5～3.0	6～10
联合法	5.4～7.5	6.1～7.5	20.0～20.5	43.7～46.8	2.8～3.0	0.5～0.7	—	6.1～7.7	—

赤泥主要的矿物为文石和方解石，其次是蛋白石、三水铝石、针铁矿，最少的就是钛矿石、菱铁矿、天然碱、水玻璃、铝酸钠和烧碱。通过 XRD 图谱（图 3-6）分析某企业赤泥组成可知，赤泥中的主要矿物为赤铁矿、二氧化硅以及氢氧化铝等。结合赤泥原料的化学组成分析（表 3-2），可以看出赤泥中铁元素主要以 Fe_2O_3 形式存在，少量以 FeOOH 形式存在，还有部分以铁铝同质类相形式存在于水化石榴石中。铝的化合物衍射峰偏弱，主要由 AlO(OH)、$Al(OH)_3$、$Ca_3Al_2(SiO_4)(OH)_8$ 和水化石榴石组成。还有较多的铁元素和铝元素以其他复杂化合物的形式存在。

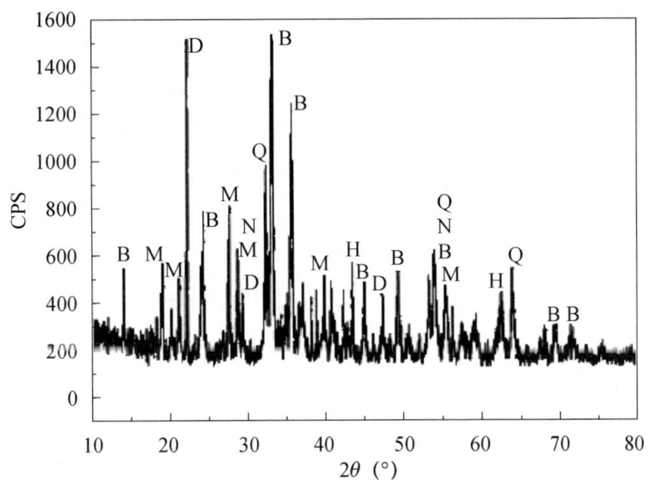

图 3-6 赤泥的 XRD 图谱

表 3-2 赤泥的化学组成 %

成分	TFe	Al_2O_3	Na_2O	CaO	SiO_2
含量	15.30	21.69	5.73	14.91	16.55

赤泥的高碱性是其形成危害和难以资源化利用的主要原因。赤泥碱性物质分为可溶性碱和化学结合碱。可溶性碱包括 NaOH、Na_2CO_3、$NaAl(OH)_4$等，通过水洗仅能去除部分可溶性碱，仍有部分残留在赤泥难溶固相表面并随赤泥堆存。结合碱多存在于赤泥难溶固相中，如方钠石［$Na_8Al_6Si_6O_{24}\cdot(OH)_2(H_2O)_2$］、钙霞石［$Na_6Ca_2Al_6Si_6O_{24}(CO_3)_2\cdot 2H_2O$］等，这类含水矿物并不稳定，存在一定的溶解平衡，从而导致赤泥仍然具有碱性但难以通过水洗直接去除。

3.1.1.3 赤泥的利用现状及趋势

赤泥中有价金属的提取，是实现赤泥高附加值利用的一种重要表现形式，主要针对赤泥中铁、铝及稀土金属等元素的提取。然而，赤泥的规模化利用主要集中在建筑工程领域，现阶段主要在路基材料方面获得工业化应用，少量应用生产烧结砖、填料等。

由于赤泥本身的一些独有的特点，在其他领域也得到了一定的利用，赤泥本身具有颗粒直径较小、比表面积较大，且对 SO_2气体有较强的吸附能力，固硫成分含量多的特点，因此可以起到脱硫的作用。目前赤泥被用于烟气处理的研究主要分为干法和湿法，与干法和石灰脱硫相比，赤泥的脱硫效率较高，并且脱硫后的赤泥碱度会降低，利于堆存。

赤泥除具有较高的孔隙率和比表面积外，其在水介质中的稳定性也较好，可用其作为污水处理剂。以赤泥为主要原料，加入粉煤灰、膨润土、碳酸氢钠制备赤泥颗粒，通过调控碳酸氢钠的量以达到优化改性赤泥颗粒吸附废水的效果。

1. 赤泥中有价金属回收

赤泥中含有铁、铝、钙、钛等有用的金属元素，这些有价金属的提取是赤泥高附加值利用的一种方法。

（1）铁的回收

拜耳法赤泥相对于烧结法赤泥含铁量要高，其中的铁主要以氧化铁形式存在。特别是我国企业现阶段大量使用非洲的铝土矿，这类铝土矿含氧化铁含量高，利用这类铝土矿后排出的赤泥氧化铁含量高，适合直接用物理方法进行磁选分离。

① 直接磁选法

直接磁选法是利用高磁场强度的磁选设备对赤泥中具有弱磁性的赤铁矿和无磁性的脉石矿物进行磁选分离。该方法的优点在于具有较高的分离效率，且工艺简单，成本较低，但是赤泥中细颗粒含量多，需在磁选分离前对赤泥进行粗细分级，以利于提高分选效率。此外，超导高梯度磁分离（HGSMS）工艺目前已经成为一种有效的细颗粒弱磁性矿物分离方法，该系统可利用设备提供的超强磁场对弱磁性组分进行分选，该系统可为赤泥中弱磁性组分的有效富集以及抛尾提供方法，有利于赤泥的分步处理。

② 重选法

重选法是根据矿物颗粒密度、质量等差异，利用螺旋溜槽、摇床、水力旋流器等设备对矿物进行选别。微细粒含量高、颗粒粒径细小是赤泥的显著特征。由于赤泥颗粒之间相互团聚包覆，小颗粒高密度组分和大颗粒低密度组分在分选时难以分开，因此赤泥的分级处理尤为重要。

总体而言，磁选法和重选法的优点在于流程简单，操作便捷，作业成本低，缺点是所得铁精矿 TFe 品位较低，回收率较低。

目前对高铁赤泥进行磁选并获得铁精粉的技术已成熟，该技术能够实现赤泥的减量化，但是磁选尾泥仍然难以利用。我国目前选铁处理赤泥产能约 1900 万吨，主要分布在广西、山东、云南和山西等地，见表 3-3。其中，中铝广西氧化铝分公司采用一粗一精的磁选闭路作为工业生产主流程，设有 6 条磁选生产线，在原矿赤泥含 Fe26％的情况下，可获得铁精矿铁品位≥56％，铁的回收率 22％。赤泥理化特性不同，处理方法也不尽相同。防城港氧化铝厂的赤泥磁性较弱，中铝在防城港处理赤泥的工艺则选择为先重选、后磁选工艺。

表 3-3　国内各地赤泥选铁项目信息汇总表（截至 2021 年 12 月）

序号	项目名称	赤泥量（万吨）	含铁量（TFe）	量（万吨）	减排率	产品指标	原矿产地	备注
1	中铝广西分公司	360	26％～28％	72	20％	≥56％	国内	
2	广西华银铝业	330	22％	30	9％	52％	国内	
3	云南文山铝业	260	17％	30	12％	51％～52％	国内	
4	广西田东锦江	110	23％	10	9％	53％～55％	国内	
5	广西靖西信发	100	25％	10	10％	50％	国内	
6	中铝山东分公司	300	25％～32％	20	7％	47％～49％	印尼矿	停产
7	山东魏桥铝业	300	32％～37％	30	10％	47％～49％	几内亚	
8	山西华兴铝业	100	22％	10	10％	50％～52％	国内	停产
9	中铝环保防城港	260	42％	80	30％～35％	50％～52％	几内亚	建设中

总体上，以上赤泥磁选工艺的磁选铁精粉（减排量）比例在10%～20%，铁品位在47%～60%。利润主要受到铁精粉价格的影响而波动，选铁成本60～150元/吨，铁精粉售价50～350元/吨。

其他的赤泥回收铁的方法有：还原焙烧-磁选法、酸浸法和还原熔炼法等。

③ 还原焙烧-磁选法

还原焙烧-磁选法实质上是火法冶金的方法，它是指在赤泥中添加还原剂，通过焙烧处理，使赤泥中磁性较弱的赤铁矿还原成为磁性较强的磁铁矿或者金属铁，然后用弱磁选的方法回收赤泥中的铁。该方法常用的还原剂分为碳质还原剂和气体还原剂。该过程中也研究钠盐、钙盐等添加剂在焙烧作用中的影响，实现了赤泥中铁、铝资源综合回收利用。

有研究表明，在铁矿物的碳还原体系中，碳酸钠的存在能促进还原物料中铁的分离，此时配炭比（15%时较好）对回收率起主要作用，过低或过高都会导致铁的回收率下降，随后再配合两段式磁选，能够实现铁的高效回收。

以碳质还原剂还原的还原焙烧-磁选法以高温还原为主。虽所获铁精矿品位和回收率普遍较高，但生产成本也较高。因此，一些学者研究了在较低的温度下使用气体还原剂将赤铁矿还原为磁铁矿，再进行磁选分离回收铁精矿的方法。与高温还原焙烧-磁选相比，低温还原焙烧-磁选具有低耗能的优点，若能降低还原剂成本、提高精矿品位和回收率，该方法具有很好的应用前景。

④ 酸浸法

酸浸法从赤泥中提取铁，属于湿法冶金。目前，所用的酸主要为草酸、盐酸、硫酸、磷酸、硝酸，其中，草酸提取赤泥中铁的研究在当前的酸浸法研究中占有较大比重。酸浸法从赤泥中提取铁具有浸出率高、多金属同时浸出等优点，但由于赤泥的高碱性，采用酸浸出铁要消耗大量的酸来中和赤泥中的碱，使得该方法存在酸耗大、浸出渣酸性强、二次污染等问题。

⑤ 还原熔炼法

运用赤泥配碳制备含碳球团是还原-熔分法提取铁的一种新工艺，通过控制调节碳氧比及温度、时间，使铁的收得率增加，但要注意控制各因素对金属收得率影响的临界点。

（2）钪的回收

钪是一种非常典型的稀散元素，在地壳里的含量并不高，常与钛、铝、钨、锡等矿物元素共存，其中在铝土矿、磷块岩及钛铁矿中含有90%～95%的钪。在生产氧化铝过程中，98%～100%的钪富集在赤泥中。目前，从赤泥中提炼钪的方法主要有：还原熔炼-酸浸-提取法、硫酸化焙烧-浸出法、碳酸钠溶液浸出法和酸浸法等。

还原熔炼-酸浸-提取法是将赤泥先还原除铁，炉渣提取氧化铝后，再用其他方法回收钪。

硫酸化焙烧-浸出法是使用硫酸焙烧后浸出，钪的浸出率可达到75%，该方法除了可以获得氧化钪外，还伴随有其他稀土氧化物，可以从赤泥中分离出88%的稀土元素。通过经济分析，验证了此方法具有可行性，市场前景乐观，但是如何将钪的浸出率提高，还需要进一步研究。

酸浸法是将赤泥直接进行酸浸处理，然后从酸浸液中萃取（或离子交换）回收钪。可选用酸性磷类萃取剂从盐酸浸出液中萃取钪，采用乳状液（油相与水制成）与赤泥浸出液混合，经脉冲高压静电法破乳，进而从内水相回收钪，可实现钪元素的高效回收。

目前，国内对赤泥中钪的提取大多停留在试验阶段，并没有实现工业化生产，此外，使用酸浸法后的残留液还不能有效地加以回收利用。

（3）钛的回收

赤泥中的钛不是以单一矿物形式存在的，而是与多种矿物并存，颗粒较细，分布分散，其含量并不高，在2%～7%之间。目前，从赤泥中回收钛并没有简单有效的方法，主要采用焙烧预处理-炉渣浸出工艺（也叫热法）和直接酸浸赤泥工艺（也叫湿法）。

焙烧预处理-炉渣浸出工艺是将赤泥在800～1000℃煅烧，之后加焦炭做还原剂还原煅烧，磁选回收铁后，剩余残渣使用硫酸浸出，进一步回收钛，回收率可达93%。

湿法提取钛主要是使用硫酸、盐酸和硝酸，通过研究不同浸出剂种类、浓度、液固比、浸出温度和反应时间等因素对钛浸出率的影响，得到最优工艺参数。赤泥湿法提取钛避免了热法的高能耗，工艺简单，但会过度用酸，产生不需要的废酸，二次污染环境。

迄今为止，这两种钛的提取技术主要基于实验室的小规模回收，没有实现更大规模的应用。在赤泥中除铁元素以外的其他有价金属元素的回收工艺路线均具有一定的回收能力，但其回收方法大多存在投资大、能耗高、成本高等问题，不具有经济性。因此，这一方向尚未达到工业化应用的程度，仍需进一步研究。

2. 赤泥用于建筑材料

目前，赤泥的利用主要集中在建筑工程领域，包括用于水泥掺和料、制备微晶玻璃、作为路基材料、制砖原料等。

（1）水泥掺和料

烧结法赤泥具有高钙、高硅和低铁的特点，利用烧结法赤泥烧制水泥成为一条成熟的废渣利用途径。中国铝业集团20世纪60年代分别在山东分公司和河南分公司配套建设了水泥厂，主要将烧结法赤泥作为原料制备水泥加以利用，以减少氧化铝厂大宗量赤泥的排放。然而赤泥的配比只能被限制在25%左右，因为赤泥中含碱量偏高，掺入太多会导致碱含量超标，不符合水泥生产所要求的低碱特性。山东分公司在20世纪90年代进行了赤泥脱碱生产高强度等级水泥的研究，使用烧结法和联合法赤泥脱碱后生产水泥，将赤泥配比提高到45%。赤泥自身水分大，在实际生产中容易堵料并使生料工序电耗高，这需要探讨解决，同时，赤泥成分复杂，在参与水泥水化等化学反应过程中的变化机理仍需进一步研究。

拜耳法赤泥中含有接近10%的Na_2O，难以将其直接用于水泥。在硅酸盐水泥中，一方面，游离的Na^+会在毛细力作用下向外迁移；另一方面，硅酸盐水泥中大量的Ca^{2+}进一步取代硅酸盐中的Na^+，加剧了Na^+的溶出和返碱，这导致赤泥建材产品广泛存在返碱泛霜问题，因而不能大量掺入赤泥。此外，水泥混凝土及制品中大量的Na^+还会进一步与骨料中的SiO_2发生碱骨料反应，生成水化凝胶而使得体积膨胀，材料结构被破坏，导致建筑产品开裂、耐久性能降低。因此，赤泥在普通水泥混凝土类建筑材料中难以大量利用。

对赤泥脱碱是另外一个解决赤泥高碱的办法。但是，脱碱不仅增加了赤泥利用的成本，而且脱碱赤泥因与水充分反应而失去胶凝活性，其资源禀赋仍然极低，难以应用于水泥和混凝土领域。

如果将赤泥与高硅铝的粉煤灰、煅烧煤矸石等进行混合，便可以制备出碱激发胶凝材料，能够实现钠离子较稳定的固结。但是，赤泥中的钠离子仅是作为激发剂，赤泥的掺量低；更为关键的是，碱激发胶凝材料的研发整体上还处于实验室到中试阶段，仍然未能大规模工业化应用。

（2）制烧结砖

赤泥与黏土有相似的物理性质，可替代黏土用于生产烧结砖。由于赤泥中大部分碱、钠等有害物质经高温煅烧后被去除，制备出的烧结砖具有强度高、吸水率高、抗风化、隔声效果好等特点，被广泛应用在建筑工业领域。除了有良好的成型性能以外，赤泥还因其碱含量高而熔点较低，其微粒表面在高温下易形成部分熔融态，使颗粒间互相粘连，促进各成分之间的反应，使新生成物迅速结晶长大，在砖坯内形成网状结构，从而使产品具有较高的强度。

以赤泥为主要原料，在900℃可制得的烧结砖样品其抗压强度达到40MPa，抗折强度达9MPa。利用赤泥为主要原料，辅以页岩及其他添加剂，在1000～1100℃温度范围内烧成，制备的陶瓷清水砖中赤泥加入量为50%～70%，烧成样品的吸水率为23.33%～42.33%，体积密度为1.66～2.07g/cm^3，抗弯强度为11.41～23.95MPa，高钙质坯料烧成试样的最终物相为钙黄长石、假硅灰石以及少量的石英、刚玉。将烧结法赤泥和拜耳法赤泥经过一定比例混合，获得烧成温度低、烧成温度范围宽的赤泥陶瓷保温砖，赤泥的利用率可达60%。1040℃烧成样品的吸水率为23.13%、抗弯强度为14.97MPa、抗压强度为53.84MPa、导热系数为0.88W/（m·K）。

山东魏桥创业集团在赤泥内燃烧结砖技术上有所突破，其年利用赤泥约15万吨。山东淄博陶瓷企业将赤泥作为外燃烧结砖原料，掺量在10%～50%，生产出外观红色的景观砖或清水外墙砖。

由于烧结砖传统原料是煤矸石、粉煤灰、渣土或页岩，其成本低，每吨仅30～100元，而赤泥本身含水分高，粒度细，作为原料还增加了额外的烘干、搅拌等成本，在没有补贴的条件下，运输成本高，难以大量推广应用。

（3）陶瓷材料

赤泥中氧化铝、氧化硅等成分含量高，并且耐化学腐蚀、热导率低，具备生产陶瓷材料的基本条件。更为重要的是，陶瓷材料是安全稳定固结拜耳法赤泥中钠离子的最佳材料。陶瓷本身需要碱金属离子作为熔剂等组分。对于陶瓷来说，钠离子是有益组分。在传统建筑陶瓷制备过程中，需要石英、黏土、长石三大类原料，分别作为陶瓷瘠性原料、塑性原料和熔剂原料。而作为熔剂的长石主要就是钾长石或者钠长石，传统陶瓷的主要原料钾/钠长石含碱（Na_2O+K_2O）大于11%。高温烧结过程中，陶瓷原料发生化学反应，碱金属离子进入稳定矿物晶格或玻璃相而稳定固结。因此，可以利用赤泥替代传统长石原料制备陶瓷，实现赤泥的安全利用。

在意大利，将赤泥与黏土混合制备陶瓷坯体，添加的赤泥可作为熔剂，提高坯体中的玻璃相含量，从而提高烧结砖的致密度和抗折强度，但总体而言，烧结后坯体的气孔率过高，在30%～40%，因此其抗弯强度小于25MPa。在900℃之前，赤泥主要作为瘠性、惰性料，在烧结温度超过900℃后，赤泥中成分与黏土发生反应，产生新的矿物晶相，有利于机械强度的提高。

根据拜耳法赤泥高钙高铁的特点，北京科技大学将其制备为以辉石（如$CaFeSi_2O_6$）、钙长石（$CaAl_2Si_2O_8$）和赤铁矿（Fe_2O_3）为主晶相的陶瓷，实现了赤泥的大掺量，制备了力学性能和环境性能优异的陶瓷。对拜耳法赤泥的研究表明，掺入50%赤泥的陶瓷具有最低的烧结温度（1110～1140℃）和烧结性能（抗折强度115.88MPa，吸水率0.07%，K^+/Na^+浸出率0.1%/0.33%），Na^+浸出量比自然堆存状态下低12倍（1个数量级）。陶瓷主晶相辉石和钙长石都能有效固结Na^+，钙长石的固结效果更佳，辉石更有利于力学性能的提高。固溶钠离子的钙长石熔点低，在高温烧结过程中部分为液相，起到助熔剂的作用，在降温过程中能够再次析出。

在淄博的建筑陶瓷企业已经掺入40%左右拜耳法赤泥制备了棕黄色、黑色等不同系列的陶瓷仿石材厚砖，其厚度在14～20mm，能够用于替代天然石材。目前，这方面的研究已进入了工业化生产试验阶段。

（4）微晶玻璃

赤泥基微晶玻璃是一种新型环保建筑材料，赤泥中含有氧化铁、氧化铬等物质，可以作为微晶玻璃成核剂，赤泥混合不同的掺和料可以制备出硬度较好、弯曲强度高、耐酸耐碱性能优良的微晶玻璃。

熔融法制备微晶玻璃多使用两种及以上的废渣为主要原料，如赤泥和钢渣、高炉渣等，分为不添加晶核剂和添加晶核剂两种方式。目前，研究表明，以能够提供多种晶核剂（如TiO_2、Fe_2O_3等）的高铁赤泥为主要原料，采用熔融-热处理的方法制备微晶玻璃，生产出的微晶玻璃抗弯强度更佳，具有极高的应用价值和前景。采用赤泥和粉煤灰制备微晶玻璃时，热处理时间是影响微晶玻璃的晶相结构和组成的主要因素，制备的微晶玻璃主要的晶相为钙铝黄长石。

由于微晶玻璃制备需要经过高温熔融过程，因此生产成本高，同时受到陶瓷釉面和喷墨打印技术的发展，微晶玻璃作为建筑装饰材料的市场空间逐年萎缩，消纳固废的市场量很小，制约了该技术的发展。下一步如果能够结合高铁拜耳法赤泥还原熔分技术，先熔融提铁，再将熔渣制备微晶玻璃，则是一条值得探索的技术路线。

（5）路基材料

公路工程建设路基填筑需要使用大量的土石方，不仅消耗土地资源，而且破坏环境。将铝工业废弃物赤泥作为路基填筑材料用于修建道路，既能大量消纳赤泥，又能减少二次污染，而且有路用性能可靠、污染性可控、低成本的特点。拜耳法赤泥经改性处理后具有优良的力学性能及较好的回弹性，同时可以达到环保要求。改性处理后的赤泥，碱度降低，强度和稳定性提高，可有效抑制有害离子的浸出，作为路基材料具有很高的实用价值。

道路工程中能够大量使用赤泥作为原料，但是赤泥仅作为附加值较低的路基材料，运输半径小，而当地道路工程项目的数量有限，因此，该方法市场规模小，难以持续消纳固废。同时，冶金固废在道路工程中的应用还涉及冶金、环保、材料、交通等多个行业，对此没有较为统一的认识，也缺乏相关应用标准，在一定程度制约了该技术的应用。

3. 赤泥在炼钢过程中的应用

钢铁产量巨大，将赤泥作为造渣辅料加入到炼钢中，同样是大规模消纳赤泥的有效途径。赤泥在炼钢工艺中作为助熔剂/造渣剂使用，可有效除去铁水的有害杂质 P、S，对炼钢工艺技术进步本身具有推动作用。

Al_2O_3、Na_2O 可显著降低 CaO-FeO-SiO_2 渣系的熔点，改善流动性。赤泥中富含 Fe_2O_3、Al_2O_3、Na_2O 等物质，利用赤泥作为炼钢熔剂，在炼钢过程中能很快形成熔点低、流动性好的 CaO-FeO-SiO_2-Al_2O_3/Na_2O 基初渣，石灰溶解效率高，形成了极为有利于前期深脱磷的动力学条件，能有效促进炼钢前期深脱磷。在低 FeO 条件下，依靠合理的 Al_2O_3、Na_2O 含量也可以降低钢渣熔点、改善流动性，这对于低 FeO 下出钢、提高钢水纯净度具有重要意义。北京科技大学提出炼钢生产过程中的铁水预脱硫、铁水预脱磷、转炉炼钢生产等多道工序均可以利用赤泥作为熔剂，吨钢消耗赤泥量在 15～20kg。

4. 赤泥用于环境修复

（1）赤泥在污水中的应用

赤泥在水介质中化学成分稳定、粒径较小，具有孔架状结构，比表面积在 40～70m^2/g，是一种很有前途的低成本吸附剂。而且，赤泥中含有赤铁矿、针铁矿、三水铝石和一水铝石等，经热处理后可形成多孔结构，对水体中的重金属离子和磷、砷等非金属及某些有机物质等成分有较好的吸附作用。

国外研究者曾直接利用盐酸活化处理的拜耳法赤泥处理含铜、铅、锌、镉等重金属离子的废水，探索性试验表明，经过赤泥处理后，可使其达到废水的排放标准。但大多研究表明，赤泥用于水处理之前首先要通过酸化、热活化、酸热综合等方法进行活化，以避免处理过程中对水体造成二次污染，并增强对污染物的吸附能力。研究发现，赤泥经过焙烧、酸浸后再用碳酸钠处理，其比表面积将提高到 532.8m^2/g，可作为优良的吸附剂推广应用。然而，赤泥作为吸附剂的主要缺点是应用后的回收和再生问题，有待进一步解决。

此外，赤泥还可制作成水处理絮凝剂，以赤泥为原料制备的絮凝剂中含有大量的 Fe^{3+} 和 Al^{3+}，具有较高的正电荷，可有效降低或消除水中悬浮胶粒的 ξ 电位。目前，赤泥制作絮凝剂的相关技术还处于科研单位学术研究阶段。

（2）赤泥在废气中的应用

大气污染在我国日益严重，大气中的污染物主要来源于冶金行业、化工制造以及火电行业等企业的排放的含有 NO_x、SO_x、H_2S 等成分的烟气。赤泥中含有大量的碱性物质，如 CaO、Na_2O、Fe_2O_3 和 MgO 等，可净化吸附这些有害物质，反应后的改良赤泥呈中性，易于实现工业废弃物赤泥的资源化利用。

赤泥脱硫处理方法有干法和湿法两种。在赤泥湿法脱硫中，高碱性赤泥浆液与酸性烟气接触后，烟气中 SO_2 在水中形成亚硫酸根离子和氢离子，氢离子与赤泥浆液中的碱性物质发生中和反应，亚硫酸根离子被烟气中的氧气氧化成硫酸根离子，硫酸根离子与赤泥中的金属离子结合固定生成沉淀或者络合物，最终使 SO_2 达到固定的目的。

赤泥作为干法脱硫剂需运用化学处理、热处理、添加催化剂等措施提高其脱硫效率，赤泥粉末易团聚，可能造成输送管道堵塞。铝厂堆场中的赤泥存在一定的含水量，赤泥有板结现象，无法直接进入干法脱硫工艺，需先进行烘干球磨，才能进一步应用，从而大大提高了脱硫成本。赤泥脱硫后的产物不仅含有大量石膏、硫酸钠、硫酸铁等硫酸盐组分，还带入了赤泥中的大量杂质和重金属组分，这使得脱硫产物组成更加复杂，难以用于水泥或石膏制品行业，更易于造成二次污染。以上问题都严重制约了这一技术的应用发展，现阶段鲜见工业化应用的报道。

（3）赤泥在土壤中的应用

赤泥可用于土壤修复，添加高碱性赤泥可以提高酸性土壤 pH，且赤泥中含铁铝的矿物组分还可提高土壤的固磷能力，有利于土壤中的植物和微生物生存及繁衍。此外，由于赤泥具有较好的吸附性能，可进行重金属污染土壤修复，达到重金属固化的目的。

以拜耳法赤泥为主要原料，加入少量水泥等添加剂改性赤泥，将其应用于土壤中铅的稳定化，结果表明制备的赤泥颗粒对铅污染有一定的治理效果。但是，赤泥应用于土壤修复，具有较强的针对性，只能适用于一些特殊性污染的土壤，因而对赤泥的需求量小。

3.1.2 铝灰

3.1.2.1 铝灰的形成

铝灰是在电解铝的过程中产生的危险固体废物，如图 3-7 所示。铝灰是铝工业（包括一次铝工业和二次铝工业）中产生的一种危险固体废物，根据铝灰的来源将铝灰分为一次铝灰和二次铝灰。据不完全统计，2017 年中国的铝灰总产量约为 1000 万吨，世界的铝灰总产量约有 2000 万吨。

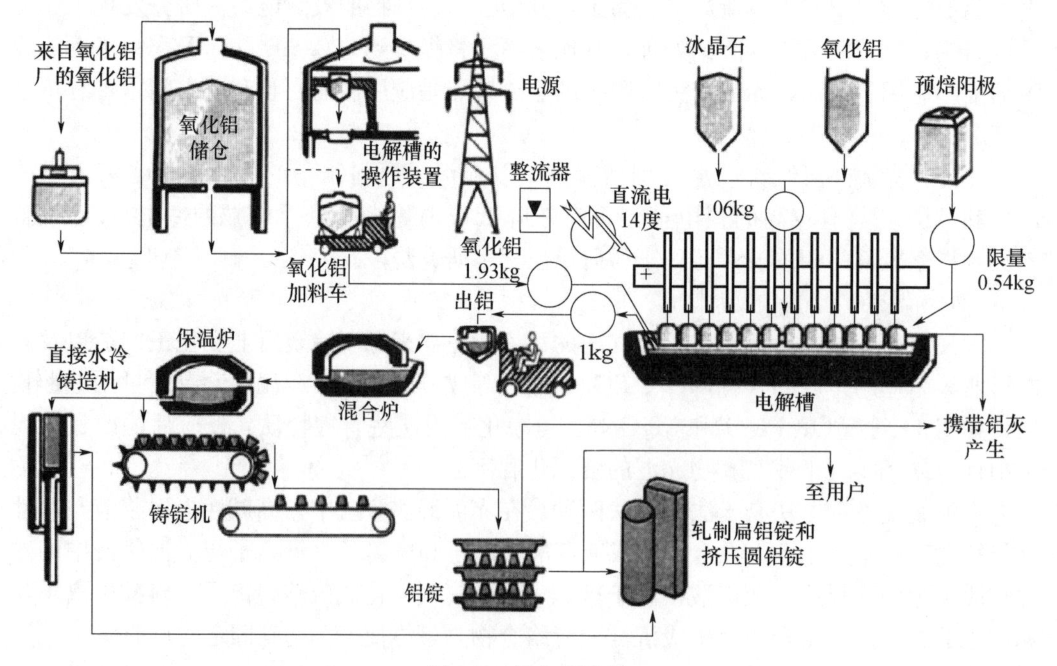

图 3-7　铝电解流程

一次铝灰：在熔剂为熔融态冰晶石，熔质为氧化铝，碳素体作为阳极在电解过程中产生气体和粉尘等产物，作为阴极产物的铝液从电解槽内抽出，送往熔铸炉，经炉内净化后浇铸成铝锭。而在铝液熔炼过程中，由于铝熔体表面漂浮有夹杂物、添加剂及部分理化反应产物等物质，从而形成一种松散状态的浮渣，该浮渣为铝灰在电解铝或铸造铝过程直接产生的一次铝灰。由于一次铝灰中可用铝资源含量（金属铝和氧化铝质量分数）在70%～80%，其中的金属铝含量可在50%以上，因此一次铝灰也称为白铝灰，一般直接回收作为二次铝工业原料。

二次铝工业主要是针对一次铝工业产生的废弃物进行铝回收的过程，废弃物原料包括一次铝灰、废弃铝制品及铝加工中产生的边角废料与废渣等。经二次铝工业回收处理后产生的铝灰称为二次铝灰，也称为黑铝灰，其金属铝含量为5%～20%，氧化铝含量为20%～50%，并含有大量盐类组分。

此外，二次铝工业回收金属铝时需加入氯化盐等添加剂，产生的二次铝灰中含大量的盐分，因其呈块状，故又称盐饼。盐饼中金属铝含量更低，盐类含量更高，且固结成块状。盐饼中金属铝含量为5%～7%，氧化铝含量为15%～30%，并含有30%～50%的氯化钠和15%～30%的氯化钾。另外，根据盐饼的具体产生情况，还可能含有碳化物、氮化物、硫化物和磷化物等。

铝灰主要有以下三个方面的来源：

（1）在电解氧化铝工艺过程，由携带、铸锭、阳极更换、电解槽大修以及出铝产生30～50kg铝灰/吨铝；

（2）金属铝在铸锭、多次重熔、配制合金、零部件浇铸等过程产生30～40kg铝灰/吨铝；

（3）废铝再生及金属铝再加工成品的回收率一般为75%～85%，从而产生150～250kg铝灰/吨铝。

3.1.2.2 铝灰的特点及性质

铝灰的成分根据原料组成及工艺等不同具有较明显的差异性。一次铝灰中金属铝含量为30%～85%，还含有氟化盐、氧化铝和氮化铝等物质。二次铝灰中金属铝含量在5%～20%之间，氧化铝含量为20%～50%，还含有氮化铝、盐（氟化盐和氯化盐等）和二氧化硅等成分。盐饼中金属铝含量为5%～7%，氧化铝含量为15%～30%，并含有30%～50%的氯化钠和15%～30%的氯化钾，还可能含有碳化物、氮化物、硫化物和磷化物等。

铝灰虽然不具有腐蚀特性，但是具有与水反应的危险特性。所述反应是氮化铝与水之间的反应，反应生成氢氧化铝和氨。试验可知，二次铝灰与水反应释放的氨气量较大。氨气是一种有刺激性气味的气体，空气中浓度较高时会对人体造成损害，甚至导致人中毒死亡。氨气的释放对生态环境和生命健康有一定危害。铝灰中还含毒性物质主要为氟化物、氯化物等。毒性浸出试验证明，铝灰尤其是二次铝灰具有明显的化学反应性，二次铝灰中氟化物、氯化物毒性浸出浓度较高，超过标准限值，具有浸出毒性。铝灰因此被列入《国家危险废物名录》。现阶段，氧化铝厂直接回收利用一次铝灰，只有二次铝灰和盐饼才被排出，并按照危险废物管理。

3.1.2.3 铝灰的利用现状及趋势

由于铝灰具有浸出毒性，对铝灰进行资源化利用前进行无害化处置势在必行。铝灰无害化处置方法是通过对铝灰渣进行水浸，使其中的氮化铝与水发生水解反应生成氢氧化铝和氨气，氨气溶于水或逸出，过滤后得脱氮滤饼。该工艺虽然可以使铝灰中的氮化铝得到一定程度的分解，使处理后的铝灰中氮化铝含量明显降低，但是如果不能对所产生的氨气进行有效控制和回收，那么将会对大气环境造成二次污染。同时，反应生成的氢氧化铝胶体会对氮化铝微粒形成包裹，影响水与氮化铝之间水解反应的顺利进行，使除氮效果受到限制。

目前，铝灰的利用基本上只是回收其中的金属铝，提取金属铝后的残灰大部分直接堆存或填埋处理，少部分用于制造建筑材料的填料。回收金属铝后的残灰可用来生产氧化铝、制备净水剂、陶瓷砖、合成或制备 Al-Si 合金、合成耐火材料、炼钢脱硫剂和道路材料等，但大部分残灰的利用尚处于试验研究阶段。

1. 铝灰有价组分回收

铝灰中含有二十几种化合物，其中有些组分含量较高（如 Al_2O_3、NaCl 等），具有一定的回收价值。下面针对国内外对铝灰有价组分回收工艺进行分析。

（1）回收金属铝

金属铝的回收工艺分为冷处理回收法、热处理回收法和热冷灰处理相结合回收法。

① 冷处理回收法

冷处理回收法，是对铸造熔炼产生的热铝灰自然冷却后再进行金属铝回收处理的方法，主要包括重选法、电选法及磨碎筛分生产线。重选法和电选法分别从贵金属矿石分选和再生金属领域借鉴而来，但由于铝灰的特殊原因，目前重选法和电选法处理铝灰处于研究阶段；磨碎筛分生产线处理铝灰技术比较成熟，目前在电解铝厂应用较多。

铝灰中金属铝为直径最大可达 2cm 的细小颗粒，由于金属铝是质地软且具有柔软性的金属，因此在研磨破碎的过程中难以被破碎成更细小的颗粒物，而铝灰中的其他组分可以被研磨成更为细小的颗粒物并通过筛子。

铝灰金属铝的筛分工艺流程如图 3-8 所示，铝灰经初次破碎后进入孔径为 20mm 和 10mm 的双层筛子，大于 20mm 的颗粒物主要为金属铝及少量大颗粒铝灰，返回金属铝冶炼工艺，10～20mm 的铝灰返回工艺进行二次破碎，小于 10mm 的物料进入管磨机进行湿式研磨。利用金属铝的研磨特性，经研磨的物料进入曲线筛进行筛分，大于 150μm 的物料主要为金属铝，返回冶炼工艺；小于 150μm 的物料冷水浸泡并制浆，对浆液进行过滤洗涤，滤液蒸发干燥后可得到 NaCl、KCl 和杂质，滤渣干燥后可进行无害化填埋或者进入拜耳法浸出工艺。本工艺可以获得金属铝、氯化钠、氯化钾产品。

② 热处理回收法

所谓热处理回收法，是基于铝是低熔点的轻金属，超过熔点温度的铝被熔化成铝液而与铝灰分离，对铸造熔炼产生的热铝灰直接进行金属铝回收处理。该方法种类非常多，目前我国电解铝厂应用较多的有炒灰回收法、回转窑回收法、倾动式回转炉回收法、全自动铝灰处理生产线、热铝灰回收法等。其中，热铝灰回收法是直接从热铝中回收铝，高温液态铝通过离心机的作用收集到耐热坩埚中或者回流到熔炉中，铝液在离心机离心分离。

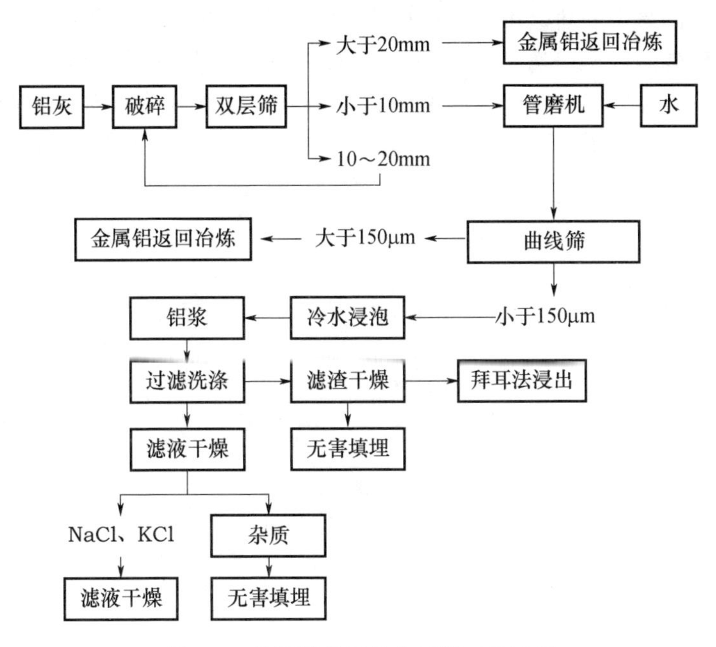

图 3-8　机械筛分回收金属铝工艺流程

③ 热冷灰处理相结合回收法

热冷灰处理相结合回收法一般是全自动铝灰处理生产线与磨碎筛分生产线相结合。该方法自动化程度高，金属铝回收率高，现场环境好，既能处理热铝灰，也能处理冷铝灰，操作灵活可靠，特别适用于以前有积压冷铝灰的大型电解铝厂。其工艺流程为：将刚刚扒出的热铝灰经全自动铝灰处理生产线处理，分成 4 种产品：铝水形成铝锭后直接回炉重熔；15mm 以上的大颗粒，装袋后直接回炉熔炼；2～15mm 的中颗粒用于调温循环使用；小于 2mm 的细颗粒经高倾角皮带输送机输送至缓冲料仓，缓冲料仓的冷灰通过下料管进入格筛料斗，同时铝厂内以前积压的冷灰也在此处进入格筛料斗；再通过振动给料机及带式输送机输送至球磨机，经球磨机研磨后直接进入振动筛，最后通过振动筛分分成 3 种粒度，大于 4 目的大颗粒，装袋后直接回炉熔炼；4～16 目的合格中颗粒，装袋后通过坩埚熔炼后回炉；小于 16 目的细灰，装袋后综合利用。全自动铝灰处理生产线与磨碎筛分生产线相结合的工艺流程如图 3-9 所示。

（2）制备氧化铝

由于晶型结构等方面的差异，可存在 α、K、δ、ε、χ、θ、η、γ、ρ 和 β-Al_2O_3 等 10 多种晶型的 Al_2O_3。多品种氧化铝被广泛应用于各个领域，成为不可或缺的材料，其需求量也在连年增长。以铝灰为原料可制备得到亚微米级氧化铝颗粒，其颗粒粒度（D50）低至 0.594μm，氧化铝含量高达 99.3%。

一般采用酸浸、碱浸、后处理等高效处理工艺从铝灰中回收氧化铝相关产品。二次铝灰未进行预处理的情况下，采用硫酸浸出的方法可实现高效率的铝回收，采用 15% 的硫酸浓度可回收铝灰中 85%的铝。

（3）回收氯化钠、钾

从铝灰中回收可溶性盐（如氟化盐、NaCl 和 KCl 等）主要针对二次铝灰，在高温和高压条件下，铝灰中的盐会由于电渗析作用或在 pH 变化等条件下实现溶解，溶解的盐经过滤提纯后被回收。该方法虽能实现铝灰中盐的回收，但也会产生大量废液，此外，将可溶性盐回收后的剩余铝灰仍具有环境威胁，需要再次处理。回收盐耗能较高，且盐价格低，在经济上不具有可行性。因此，二次铝灰中回收盐需加强低能耗的工艺或装置的研究。

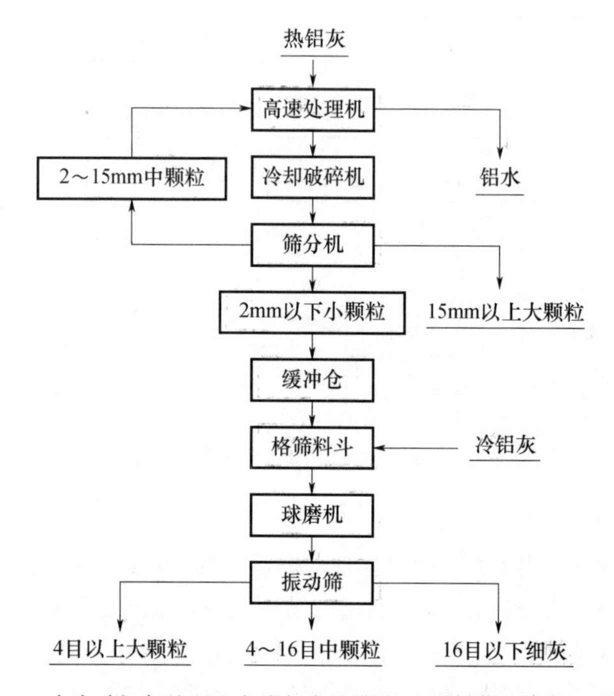

图 3-9 全自动铝灰处理生产线与磨碎筛分生产线相结合的工艺流程

(4) 回收气体

铝灰中可以回收氢气、氨气、甲烷等可燃气体。研究发现，从铝灰中可以回收“绿色氢气”，可以作为燃料或者燃料电池的原料，反应温度及氢氧化钠浓度显著影响氢气的产生效率。另外，使用德国的铝灰可以产生硫化气体和磷化气体，但这两种气体的分离较为困难。

2. 铝灰整体综合资源化处理

(1) 建筑材料

① 制备陶瓷材料

铝灰含有氧化铝、氧化铁、氧化钙等有价组分，它们可以作为陶瓷材料的主要组分，实现铝灰的高效利用。清水砖是一种优质材料，是传统黏土烧结砖的有效替代产品，已在一些发达国家得到了广泛应用。以铝灰为主要原料，添加一定量的黏土、石英和降低烧成温度的添加剂，通过压制成型法能够制备高性能陶瓷清水砖。以铝灰制备陶瓷清水砖，铝灰的用量可在60%以上，不仅降低了生产成本，而且坯体中存在的大量气孔有利于改善清水砖的透气性，提高其保温和隔热的性能。

以铝灰为原料所生产的烧结陶粒等材料具有强度高、质量轻和透水性好等优点，可在农用、海底净化和建筑骨料等多个领域内实现有效应用。尤其是在建筑骨料方面，与用传统混凝土材料构筑物相比，由于铝灰烧结陶粒本身具有透水性，因此省去了排水沟、地面倾斜、前厅和地面的台阶等设计，既能提高效率又能满足无障碍化的需求。

② 合成 Sialon 复合陶瓷

Sialon 材料具有优秀的力学和热学性能以及稳定的化学性质，被看作最具潜力的高温结构陶瓷之一。采用铝灰、单质硅、金属铝、SiO_2等细粉均匀混合，压制成型后再经高温氮化生成 Sialon 材料。或以铝灰和粉煤灰为原料，通过铝热硅热还原氮化合成工艺，并在此基础上采用热压烧结制备 Sialon 材料。无论哪种方法均实现了对铝灰的充分利用，降低了生产成本。

③ 生产水泥混凝土

将铝灰掺入混凝土中可以代替一部分粉煤灰。掺入铝灰的混凝土强度能够保持不变，但密度降低，实现了轻量化。但是，混凝土的性能会随铝灰掺入量的增加而急剧下降，因此在混凝土中掺入铝灰的量要严格控制。利用铝灰、硅酸盐熟料、矿渣、粉煤灰和二水石膏还可以生产复合水泥。用铝灰生产复合水泥的最大优势是降低生产成本，并改善水泥的稳定性；并且，由于铝灰中含有金属铝、氮化铝及碳化铝等，它们会在所生产的混凝土或水泥中水化，产生气泡，导致混凝土或水泥内部产生气孔、膨胀，从而降低其强度，因而需要使用处理后的铝灰。但由于铝灰的烧失量较大，因此不能在水泥中过量加入，加入量一般维持在6%～8%之间。

(2) 耐火材料

铝灰中含有大量的耐火材料组成成分——氧化铝，因此将经预处理后的铝灰用于生产耐火材料的原料，可有效实现铝灰资源回收，降低耐火材料的生产成本。铝灰用于制备耐火材料通常可以满足应用的性能要求，但也有部分研究发现耐火材料的抗氧化性较低，对于抗氧化性强度差的问题可以通过预处理去除盐分及氟化物解决。

(3) 烧结材料

日本川岛集团的研发企业 Singfacts 与东海大学等共同开发了以铝灰为原料的烧结材料生产技术。所生产的烧结材料具有强度高、质量轻和透水性好等优点，可在农用、海底净化和建筑骨料等多个领域内实现有效应用。尤其是在建筑骨料方面，与用传统混凝土材料构筑物相比，由于铝灰烧结骨料本身具有透水性，因此省去了排水沟、地面倾斜、前厅和地面的台阶等设计，既能提高效率又能满足无障碍化的需求。

(4) 其他材料

铝渣除制备上述无机材料外，还可制备冰晶石、聚合氧化铝、人造沸石、铝基复合材料、化肥等材料。将铝灰采用酸腐蚀后，一定温度下与氯化钠反应生成高分子比氟铝酸钠沉淀物和氯化铵溶液，经固液分离、清洗后，与氟铝酸反应，经干燥后可获得冰晶石产品。采用酸溶法用铝灰制备的聚合氧化铝，是优良的絮凝剂，可用于工业废水和生活废水处理。采用水热合成法将三乙胺作为结构导向剂与铝灰进行反应制备沸石材料，研制出具有实际应用的沸石分子筛，可用于冶金、石油化工等行业的干燥、分离和提纯等领域。

3.1.3 废槽衬

3.1.3.1 废槽衬的形成

铝电解槽内衬的最初组成主要为莫来石和碳质材料。在铝电解生产过程中，由于高温电解质对内衬材料的渗透、腐蚀，导致电解槽内衬结构发生了变形、破裂，电解槽内的铝液和电解质从裂缝漏出，电解槽无法正常生产，于是需要停产进行大修。一般新电解槽使用3～6年后就需要停用进行大修，取出所有的废旧内衬材料（以下简称废槽衬），更换新的内衬材料。废槽衬是铝电解生产过程中不可避免的毒性固体废物。根据国际铝业协会的统计，2019年中国电解铝产量约为3600万吨，每生产1t电解铝约外排0.03t废槽衬，2019年中国外排废槽衬约为108万吨。

3.1.3.2 废槽衬的利用现状

废槽衬固废在钢铁工业和水泥行业得到了一定程度的利用。钢铁工业适合利用废槽衬，废槽内衬材料中所含的碳正好可作为燃料代替冶金焦，氟化盐与石灰石混合做添加剂可代替萤石，而且在高温冶炼过程中，废槽衬中的氰化物被分解破坏。向电弧炉的碱性炼钢渣添加废槽内衬的冶炼已取得成功，生产的钢可满足技术要求，同时未观察到电炉耐火材料的过度腐蚀。粉碎的废槽衬中的耐火材料与适当的混凝土混合还可用于维修炼钢电炉的炉衬。

在水泥工业中废槽衬的利用主要考虑两种途径：一是碳部分作为燃料，二是耐火材料部分用作原料的代用品。大部分水泥窑在回转窑的前端有一个燃烧器，该燃烧器产生有效烧结所需要的高温（1500℃）。燃烧用空气经与热熟料的热交换被预热到很高的温度，并且在水泥窑中几乎能使任何种类的燃料燃烧。通常水泥窑用粉煤做燃料，因而用优选磨碎的废槽内衬可代替一部分煤。废槽衬中的 Al_2O_3 和硅可作为部分原料，进入生产流程中。用水泥制作的混凝土，经过两天的高压试验和28d的常规混凝土试验，未发现任何影响。当然，不是所有水泥厂都可消化废槽衬。对生产化学组成或矿物学组成有严格限制的水泥厂，如生产低碱性水泥的工厂，因废槽衬中钠含量较高，将影响质量。

虽然通过钢铁厂、水泥厂可充分处理废槽衬，但是电解铝厂、钢铁厂、水泥厂分属不同行业，因而铝厂不得不依赖上述外部企业接受和利用废槽衬，而就废槽衬的成分而言，继续利用与铝厂关系最大。在美国雷诺公司的工厂进行了废槽衬含碳部分作为骨料代替部分冶金焦，用于自焙阳极的试验，碳可直接用于电化学过程，而氟化物和氧化物进入电解质，不需要复杂的化学回收工艺过程，氰化物也得到了处理。

3.2 铜冶炼渣

3.2.1 铜冶炼渣的形成

铜冶金技术的发展经历了漫长的过程，目前主要有两种工艺：火法炼铜和湿法炼铜。现阶段冶炼仍以火法治炼为主，其产量约占世界铜产量的85%。在我国约97%的铜由铜精矿火法冶炼而来。

火法炼铜一般适用于高品位的硫化铜矿，生产出阴极铜，也即电解铜。火法炼铜是先将含铜百分之几或千分之几的原矿石，通过选矿将含铜量提高到20%～30%，作为铜精矿，然后在密闭鼓风炉、反射炉、电炉或闪速炉进行造锍（冰铜）熔炼，产出的熔锍接着送入转炉进行吹炼成粗铜，再在另一种反射炉内经过氧化精炼脱杂，或铸成阳极板进行电解，获得品位高达99.9%的电解铜。该流程简短、适应性强，铜的回收率可达 95%。

湿法炼铜一般适用于低品位的氧化铜，生产出的精铜为电积铜。根据含铜物料的矿物形态、铜品位、脉石成分的不同，主要分为三种工艺：

（1）焙烧—浸出净化—电积工艺，适合处理硫化铜精矿；

（2）硫酸浸出—萃取—电积工艺，用于处理氧化矿、尾矿、含铜废石、复合矿石等；

（3）氨浸—萃取—电积工艺，适合处理高钙、镁的氧化铜矿或硫化铜的氧化砂。

铜冶炼渣又称铜渣，按处理方法不同分为火法铜冶炼渣和湿法铜冶炼渣。火法铜冶炼渣又称铜冶炼炉渣或铜冶金炉渣，湿法铜冶炼渣又称铜浸出渣或铜浸渣。

2010 年，全球精炼铜产能达 3185.6 万吨，其中，中国精炼铜产能达到 1259 万吨/年，占全球总产能的 39.52%。根据铜精矿的性能和火法冶炼过程中的操作条件，每吨铜产品产生 2～3t 的铜渣作为残渣。全世界每年的铜渣产量近 7000 万吨，我国铜渣产量约 2668 万吨。

按照火法冶炼工艺又分为熔炼渣、吹炼渣、精炼渣和贫化渣。火法炼铜流程如图 3-10 所示，在火法炼铜过程中，一般经过熔炼、吹炼、精炼三道工序产出粗铜或阳极铜，阳极铜经过电解精炼成为电解铜。吹炼渣返回熔炼工序，精炼渣返回吹炼工序；熔炼渣、吹炼渣有的工厂根据工艺需要配置火法贫化（渣洗）工序，因此会产生贫化渣。对于没有贫化工艺的冶炼厂，冶炼工序外排出的铜冶炼渣即是熔炼渣；有贫化工艺的冶炼厂，由于熔炼渣经过贫化工艺排出，因此冶炼工序外排出的铜冶炼渣是贫化渣。

经过几十年的发展，铜矿石日益枯竭，低品位的铜矿也越来越受到人们的高度重视。

铜的湿法冶炼是利用熔剂将铜矿、精矿或焙砂中的铜溶解出来，再进一步分离、富集提取的过程。湿法冶炼的三种主要工艺存在浸出过程，在这一过程中产生的废渣叫作浸渣，也就是所说的湿法铜冶炼渣。

3.2.2 铜冶炼渣的特点及性质

空气冷却的铜渣为黑色，外表多为玻璃状，大部分呈致密块状，脆而硬，随着含铁量的变化，密度也在变化，一般为 2.8～3.8g/cm^3。而高温下经过高压水冲击急冷的水淬渣，呈黑色小颗粒且多孔，粒径为 0～4mm，渣有少部分呈片状、针状及棉状，大部分呈玻璃状态，其堆积密度为 1.6～2.3g/cm^3。

由于冶炼方式不同，铜渣的成分也不尽相同，通过不同熔炼方法产生的铜渣化学组成见表 3-4。典型成分范围为：含 Fe 量 29%～40%、含 SiO_2 量 30%～40%、含 Al_2O_3 量≤10%、含 CaO 量≤11%、含 Cu 量 0.42%～4.6%。但无论采取何种冶炼工艺，铜渣富含铁和硅元素，主要矿物为铁橄榄石和磁铁矿及少量的磁黄铁矿；其次为铜的硫化物、金属铜和少量的氧化铜等；还含有极少量的金、银、镍、钴等有价成分，主要分布在磁性铁化合物和铁的硅酸盐中，以亚铁硅酸盐或硅酸盐形式存在。铁橄榄石和磁铁矿常与铜嵌布在一起，或铜呈球状被磁铁矿所包裹，这是导致铜渣中铜与铁分离困难的首要问题。铜渣都有良好的力学特性，如坚固性、耐磨性、稳定性等。由于水淬铜渣大部分为玻璃相，在碱性条件下水化具有一定活性，属于酸性、低活性的矿渣。

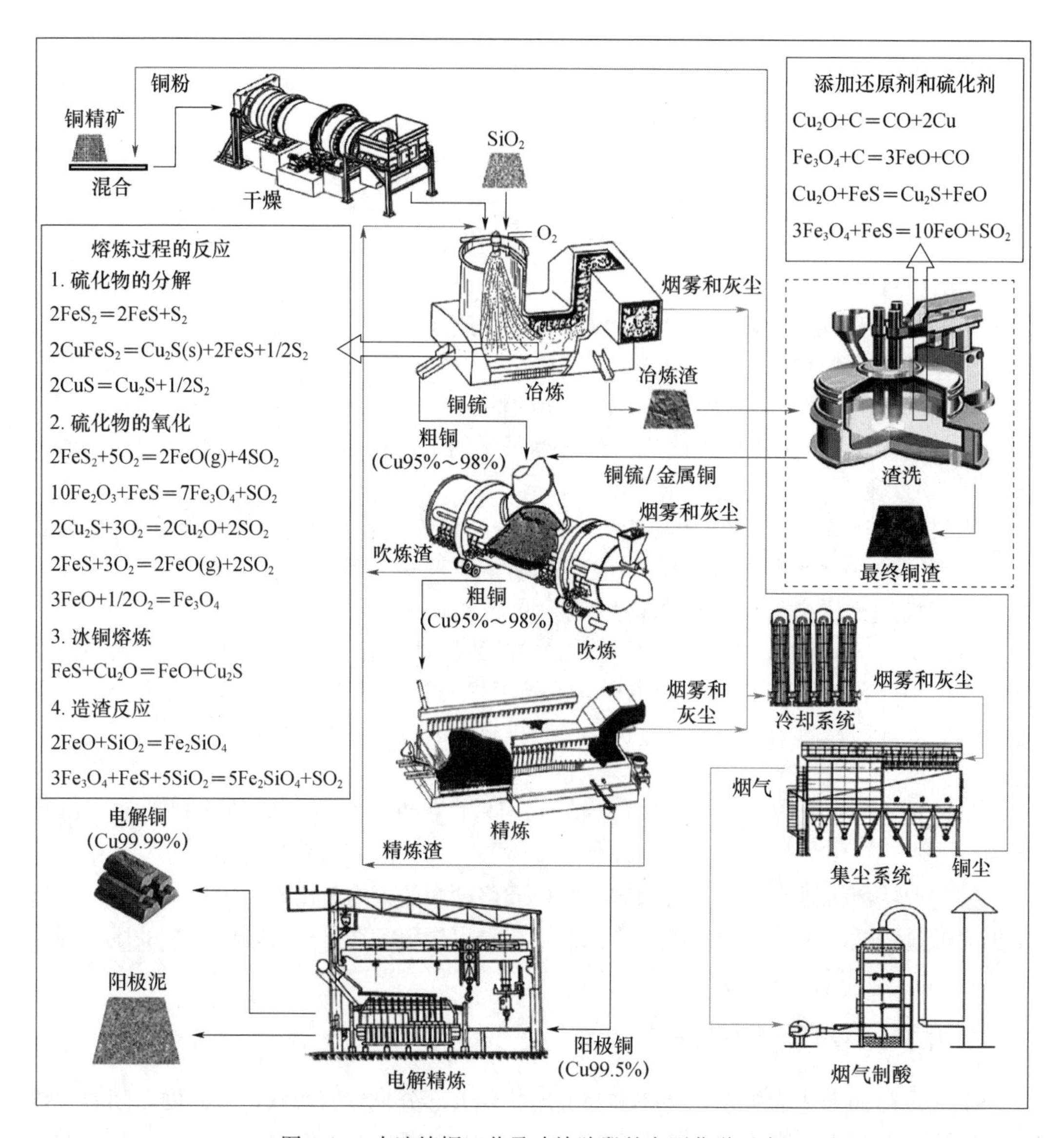

图 3-10　火法炼铜工艺及冶炼阶段的主要化学反应

表 3-4　不同熔炼方法产生的铜渣化学组成　　%

铜冶炼方法	Cu	Fe	Fe_3O_4	SiO_2	S	Al_2O_3	CaO	MgO
密闭鼓风炉	0.42	29	—	38	—	7.5	11	0.74
奥托昆普闪速炉（渣不贫化）	1.5	44.4	11.8	26.6	1.6	—	—	—
奥托昆普闪速炉（渣贫化）	0.78	44.06	—	29.7	1.4	7.8	0.6	—
INCO 闪速炉	0.9	44.0	10.8	33.0	1.1	4.72	1.73	1.61
诺兰达炉	2.6	40.0	15.0	25.1	1.7	5.0	1.5	1.5
瓦纽可夫炉	0.5	40.0	5.0	34.0	—	4.2	2.6	1.4
白银炉	0.45	35.0	3.15	35.0	0.7	3.3	8.0	1.4
特尼恩特炉	4.6	43.0	20.0	26.5	0.8	—	—	—

续表

铜冶炼方法	Cu	Fe	Fe_3O_4	SiO_2	S	Al_2O_3	CaO	MgO
艾萨炉	0.7	36.61	6.55	31.48	0.8	3.64	4.37	1.98
奥斯麦特炉	0.65	34.0	7.5	31.0	2.8	7.5	5.0	—
三菱法熔炼炉	0.60	38.2	—	32.2	0.6	2.9	5.9	—

3.2.3　铜冶炼渣的利用现状及趋势

1. 从铜渣中提取有价金属

铜渣中含有大量的可利用的资源。现代炼铜工艺侧重于提高生产效率，渣中的残余铜含量增加，回收这部分铜资源是现阶段处理铜冶炼渣的主要目的。当然，渣中的大部分贵金属是与铜共生的，回收铜的同时也能回收大部分的贵金属。尽管在过去的几十年中，铜渣的管理取得了很大的进展，但目前对铜渣的冶金回收和进一步净化体系还没有广泛建立，还存在很多技术挑战和发展瓶颈。

2. 铜渣资源化利用

冶炼后产生的铜渣在建材行业主要用于：

（1）经细磨后作为混合材直接生产水泥；

（2）作为硅酸盐水泥熟料铁质校正剂生产水泥熟料；

（3）生产陶瓷材料；

（4）生产微晶玻璃或铸石材料；

（5）作为砂石骨料用于混凝土、道路工程或井下充填。

铜渣综合利用现状如图 3-11 所示。

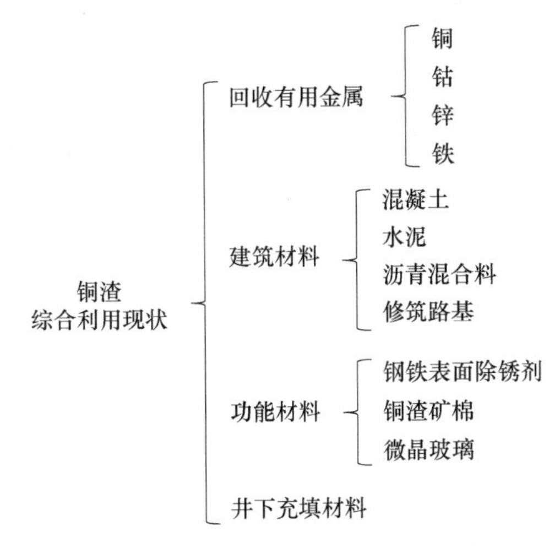

图 3-11　铜冶炼渣综合利用现状

3.2.3.1　有用金属的回收利用

随着我国炼铜工业的持续发展，目前含铜 0.2%～0.3%的铜矿已被开采利用，而在铜冶炼过程产出的炉渣其含铜量却在 0.5%以上。受炼铜传统工艺的限制，其铜渣中的残余铜的含量还在不断增加。因此，在现有资源严重匮乏的情况下，开发含铜渣的资源化综合利用技术，对促进循环经济和可持续发展及环境保护具有重要的战略意义和现实意义。

回收渣中的有用金属是一种工业生产中铜渣再利用的常规方法，目前主要采用选矿法、火法和湿法提取渣中的铜、钴、锌等有色金属，也可采用磁选法、选择性析出技术等提取渣中的铁。以从铜渣中回收铜为例，表 3-5 列举了典型的铜回收技术方法、特点和效果。

表 3-5　国内外铜渣中铜回收技术现状

铜回收技术	技术原理	主要方法	特点及问题	效果
火法还原贫化	在贫化过程中降低氧势，减小渣中磁铁矿相，增加 Fe^{2+}，以改善炉渣流动性，加速铜及铜锍颗粒的聚集和沉降	（1）反射炉贫化铜渣 （2）电炉法 （3）真空贫化法 （4）渣桶法 （5）熔盐提取 （6）直流电贫化法	特点：处理渣的能力较强，铜回收率较高 问题：操作复杂，成本较高	尾渣含铜均能控制在 0.5%～0.7%
选矿贫化	铜渣的选矿分离主要是利用有价金属元素的赋存相的磁学性质和表面亲水、亲油性质的不同，通过磁选和浮选的方法来富集铜渣中的有价金属	浮选法 浮选+磁选法	特点：回收率高、能耗低等 问题：尾渣含有浮选试剂更难利用；存在工艺流程复杂、占地面积大和对弃渣原料要求高等缺点	尾渣含铜在 0.25%～0.35%之间
湿法浸出贫化	浸出过程主要是通过铜渣中的有价金属可以与稀酸反应，进入溶液中，得到含有价金属较高的浸出液。浸出液通过电解置换得到铜富集渣	直接浸出 间接浸出	特点：能耗低，低品位铜渣分离选择性好 问题：废酸造成二次污染，废渣难以利用；生产能力低，反应速率慢，成本高	铜渣中有价金属浸出率铜 ≥92%

火法冶金处理铜渣的主要手段是贫化处理，常用的方式有返回重熔和还原造锍。通过向高温铜渣中加入添加剂如 FeS 或碳粉，降低贫化过程中的氧势，使渣中的 Fe_3O_4 充分还原为 FeO，从而改善炉渣的性质，使其中大量夹杂的铜锍小珠能聚集成大颗粒而进入贫锍相中，原理如下：

$$3Fe_3O_4 + FeS = 10FeO + SO_2\uparrow$$

$$(Fe_3O_4) + C = 3(FeO) + CO\uparrow$$

$$(Cu_2O) + [FeS] = (FeO) + [Cu_2S]$$

目前常用的贫化手段主要是电炉贫化，此外还有真空贫化、直流电贫化、两步还原法等贫化方法，由于火法冶金技术存在生产成本、设备及操作等方面的问题，因此未在工业生产中得到广泛应用。

选矿法主要有浮选、磁选、重选等方式，工业生产多采用浮选法和磁选法。

湿法处理铜渣是铜渣综合利用的重要手段，它是指浸出剂与铜渣中的有价金属元素发生化学效应，再进行萃取、分杂，提取出金属及其化合物。不仅能够对渣中有用元素进行梯级利用，而且可以避免火法冶金过程中的高能耗和产生大量高温废气等常见缺点。湿法处理工艺手段可分为直接浸出、间接浸出和微生物浸出。对于铜、钴等金属，总体来说采用湿法冶金技术都能达到较高的金属回收率。

含有35%～45%全铁含量的铜渣是一种较高品位的含铁原料，从铜渣中回收铁是铜渣资源化利用的另一个热点。目前主要有直接选矿贫化、氧化改质提铁、直接还原提铁和熔融还原提铁四类。直接选矿方法主要用于选铜，选铁回收率低，难以推广应用。要高效回收铁质组分，通常采用将铁质组分氧化为磁铁矿并进一步通过磁选获得铁精矿的氧化法，或者将铁质组分还原为单质铁后实现渣铁分离获得铁水的还原法。

相对于直接磁选工艺，对铜渣氧化后可得到品位较高的铁精矿，回收率较高，但处理过程中存在焙烧温度高，气氛难控制，能耗高而铁精矿价值低，经济性缺乏等问题。从节约能源降低成本的角度，日本、欧洲和我国研究者近年来开展了直接从热态熔炼弃渣中通过氧化选择性析出磁铁矿的研究。这些研究表明，氧化析晶过程中熔渣体系黏度过大的问题还未能有效解决，即直接从熔态渣中能够通过氧分压控制而析出磁铁矿，熔渣由均一液相转变为固液混合非牛顿流体，黏度升高，同时，液相中硅氧四面体聚合度增加，使得液相黏度进一步增大，这些都使得后续离子扩散和磁铁矿相继续长大难以为继，晶相颗粒小，铁的收得率降低。

还原法回收铁的技术包括直接还原铁和熔融态还原铁两种类型。由于相对铁矿石，铜渣中的铁品位较低，同时铁主要以铁橄榄石形式存在，其还原性差，为了降低黏度，需要配加接近铜渣重量50%的熔剂，生产控制环节多，对原料性能、温度要求严格；即使后续能够获得每吨1500～2000元价值的单质铁，但是仍然因反应温度高、运行成本高等因素导致经济性差。更为重要的是铜渣中存在铜、硫等炼钢有害元素，这限制了其作为原料在钢铁行业中的大量应用。同时，熔融还原过程在钢铁冶金行业本身仍不成熟，而铜渣高硅的组成决定了其还原过程加入熔剂过多，回收铁更少，因而相比更加缺少经济性，从而难以实施。熔融还原和直接还原已开展了中试线或生产线规模试验，但是由于以上因素，相应技术一直未能推广和应用。

3.2.3.2　建筑材料

铜渣整体利用率较低，大量铜渣或贫化后的铜渣堆存，造成资源浪费。目前铜渣末端利用主要集中在建筑材料领域，包括水泥熟料原料或水泥混合材、砂石料以及岩棉、微晶玻璃或铸石领域。

铜渣中含有的玻璃相等活性成分，玻璃相中的SiO_2能够与水泥水化产物$Ca(OH)_2$发生弱火山灰反应，生成具有一定强度的胶凝性物质——水化硅酸钙，因此铜渣磨细后作为混合材用于水泥中。同时，铜渣含铁量高，也可以作为铁质组分用于水泥熟料的高温烧结制备。我国铜陵有色金属公司、原沈阳冶炼厂、原云南冶炼厂等利用铜渣生产的铜矿渣水泥符合国家标准，产品被应用于抹灰砂浆、低强度等级混凝土、空心小型砌块等制品的制作上。铜渣中富含的铁和铝氧化物可形成钙矾石（AFt）和单硫型水化硫铝酸钙（AFm），因此铜渣可以用作矿山回填的胶凝剂，用于对强度要求不高的场合。

砂子是现代混凝土建筑工程不可缺少的细骨料，而近年来随着建筑行业突飞猛进的发展，建筑用天然砂资源短缺问题日益突出。铜渣破碎后可代替砂子掺入混凝土中，变废为宝，解决砂资源紧缺的问题。由于铜渣颗粒强度高，具有良好的耐磨性、稳定性和流动性，粒径较小，因此铜渣可以作为细骨料掺入混凝土，优化粉体的粒径分布，填充混凝土间的空隙，使混凝土内部结构更加密实，也可以在一定程度上提高混凝土的强度。铜渣掺入后混凝土各力学性能表明：在铜渣掺入量小于60%的情况下，混凝土的和易性良好。

铜渣耐磨性能良好，比标准砂的耐磨系数高一倍左右，用铜渣配制的混凝土适用于耐磨性要求高的建筑工程，也适用于道路工程领域。沥青混合料铜渣含 FeO、SiO_2、Al_2O_3、CaO 等物质，且铁氧化物与二氧化硅含量在 70%～80%，具有较好的摩擦与黏结性能，可以应用于沥青混合料的生产。

铸石的生产是以玄武石和灰绿石为原料，经高温熔化，然后经浇筑形成初成品，再经过结晶退火所得。工业上常用作反应罐的防腐或耐磨衬里、溜槽管道的腐蚀衬里以及粉尘输送的耐磨管道等。铜渣的化学成分与铸石成分相近，且含铁量高，可作为铸石的生产原料，也可以将熔融的铜渣经过成分调整后直接浇注入模并控制其结晶和退火温度，制成致密坚硬的铜渣铸石。

微晶玻璃铜渣可以制备铝硅酸盐体系微晶玻璃，其中，铜渣中含有的 SiO_2 是重要的玻璃形成体氧化物，能够以［SiO_4］结构组元形成不规则的连续网络，成为玻璃的骨架。含有的 CaO 也是微晶玻璃的重要成分，在微晶玻璃的结晶和铁离子的还原中起着重要作用，有研究表明铜渣微晶玻璃具有与普通微晶玻璃相似甚至更优的性能。但是受限于铁离子含量，铜渣的掺量通常小于 30%。

建筑陶瓷是另一类大宗的建筑材料。利用铜渣为主要原料，掺量可在 50%～80%，能够制备出以石英、赤铁矿、磁铁矿等为主晶相的陶瓷。其中，铁橄榄石会在 700～900℃氧化分解，形成石英和赤铁矿，这一过程也促进了铜渣陶瓷各组分进一步在烧结过程中形成了致密的结构和高强的性能。

总体上来看，铜渣的水化活性低，其中含有大量的铁氧化物等惰性物质，因此将其大规模应用于水泥行业受到限制。虽然铜渣中铁橄榄石等具有较好的力学性能，能够很好地应用于砂石料，但是为了提取其中含量超过 3%的铜元素，大部分铜渣通常被先粉磨至 250 目后进行浮选，这使得最终形成的浮选尾渣因太细而难以作为砂石骨料，也不能大规模用于道路工程。同时，铜渣中含有的重金属离子等有害组分进一步限制了其作为上述建筑材料的应用。而铜渣应用于岩棉、微晶玻璃或铸石领域则掺量少，市场总量小。铜渣陶瓷已进入工业化生产实验研究阶段，其中铜渣陶瓷的外观颜色控制、内部黑心消除等是工业化成果应用的关键环节。国内外铜渣直接资源化利用技术现状见表 3-6。

3.2.3.3 功能材料

云南冶炼厂、沈阳冶炼厂的冶炼铜水淬渣硬度较高，可用作钢铁表面除锈剂，供造船厂作为除锈喷砂，其中一部分出口国外。

目前我国矿棉生产以玄武岩为主，其主要组成为 SiO_2、Al_2O_3、CaO 与 MgO。铜渣中除了铁含量过高以外，其他成分与玄武岩相近，因此在进行矿渣棉生产时必须先对铜矿渣中的铁进行提取回收。用铜渣生产的渣棉，细而柔软，含珠少，熔点低，可节省能源，质优价廉。

表 3-6 国内外铜渣直接资源化利用技术现状

应用领域	应用原理与工艺	特点及问题	产品价格/铜渣掺量
水泥熟料的原料、水泥混合材	铜渣含有高硅高铁组分，在其磨细后，作为硅质原料和铁质原料，与其他生料一起混合后烧制水泥熟料 铜渣具有一定玻璃相，经过磨细激发后，具有一定活性，可与水泥熟料混合作为混合材调节水泥性能	特点：少量添加铜渣且在适宜的配比下，水泥熟料的质量明显改善，作为混合材制备具有良好性能 问题：铜渣氧化铁含量高，铁橄榄石是惰性物相，导致铜渣总体上活性差，掺量低，杂质含量高，有价元素未回收	100～300 元/吨/掺量<30%
路基、混凝土、水泥墙体材料的砂石料	铜渣总体为惰性，结构致密，质地坚硬，成分稳定，经过破碎筛分后可作为砂石料、粗细集料等，应用于路基、混凝土和水泥墙体材料等	特点：铜渣砂石料具有很强的机械强度，良好的水稳定性，施工操作比较方便 问题：附加值低，市场受限；铜渣中大量重金属 Zn、As 等有害元素污染环境，大量有价金属没有被回收	30～80 元/吨/掺量 100%
铸石、微晶玻璃、岩棉等建筑材料	铜渣的氧化硅组分是铸石、微晶玻璃、岩棉的主要成分，作为部分原料，可以利用热态铜渣制备，也可以冷料混合后再熔制，还可以在熔融还原回收铁质组分后再调质利用	特点：铸石、微晶玻璃和岩棉等附加值高，还可以利用铜渣熔融还原回收铁水后制备，实现了高附加值再利用 问题：铸石、微晶玻璃和岩棉市场小；由于氧化铁的限制，直接作为原料利用限制了其掺量，热态直接利用铜渣没有经济效益；熔融还原回收铁的技术目前还没有突破，经济性差	1000～3000 元/吨/掺量<30%
陶瓷	铜渣大掺量条件下适合制备石英、赤铁矿、磁铁矿为主的黑色或棕色的建筑陶瓷	特点：可以实现铜渣大掺量利用，制备黑色陶瓷的市场量大，应用前景广阔 问题：工业化生产还需克服外观颜色控制、内部黑心消除等关键问题	1000～3000 元/吨/掺量>50%

3.3 锌冶炼渣

3.3.1 锌冶炼渣的形成

3.3.1.1 锌冶炼渣的形成

锌是国民经济建设中不可或缺的重要有色金属，其消费量随着中国经济体量的迅速壮大而迅猛增长，2015 年中国锌消费量约 700 万吨。我国锌自然资源整体储量丰富，国际铅锌研究小组（ILZSG）2016 年数据显示，世界锌储量约 20 亿吨，其中中国储量约为 3.8 亿吨，仅次于澳大利亚。

锌冶炼工艺技术分为火法炼锌和湿法炼锌，图 3-12 所示为锌冶炼原则工艺流程，湿法炼锌具有生产环境好、资源利用率高、能耗低、生产易于控制等优点，是我国目前主要的炼锌工艺。与湿法炼锌相比，火法炼锌普遍存在烟气和粉尘污染、劳动条件差、能耗高、停产检修、开炉费用大、有价金属综合利用率较低的问题。目前我国火法炼锌产量只占总产量的约10%。

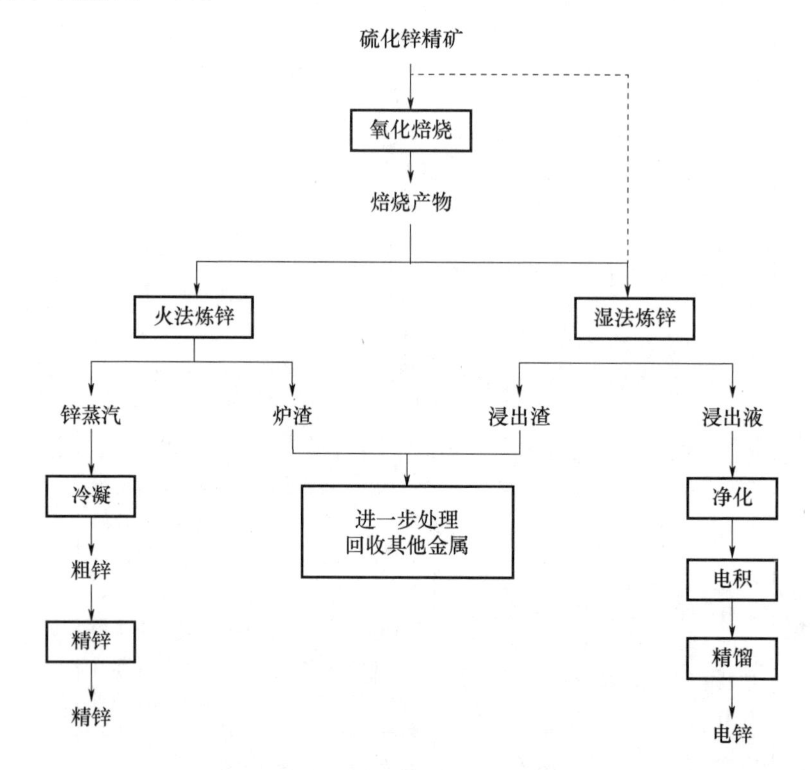

图 3-12 锌冶炼原则工艺流程

我国锌产量的80%为电解工艺所得。传统湿法炼锌工艺包括焙烧、浸出、溶液净化、电解沉积、阴极锌熔铸5个步骤，其中比较有代表性的是沸腾焙烧浸出技术，被我国的湿法炼锌企业广泛使用（图3-13）。

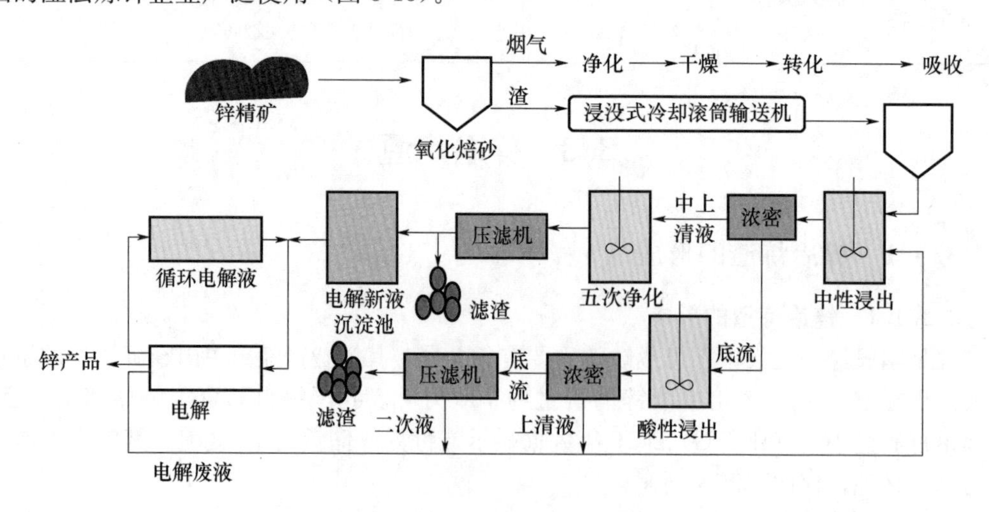

图 3-13 电解金属锌生产工艺路线

3.3.1.2 锌冶炼渣的产量和特点

由于我国锌精矿品位大约在50%，电解锌生产过程中，会产生大量废渣，包括锌浸出渣、锌净化结晶渣、镉碱渣、精镉渣、铜渣、钴渣、阳极泥和浮渣8种废渣，其中锌浸出渣占比在92%～95%。据统计，每生产1t电锌可产生1.0～1.05t的浸锌渣，全世界每年大约产生800万吨的锌浸出渣。这些渣中含有锌、铅、镉等重金属，如果得不到有效处理，这些废渣不仅会占用大量的土地资源，而且其中含有的可溶性重金属离子还会渗透到土壤中污染地下水，破坏环境，最终危及人类健康。

因锌冶炼的原料差距较大以及冶炼工艺方法不同，也就导致锌冶炼产生渣的类型截然不同，如铁矾渣、铅银渣、铜镉钴渣等。

在湿法炼锌生产流程中，锌精矿经过焙烧后，大部分锌转化为氧化物，少量为硫酸盐。锌焙烧矿经过中性浸出和低酸浸出过滤后，形成的浸出渣以硫酸盐为主，其次为结晶完整的二氧化硅和胶体的二氧化硅，未浸出的硫化物等固态物相以极细的微粒存在，呈一种似胶态的高分散含水中间化合物形态产出，它不具有天然矿物的晶形（表3-7）。

表3-7 湿法炼锌浸出渣的主要成分

有价元素	Zn（%）	Fe（%）	Pb（%）	Cu（%）	Ag（$g \cdot t^{-1}$）	Ge（$g \cdot t^{-1}$）	Ga（$g \cdot t^{-1}$）	In（$g \cdot t^{-1}$）
含量	15～18	15～20	3～5	0.5～3	100～150	100～300	100～200	100～150

湿法冶炼工艺有传统的两段浸出法和高温热酸浸出工艺（代表有黄钾铁矾法、针铁矿法、赤铁矿法、喷淋除铁法），这两种锌冶炼工艺的流程为“焙烧—浸出—净化—电解—熔铸”，实质上是火法和湿法联合流程。硫化锌精矿氧压直接浸出工艺是目前湿法炼锌的新技术，其流程为“浸出—净化—电解—熔铸”，并且SO_2排放量为零。

湿法炼锌根据不同的工艺，主要废渣有挥发窑渣、铁矾渣、浸出渣、高浸渣、铜镉渣、电炉锌粉炉渣等。其中，挥发窑渣和电炉锌粉炉渣为无害渣，含有Fe、CaO、SiO_2及MgO等成分。铁矾渣、浸出渣、高浸渣为有害渣，均含有Zn、Cd、Cu、Pb、Fe等元素，铜镉渣是锌净化所产生，提镉后残留铜渣，可出售给铜冶炼厂以回收Cu等有价元素。外排的锌冶炼渣主要是浸出渣，如何从浸出渣中经济、有效地回收有价金属，以及尾渣的有效利用仍是一个有待研究的课题。

3.3.2 锌冶炼渣的特点及性质

锌浸出渣主要有以下特性：第一，锌浸出渣的粒度普遍较细，粒级大部分为−0.074mm，其中−0.038mm的占据一半以上；第二，锌浸出渣中有价金属种类多，含量大，回收利用价值高。虽然各地锌冶炼厂原料来源不同，但是锌浸出渣中有价金属成分较为相似，表3-8所示为国内锌冶炼厂锌浸出渣中主要有价金属成分情况。

表3-8 国内锌冶炼厂锌浸出渣中主要有价金属成分及含量

厂址	Zn（%）	Pb（%）	Ag（$g \cdot t^{-1}$）	Fe（%）	Cu（%）	Mn（%）
湖南	35.99	1.73	—	15.93	0.52	0.74
广东	19.88	3.77	550	24.72	—	—
云南	24.75	0.099	97.2	25.68	1.12	0.13

续表

厂址	Zn（%）	Pb（%）	Ag（$g \cdot t^{-1}$）	Fe（%）	Cu（%）	Mn（%）
湖南西部	3.941	6.401	—	7.757	—	0.416
山东	7.85	5.20	350	9.51	—	—
内蒙古	3.34	6.81	600	17.04	0.18	—

由表 3-8 可见，几乎所有锌冶炼厂的浸出渣中都有含量较高的锌、铅和铁，贵金属银的含量也较为可观。其中大部分企业铅的质量分数均高于 2%，若不做处理就地堆存，明显不符合《铅锌行业规范条件》的最新要求。回收锌浸出渣中有价金属时既要考虑行业规范要求，也要追求经济效益，应做到综合全面回收锌铅银等各类有价金属。

3.3.3 锌冶炼渣的利用现状及趋势

目前锌冶炼渣处理技术主要分为三大类：生产建筑材料技术，稳定化/固化处理技术和有价金属综合回收技术。

3.3.3.1 生产建筑材料技术

生产建筑材料所用的含锌冶炼渣一般重金属含量较低，且化学性质稳定。将炼锌尾渣掺入混凝土路面砖的制作中，掺量达到 40%时，制备出抗压强度可达 32MPa 以上的混凝土砖。由于冶炼废渣具有潜在的胶凝活性，可与其他物料协同用于复合水泥的生产。

虽然将含锌冶炼渣用于生产建筑材料有诸多好处，但是由于建材市场的规范及建材环境标准的提高，用含锌冶炼渣为原料的建材市场严重缩减。

近年来，还有学者研究了以含锌冶炼渣为原料，采用微波干燥工艺进行玻璃化和微晶化制成装饰材料微晶玻璃。该工艺将重金属固定于微晶玻璃的晶格中，避免二次污染，实现了资源化、无害化与高值化。此外，利用含锌冶炼渣还可生产纳米复合材料、复合螯合氨基酸锌、氧化铁红等产品，促进了含锌冶炼渣的高值化利用研究。

3.3.3.2 稳定化/固化处理技术

稳定化/固化处理技术属于无害化处理的范畴，常通过物理或化学方法将有害废物包裹，使其转化为不可流动的包埋体，从而防止有害成分释放或将固废中的有毒、迁移性好的组分转化为低溶解性、低迁移性、低毒性组分。目前已有的稳定化/固化处理技术包括石灰稳定化/固化、塑料材料稳定化/固化、水泥稳定化/固化、沥青稳定化/固化、硫化稳定化/固化、药剂稳定化/固化等。物理包容稳定化/固化处理技术，不仅会造成较大的增容比，而且处理后废渣的长期稳定性无法保证，易造成二次污染。中南大学研发了浸锌渣水热硫化稳定化/固化处理技术，实现了废渣中重金属转变为低水溶性的硫化物，降低了废渣毒性，且形成的固化体可作为硫黄建材。然而稳定化/固化处理技术皆无法回收废渣中的重金属，资源二次利用度不高。

3.3.3.3 有价金属综合回收技术

上述两种含锌冶炼渣的处理方法因其本身限制，无法用于大量的实际生产中，且无法回收锌废渣中的有价金属，造成金属资源的浪费。近年来，废物资源化与再生利用成为国内外的研究热点，并获得了许多重要研究成果。目前从含锌冶炼渣中回收有价金属的技术主要有火法处理技术、湿法处理技术、火法-湿法联合技术及选冶联合技术，主要提取回收渣中的有价元素——银、铜、锌、铅、镉、钴等。下面介绍三种常见的回收方法。

（1）浮选法回收银。浸出渣中残留的银大部分分布在可浮选粒级范围内，因此，一般先对锌冶炼浸出渣进行银浮选，产出银精矿外售。但当锌原料含银量低时，银浮选系统不能产生效益。

（2）回转窑挥发工艺。回转窑挥发工艺比较适合处理含金属银较低的废渣，具体冶炼工艺流程如下：在将废渣与渣煤混合后，将其送入回转窑，然后进行加热，在窑内环境温度达到900℃时，废渣中的锌、铅等金属开始挥发，随着烟气进入收尘器之中，最终以烟尘形式完成回收，金属挥发率在80%～90%，煤耗量约为处理废渣量的50%。

（3）浸没熔炼。将喷枪插入熔池，以改善传质、传热、搅拌等冶炼条件，锌和铅的挥发率分别达99.5%和99.8%，银的挥发率达98%，镓的挥发率为43.96%。浸没熔炼炉与回转窑相比，具有设备简单、占地面积小、有价元素回收率高、能耗低等特点。

3.4 铅冶炼渣

3.4.1 铅冶炼渣的形成

目前，世界上铅冶炼主要采用火法工艺，湿法炼铅工艺主要处于试验研究阶段。火法炼铅工艺以铅精矿直接熔炼为主，主要化学反应为氧化反应和还原反应，在获得粗铅的同时排放出铅渣。

火法炼铅工艺如下：硫化铅精矿的主要成分为方铅矿（PbS），在采用氧气或富氧空气熔炼条件下，一部分 PbS 被氧化为 PbO。二次铅物料和返回烟尘的主要组成是 $PbSO_4$，$PbSO_4$ 在高温下发生离解反应，生成 PbO。接着，生成的部分 PbO 与 PbS 发生交互反应生成粗铅。氧化过程产出的 PbO 会在碳或一氧化碳的还原作用下生成粗铅。

铅与其他金属（如铜、镍、钴、锌等）在湿法浸出过程中的最大不同在于铅的湿法浸出无法使用硫酸（硫酸铅不溶于水）。这是制约湿法炼铅产业化的一个重要因素。现阶段，国内外普遍研究的湿法炼铅工艺都是将铅或硫酸铅转化为可溶铅化合物，如氯化铅、硝酸铅、硅氟酸铅等。近几年来，国内外相关研究单位根据各自的原料特点进行了氯盐体系、硝酸盐体系以及硫酸体系下的湿法炼铅工艺试验，但效果都不尽如人意，很难实现工业化。

3.4.2 铅冶炼渣的特点及性质

铅冶炼渣是一种组成非常复杂的高温熔体，铅冶炼渣的成分随矿石、熔剂及焦炭和铁中的杂质的变化而变化，主要由 FeO、SiO_2、Al_2O_3、CaO、MgO、ZnO 等组成，以化合物、固溶体、共晶混合物等形式存在，同时含有硫化物、氟化物等。通常，铅冶炼渣的成分为 Fe_2O_3（2.07%～32.47%）、FeO（9.49%～28.90%）、SiO_2（14.68%～43.09%）、CaO（3.05%～23.11%）、Al_2O_3（1.73%～6.22%）、MgO（0.15%～5.44%）、PbO（1.12%～12.28%）、ZnO（2.82%～11.11%）、S（0.2%～9.0%）。

原始铅冶炼渣主要由大约80%的CaO-FeO-SiO_2玻璃基质和大约20%的嵌入玻璃基质中的其他矿物相组成。矿物主要为富含铁的复合氧化物，如FeO、铁橄榄石（Fe_2SiO_4）和各种尖晶石固溶体［闪锌矿（$ZnFe_2O_4$）和磁铁矿（Fe_3O_4）］。硫化物相，如磁黄铁矿（FeS）和铁、锌、铜的复合硫化物镶嵌在玻璃基质中。锌主要以硅酸锌（Zn_2SiO_4）的形式存在。铅主要以嵌入玻璃基质中的小液滴的形式存在。

3.4.3 铅冶炼渣的利用现状及趋势

3.4.3.1 铅冶炼渣中金属的回收

1. 火法回收

铅渣火法回收铅锌等有价金属的工艺方法主要有两种：挥发窑挥发和烟化炉吹炼。挥发窑挥发的缺点是占地面积大，投资大，燃料、耐火材料消耗大，成本高；优点是操作相对简单，余热容易回收。烟化炉吹炼的缺点是操作管理比较麻烦，优点是投资较少，可以处理熔融渣和固态冷料。

2. 湿法回收

铅渣中的主要铅化合物为方铅矿（PbS）和金属铅（Pb）。为了回收铅渣中的铅，方铅矿和金属铅的浸出已被许多研究人员所研究，包括氯化物浸出体系、醋酸浸出体系和硝酸浸出体系。湿法冶炼技术通过控制水溶液中的适宜条件，可以有效地从铅渣中选择性地分离出不同的元素。铅渣中有价金属的分离、萃取和综合回收效率较高。然而，过程中产生的废酸和残渣需要进一步处理，以防止环境污染。

3. 生物浸出回收

生物浸出回收适用于以硅酸盐和玻璃基质为主要成分的铅渣。生物浸出过程中硅酸盐和玻璃基质的溶解受到许多机制的影响，如酸碱度、微生物的种类和温度的高低等。生物浸出可以有效地从铅渣中回收有价值金属（如Cu、Fe），并减少有毒元素（如As、Cd）对环境的污染。然而，生物浸出的效率在很大程度上取决于pH、温度、浓度和浸出时间等因素。生物浸出回收是从铅渣中提取锌、镉、铟的有效方法，而铅、砷和银的提取效果较差。

生物浸出回收可用于从铅渣中回收有价金属。在实验室条件下，采用生物浸出法可获得较高的金属回收率，但由于处理时间长、处理能力低、浸出条件苛刻等原因，该技术无法达到工业化水平。

3.4.3.2 铅渣的资源化技术研究现状

金属回收是目前很普遍的铅渣利用方法，但是，为了缓解铅渣大量排放产生的一系列堆存问题，则需要寻找铅渣的大量消纳方法。铅渣的一些无害化技术主要是将铅渣大量添加到建筑材料等产品中，已经得到研究者们越来越多的关注，比如，铅渣可以用于路面基层材料、混凝土、水泥砂浆、水泥熟料、地质聚合物、微晶玻璃。铅渣是一种类似于沙子的黑色粒状物质；由于其氧化铁含量高，因此其比重较高，为3.6～3.9g/cm^3，铅渣具有比砂更好的粒度和粒度曲线。因此，铅渣可作为砂石和天然骨料的代用品，用于公路建设；铅渣是混凝土和水泥砂浆的主要成分，因此它可以作为混凝土和水泥砂浆中的骨料；铅渣含铁量高，可以代替铁矿石作为生产水泥熟料的原料；地质聚合物是一种碱性铝硅酸盐材料，它是通过活化固态硅酸铝前驱体而生产的，而铅渣含有大量的硅和少量的铝，因而近年来已有研究将铅渣掺入地质聚合物中；利用铅渣生产玻璃陶瓷使用大量铅渣。同时，铅渣中的有毒元素得到有效固化。利用铅渣生产微晶玻璃，实现了铅渣的无害化处理和高附加值的资源利用，这是处理铅渣的好方法。但制备微晶玻璃是一个高能耗的过程，需要消耗大量能量，而且铅渣中的有价金属无法被回收，易造成资源的浪费。

4 其他冶金固废

4.1 铁合金渣

4.1.1 铁合金渣的现状及分类

铁合金是指炼钢时作为脱氧剂、元素添加剂等加入铁水中使钢具备某种特性或达到某种要求的一种产品。通常的铁合金是铁与一种或几种元素组成的中间合金。

作为钢铁产量位居世界第一的大国，我国铁合金行业也不断发展壮大，目前我国铁合金产量约占全世界生产总量的40%。2020年我国铁合金产量为3419.6万吨，并且还有逐年上升的趋势，随着铁合金产业的快速发展和产量的提升，随之而来的是铁合金渣的大量产生。

铁合金主要是采用矿热还原炉熔炼，部分采用高炉或者精炼炉冶炼，极少数产品采用其他方法冶炼。在铁合金生产过程中，炉料加热熔融后经还原反应，其中的氧化物杂质与铁合金分离后形成炉渣。铁合金渣作为铁合金冶炼后排放的废渣，因其冶炼合金的品种不同，一般分为硅锰渣、锰铁渣、铬铁渣、镍铁渣等。因生产品种、原料品位和氧化物回收率不同，生产1t合格产品所产生的渣量也不同。每产1t镍铁合金、硅铁合金、硅锰铁合金和铬铁合金将分别排放4～6t镍铁渣、1～1.2t硅锰渣、2.0～2.5t锰铁渣和1.1～1.2t铬铁渣。我国相应排放镍铁渣超过3000万吨、锰铁渣约2000万吨、硅锰渣和铬铁渣分别超过和接近1000万吨。

铁合金渣种类多，化学组成、理化性能不同。不同铁合金渣的组成见表4-1，其中镍铁渣包括电弧炉冶炼的电炉镍铁渣和高炉冶炼的高炉镍铁渣。

表4-1 典型铁合金渣的成分对比 %

	SiO_2	Al_2O_3	CaO	MgO	Fe_2O_3	Cr_2O_3	MnO	其他
硅锰渣	42.17	20.71	16.07	3.68	0.12	0.01	11.38	5.86
铬铁渣	34.96	23.27	2.44	26.79	2.74	7.36	0.25	2.19
锰铁渣	24.05	16.42	37.62	6.52	1.23	—	9.4	4.76
高炉镍铁渣	28.92	22.81	31.55	10.69	1.24	0.23	0.22	4.34
电炉镍铁渣	49.47	4.20	2.17	28.33	12.23	1.08	0.50	2.02

由于铁合金尾渣品种繁多、资源化利用特点并不相同，再利用技术还不完善，因此其利用率较低，大部分铁合金渣仍采用堆填的方式进行处理。铁合金渣的堆积不但会浪费资源，而且随之产生的扬尘会导致环境酸坏。与此同时，铁合金渣中一般含有一定的

重金属元素，这些重金属元素会因为雨水的原因而造成水资源的污染。因此，如何有效处理和利用这些规模庞大的炉渣，从中回收有用金属、制备高附加值的产品、减少环境污染是摆在我们面前急需解决的问题。

4.1.2　铁合金渣的形成及特点

4.1.2.1　硅锰渣

1. 硅锰渣的形成过程

硅锰合金是冶炼中低碳锰铁和金属锰的还原剂，也可作为炼钢生产中的复合脱氧剂和合金剂及脱硫剂。硅锰合金冶炼及硅锰渣形成过程如图 4-1 所示。

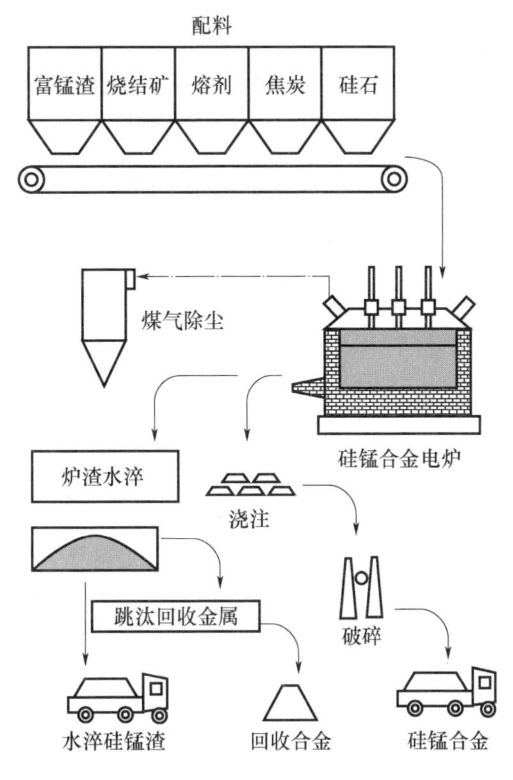

图 4-1　硅锰合金冶炼及硅锰渣形成过程

锰矿石入炉后，在高温和还原剂的作用下，首先分解和被还原为低价 MnO。由于炉料中 SiO_2 配入量多，大部分 MnO 首先与 SiO_2 结合生成以下几种硅酸盐：$MnSiO_3$、Mn_2SiO_4、(MnCa) SiO_4。三种硅酸盐的熔点分别为 1250℃、1515℃和 1240℃，由富锰渣形态带入的锰和硅也是以硅酸盐的形式存在的，因此，锰硅合金生产过程的还原反应实际上是炉渣中的液态硅酸盐与碳质还原剂的反应。Mn 首先被还原出来生成锰的碳化物，随着温度的升高，硅也被还原出来，与锰能生成更为稳定的硅化锰 MnSi，从而将碳排挤出来，被还原出来的 Si 越多，合金中碳含量越低，这也是冶炼低碳锰硅合金的理论依据。

在有一定量铁存在的条件下，Mn 和 Si 的还原更容易进行。液态锰硅合金中溶解的碳是随高温镇静时间的延长而减少的，因而液态合金在凝固前通过保温镇静，可以使其中的 C 和 SiC 充分上浮，得到含碳更低的锰硅合金。

锰硅合金冶炼过程实际上是各种氧化物的还原过程（在矿热炉内将电能转变成热能），用硅作为还原剂，同时还原锰矿石和硅石中的锰、硅和铁的氧化物，使之结合成稳定的 MnSi，最终生产出合格的锰硅合金。在以上冶炼过程的任意步骤中，均会排放出不等量的冶金废渣，即为硅锰渣。

2. 硅锰渣的特点及性质

硅锰渣的氧化硅和氧化铝含量较高，可以用于硅铝含量高的矿棉、陶瓷或微晶玻璃产品制备。当采用水淬工艺时，硅锰渣易于形成玻璃相。水淬硅锰渣具有一定的水硬性和火山灰活性，在激发剂的作用下硅锰渣能发生水化反应，产生胶凝性，可作为水泥生料和水泥混合材用于生产普通硅酸盐水泥。颗粒状硅锰渣水淬充分，含有大量的玻璃体且颗粒疏松多孔，其易磨性优于含有大量结晶矿物的块状硅锰渣。硅锰渣的粒径分布不均匀导致流动性差，又由于它是水淬渣，主要含有玻璃相，是一种瘠性料，塑性差。由于各厂选用的硅锰矿、硅石等原料的不同以及在生产上所采用的控制参数不同，导致不同锰矿合金厂排放的硅锰渣在化学组成上存在一定差异。

4.1.2.2 铬铁渣

1. 铬铁渣的形成过程

铬铁合金作为不锈钢中的主要成分，能显著提高不锈钢的耐磨耐腐蚀特性和高温稳定性，因而存在巨大的需求空间。在冶炼过程中，矿石的其他成分以渣的形式与铁水一起排放出炉体，形成铬铁渣。

铬铁合金冶炼及铬铁渣形成工艺如图 4-2 所示。电炉法冶炼高碳铬铁的基本原理是用碳还原铬矿中铬和铁的氧化物。碳还原氧化铬生成 Cr_2C_2 的开始温度为 1373K，生成 Cr_7C_3 的反应开始温度为 1403K，而还原生成铬的反应开始温度为 1523K，因而在碳还原铬矿时得到的是铬的碳化物，而不是金属铬。铬铁中含碳量的高低取决于反应温度。生成含碳量高的碳化物比生成含碳量低的碳化物更容易。

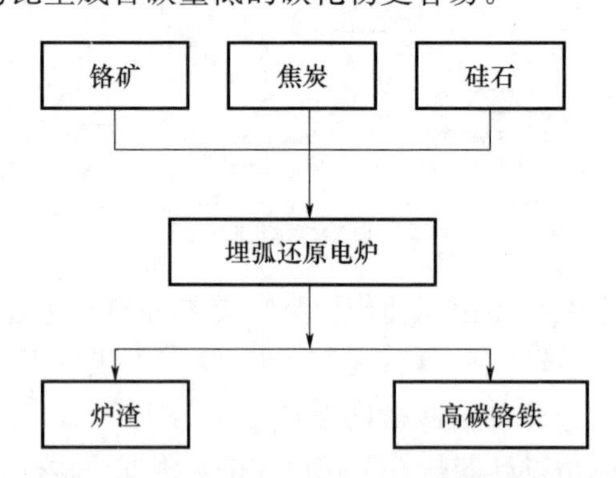

图 4-2 高碳铬铁合金冶炼及铬铁渣形成工艺

电硅热法生产精炼铬铁是一种将铬矿、石灰、硅铬合金加入电弧炉中冶炼精炼铬铁的方法。电硅热法是在电炉内造碱性炉渣的条件下，用硅铬合金中的硅还原铬矿中铬和铁的氧化物，从而制得中低碳铬铁，同时排放出铬铁渣。

2. 铬铁渣的特点及性质

铬铁渣的主要成分除了 SiO_2、MgO、CaO、Al_2O_3 等化合物之外，通常还含有 5%～

10%的铁及其氧化物、2%～5%的铬以及微量的有价元素。铬铁渣的矿物组成主要是玻璃体、结晶体，其在形成过程中表面会产生一层惰性的玻璃态薄膜，在常温下性质稳定，活性较低。要提高其活性，必须先使矿物颗粒表面的惰性玻璃态薄膜脱落，使其玻璃体连续结构遭到破坏，形成表面缺陷，有利于外部离子的侵入，从而为活性发挥提供前提条件。冶炼高碳铬铁所产生的铬铁渣一般呈块状，但中低碳铬铁易粉化。所排放的中低碳铬铁渣通过自然冷却，在700～400℃之间，由于硅酸二钙的多晶转变，产生粉化现象。

铬铁渣比矿渣和粉煤灰易粉磨，矿渣在粉磨过程中易发生团聚，需要添加少量的助磨剂。铬铁渣最佳粉磨时间为1h，粉磨1h的铬铁渣颗粒粒径主要集中在0～10μm和10～33μm。

4.1.2.3　镍铁渣

1. 镍铁渣的形成过程

镍的最大用途是生产不锈钢、耐热钢，其次是生产合金结构钢和合金铸铁。在钢铁工业中已经用镍铁代替部分金属镍。随着炼钢和铸铁工艺技术的发展，氧化镍也代替部分金属镍在特殊钢和合金铸铁中使用。中国镍矿分布以甘肃储量最多，占全国镍矿总储量的62%，其中，甘肃金昌的铜镍共生矿床，镍资源储量巨大，仅次于加拿大萨德伯里镍矿，居世界第二、亚洲第一。氧化镍矿是冶炼镍铁的原料，它由含镍的岩石风化、浸淋、蚀变、富集而成，故也称红土矿。氧化镍矿有两种类型：一种是褐铁矿型，含镍褐铁矿［$(Fe、Ni)O(OH)\cdot nH_2O$］，氧化镍与铁的氧化物组成固溶体，一般含铁35%～45%，冶炼镍铁产生的炉渣用来生产钢；另一种是硅酸盐型，它的矿物为硅酸镁镍矿［$(Mg、Fe、Ni、Co)_6Si_4O_{10}(OH)_8$］与镍蛇纹石［$(Mg、Fe、Ni、Co)_3Si_{12}O_9$］。氧化镍矿中的镍呈化学浸染状态，因而不能用选矿方法富集镍。NiO易被C、CO、Si、Fe还原，在还原过程中，氧化镍先还原为镍，因而镍铁生产是以选择性还原为基础的生产方法。

镍铁生产工艺以火法为主，主要有烧结-电炉法、烧结-高炉法、回转窑-电炉法（RK-EF工艺）和回转窑直接还原法（Krupp法）。粗炼的镍铁含镍量低、杂质含量高，经过精炼处理后可以得到高镍含量、低杂质的低碳镍铁。另外，目前处理中低品位的镍红土矿可采用湿法工艺，其生产成本较低，不足之处是处理工艺复杂、流程长、工艺条件对设备要求高。

火法镍铁渣是通过电弧炉（矿热炉）或高炉在冶炼工业镍铁过程中还原提取金属镍和铁之后，排出的熔渣经水淬急冷得到的粒化固体废渣。排出的镍铁渣根据镍铁冶炼的不同工艺可以分为电炉镍铁渣和高炉镍铁渣两大类。

世界大部分镍铁是用回转窑-电炉（矿热炉）工艺生产的，其工艺及镍铁合金渣形成过程如图4-3所示。在铁合金生产中，镍铁属于较难熔的金属之一。我国国内采用最多的即是回转窑-电炉法，其熔炼完整的工艺流程是：原矿干燥及大块破碎→配煤及熔剂进回转窑彻底干燥及预还原→矿热炉还原熔炼→镍铁铁水铸锭及熔渣水淬→产出镍铁锭（或水淬成镍铁粒）和水淬渣。粗炼的镍铁含镍量低、杂质含量高，经过精炼处理后可以得到高镍含量、低杂质的低碳镍铁。

其中，矿热炉为半封闭（或全封闭）式，自焙电极，埋弧冶炼，还原并熔分粗制镍铁和炉渣，同时产生含CO约75%的矿热炉荒煤气，荒煤气经过净化送到回转窑烧嘴，与煤粉一起作为燃料。除尘灰经处理后，返回到原料场。

在煅烧熔炼过程中，镍和钴的氧化物几乎全部被还原，而铁只有65%左右被还原，其余部分以FeO形式造渣，最后采用精炼从粗镍铁合金得到成品镍铁合金。在以上冶炼过程的任意步骤中，均会排放出不等量的冶金废渣。

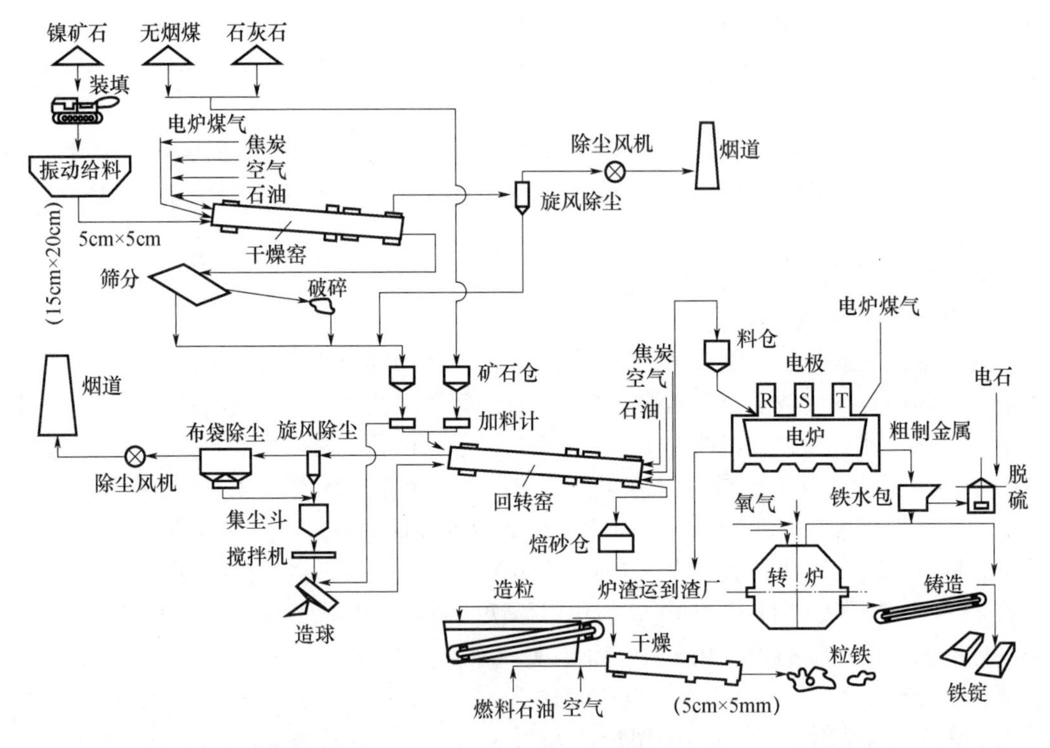

图4-3 回转窑-电炉（矿热炉）法（RK-EF）工艺及镍铁合金渣形成过程

高炉生产生铁历史悠久，但普遍使用高炉生产镍铁还是中国人发明和研究的结果。高炉生产镍铁的流程如图4-4所示：矿石干燥筛分（大块破碎）→配料→烧结→烧结矿加焦炭块及熔剂入高炉熔炼→镍铁水铸锭和熔渣水淬→产出镍铁锭和水淬渣。在以上冶炼过程的任意步骤中，均会排放出不等量的冶金废渣。

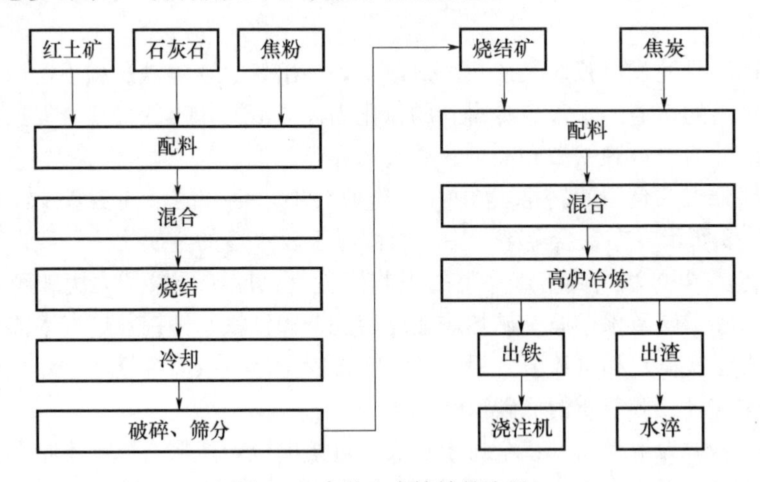

图4-4 高炉生产镍铁的流程

2. 镍铁渣的特点及性质

电炉镍铁渣粉和高炉镍铁渣粉的微观形貌没有太大区别，颗粒都是大小不等、形状不规则的多面体。高炉镍铁渣和电炉镍铁渣化学成分中氧化物种类相似，但各氧化物含量却明显不同，见表4-2。高炉镍铁渣中化学成分以SiO_2、Al_2O_3、CaO为主，次要成分是Cr_2O_3、MgO、Fe_2O_3、SO_3等，属于SiO_2-Al_2O_3-CaO系，CaO含量一般在20%左右，铁化合物含量较低，具有明显的钙高、铁低特点，有一定的潜在活性。电炉镍铁渣中化学成分以SiO_2、MgO、Fe_2O_3为主，次要成分是Cr_2O_3、Al_2O_3、CaO、SO_3等，属于SiO_2-MgO-Fe_2O_3系，相比较于高炉镍铁渣，其最大的特点是MgO含量高达20%、CaO含量较低（≤10%），铁化合物含量较高，具有明显的镁高、铁高、钙低特点，导致其有潜在活性低、易磨性差、利用成本高。由于镍铁渣大多是通过水淬急冷后产生的，因此，其矿物成分主要是非晶态的玻璃体，出渣和成粒时的温度越高，冷却时的速度越快，镍铁渣中的玻璃体含量往往就越多，一般非晶态矿物所占的比重都在50%以上。

表4-2 不同镍铁渣化学成分

镍铁渣类型	主要成分及含量（%）					主要矿物相	冷却方式	全碱度
	CaO	SiO_2	Al_2O_3	Fe_2O_3	MgO			
高炉镍铁渣	17.45	48.85	6.94	9.71	14.98	C_3S、C_2S、硅酸镁	水淬	0.58
	25.19	29.95	26.31	1.55	8.93	镁橄榄石、C_2S、碳酸钙	水淬	0.61
	21.61	30.54	26.74	1.54	12.47	尖晶石	水淬	0.59
	25.31	29.95	26.31	1.55	8.93	镁橄榄石、尖晶石	水淬	0.61
电炉镍铁渣	0.29	58.10	2.29	11.10	26.50	顽辉石、镁橄榄石	水淬	0.44
	2.07	62.80	1.95	7.13	24.70	顽辉石、镁橄榄石	风淬	0.41
	1.66	54.65	3.70	10.50	27.07	顽辉石、镁铁橄榄石	水淬	0.57
	8.77	52.27	6.19	4.20	26.93	镁铁橄榄石	水淬	0.61
	6.75	46.10	4.46	12.25	27.12	镁橄榄石	水淬	0.67

镍铁渣粉中的MgO含量往往比较高，即使是高炉镍铁渣粉中MgO的含量一般也在10%左右。研究发现，MgO在电炉镍铁渣粉中主要存在于镁橄榄石晶体中，而在高炉镍铁渣粉中主要存在于尖晶石中，并不会对材料的安定性产生不良影响。水淬的高炉镍铁渣含有一定量的玻璃相，玻璃相中活性的SiO_2、Al_2O_3等物质在激发剂的作用下具有潜在的水硬活性。在水泥基材料中的反应与粉煤灰类似，掺量合适的情况下可以在一定程度上改善混凝土的各项性能。但是镍铁渣粉中镁含量高、钙含量低，导致其活性比较低，尤其是在早期。

镍铁渣粉中虽含有一定量的Ni、Cr等重金属元素，但作为矿物掺和料使用时，镍铁渣的放射性、浸出毒性和腐蚀性都远低于国家标准中规定的限值，在自然环境中镍铁渣粉的化学性质稳定，其所包含的重金属离子在外界的侵蚀作用下溶出很少，因此在水泥和混凝土中应用时对环境造成的污染较小。

镍铁渣较石英石和水泥熟料的易磨性差，在磨细过程中能耗较大，成本高，这是影响镍铁渣综合利用经济性的另一个重要因素。

4.1.2.4 硅铁渣

硅铁是铁和硅组成的铁合金。硅铁合金的主要用途是在炼钢产业中用作脱氧剂和合金剂，在炼钢过程中用于沉淀和扩散脱氧。传统的硅铁冶炼采用矿热炉，把硅石、钢屑和焦炭混合冶炼形成硅铁合金；现今硅铁也可以焦炭、钢屑、石英（或硅石）为原料，用电炉冶炼制成的铁硅合金。在上述流程中会产生一定量的炉渣，即为硅铁渣。

水淬处理产生大量无定形硅铁渣，主要成分范围为 30%～35% SiO_2、11%～16% CaO、1% MgO、13%～20% Al_2O_3、3%～7% FeO、7%～10% Si、20%～26% SiC，并且 75 硅铁渣块度为 20～30mm，无金属粒。硅铁渣存在大量无定形组分，具有一定的潜在胶凝活性，能够用于水泥或混凝土制备。

由于硅铁渣中含有一定量的游离硅和碳化硅，具有脱氧性、脱硫性，硅铁废渣放入钢水中后，其中的硅元素可以快速将钢水中的氧气脱离提升成品钢材质量，因此可用它作为冶炼铸造生铁、硅锰合金的优质原料，以及用它代替硅铁粉作为炼钢的脱氧剂。

4.1.2.5 其他铁合金渣

除了排量较大的典型铁合金，还有一些不可或缺的铁合金，如钨铁、钼铁、磷铁、金属铬浸出和钒浸出等。即便这些铁合金产量少，但也会排放相应的铁合金渣，造成环境污染和资源浪费。

钨铁渣是钨铁冶炼过程排出的废渣。钨铁用钨锰铁矿在电炉中冶炼，由于熔点高，不能液态放出，因此采用结块法或取铁法生产。结块法：用碳作为还原剂，在上段可拆的敞口电炉中成批地加入由钨精矿、沥青焦（或石油焦）造渣剂（铝钒土）组合的炉料，炉内炼得钨铁呈黏稠状，炉子内容积满后停炉拆除上段炉体，待结块冷凝后取出凝块，得含钨 80%、含碳小于 1%的钨铁。取铁法：用硅和碳作为还原剂，分还原、精炼、取铁 3 个阶段。在上述过程中均产生钨铁渣，钨铁渣中含有大量的铁、锰及少量的钨、锡、钽、铌、钪等。

对于钼铁，冶炼前通常把钼精矿用多膛炉进行氧化焙烧，获得含硫小于 0.07%的焙烧钼矿。钼铁冶炼一般采用炉外法。炉子是一个放置在砂基上的圆筒，内砌黏土砖衬，用含硅 75%的硅铁和少量铝粒作还原剂。炉料一次加入炉筒后，用上部点火法冶炼。在料面上用引发剂（硝石、铝屑或镁屑），点火后即激烈反应，然后镇静、放渣、拆除炉筒。在上述过程中产生钼铁渣，经水淬后外观呈黑色玻璃体状。钼铁渣组和黏土的化学成分相近，只是 Fe_2O_3 含量略高，其 SiO_2、Al_2O_3、Fe_2O_3、CaO、MgO 总占比在 90%以上。

对于磷铁，采用电碳热法冶炼磷铁，在制磷电炉中高温下用碳还原磷灰石生产磷铁，并排出磷铁渣。按每生产 1t 黄磷副产磷铁渣 0.1～0.2 t 估算，每年磷化工的磷铁渣在 30 万吨以上。磷铁渣主要包含铁、磷，少量含有锰、钒、钛、铬、镍，可利用磷铁渣生产磷酸盐和氧化铁红等。

对于金属铬，国内生产工艺为：将铬矿配以纯碱、石灰石、白云石，铬浸出渣在回转窑内经 1200℃焙烧，矿中 Cr_2O_3 氧化成 Na_2CrO_4，进一步经水浸、还原，得氢氧化铬，再经煅烧获得 Cr_2O_3。配以铝粉、发热剂，采用炉外铝热法冶炼，可制得金属铬。

在浸取中，排出大量的铬浸出渣。铬渣成分范围为3%～5% Cr_2O_3、20%～27% CaO、25%～30% MgO、9%～11% SiO_2、8%～11% Fe_2O_3、5%～6% Al_2O_3。在安定性上，铬渣中的方镁石（游离氧化镁MgO）、硅酸二钙和铁铝酸钙易导致铬渣风化粉化。在水和二氧化碳作用下，方镁石能逐渐反应转化为氢氧化镁或碱式碳酸镁，同时体积增大，硅酸二钙和铁铝酸钙有类似作用。铬渣含有铬元素，铬元素的解毒、固结等是其资源化过程需要考虑的重要因素。

钒渣是对含钒铁水在提钒过程中经氧化吹炼得到，或者含钒铁精矿经湿法提钒所得到的含氧化钒的废渣的统称。钒渣组成以FeO、SiO_2、V_2O_3、TiO_2、CaO、Al_2O_3、MgO、Cr_2O_3等为主。钒渣中的铁元素和重金属元素作为色剂，已工业化应用于陶瓷行业等。

4.1.3 铁合金渣的典型利用现状

铁合金渣来源不同，性质不同，其资源化利用水平不同。其中，高炉镍铁渣、锰铁渣利用率较高，电炉镍铁渣、硅锰渣和铬铁渣等其他铁合金渣的资源化利用率较低。物理回收、物质转化和能量转化是利用铁合金渣的3种主要方式。

1. 铁合金渣的物理回收利用

镍铁合金的比重较大，废渣的比重较小，利用重选的方法很容易从镍渣中回收镍铁合金，但前提是必须使镍铁合金与固体废渣单体解离。对于低镍合金，其自身带有磁性，采用中等强度磁场的磁选设备即可对其进行高效的分选，使分选过程更为简单方便，但磁选对高镍合金的回收效果极差。

铬铁渣中一般含有6%～10%的铬铁合金颗粒，这些铬铁合金颗粒呈大小不均匀状态嵌布在铬铁渣中，对铬铁渣进行破碎，使铬铁合金与废渣单体解离，用重力选矿的方法从铬铁矿渣中回收铬铁合金。采用两次跳汰机分选，分别获得粗粒和细粒铬铁合金颗粒，使铬铁回收的利益最大化。

2. 铁合金渣的物质转化利用

近年来，铁合金渣在资源综合利用方面取得了一些相关成果，利用铁合金渣制水泥、作为水泥混合材、水泥矿化剂、玻璃着色剂、铬铁渣制砖等技术部分已经产业化应用。

锰铁渣和高炉镍铁渣的排渣工艺和成分接近普通高炉渣，含有较高的氧化铝和氧化镁。水淬的高炉镍铁渣含有玻璃相，潜在胶凝活性较高，因而获得了较好的利用，已广泛用于水泥、混凝土行业。硅锰渣水淬后也能够形成更多的玻璃相，具有一定的胶凝活性，能用作水泥混合材或者混凝土掺和料，但较高的氧化锰含量制约了其广泛应用。

有研究表明，在水泥熟料中掺入矿渣和高达40%的锰铁渣微粉配制出强度等级达到52.5级的绿色复合水泥。高炉镍铁渣添加量为30%时，制备的水泥满足42.5级优质水泥；添加量为50%时，制备的水泥满足32.5R强度要求，且掺入高炉镍铁渣粉后水泥浆体安定性表现为合格。

铬铁渣的主要成分与硅酸盐水泥熟料相似，矿物组成则有所不同，主要为γ-C_2S和β-C_2S。γ-C_2S在一般条件下仅有很弱的水化反应能力，而β-C_2S的早期水化也较缓慢，但对中、后期的水化和强度增长却能起到重要作用。因此，提高铬铁渣水泥的早期水化反应能力以及强度，是制铬铁渣水泥的关键。铬铁渣中 MgO 含量较高，而水泥中过高的 MgO 含量可能导致其体积安定性不良，故铬铁渣的用量受到限制。同时，水泥煅烧是在氧化气氛中进行的，铬铁渣中的 Cr^{3+} 易被氧化成 Cr^{6+}，产生重金属离子污染，也限制了其用量。以上几种原因导致铬铁渣硅酸盐水泥始终得不到市场认可。

在混凝土领域，铁合金渣在激发剂的作用下，其潜在胶凝活性得到发挥，能够提高混凝土强度。当锰铁渣掺量在 40%时能改善混凝土工作性能，力学性能较基准混凝土有所提高。

将电炉镍铁渣、铬铁渣应用于砂石骨料领域是另外一种大宗利用的方法。电炉镍铁渣和铬铁渣的主要矿相分别为镁橄榄石以及镁橄榄石和尖晶石，具有较高的硬度和密度，经过破碎分解后可以直接作为骨料应用于道路基层材料。虽然这两种铁合金渣含有超过 20%的氧化镁，以及 2%～10%的氧化铬，但是对其安定性和浸出的实验都表明，这两种铁合金渣的安定性和重金属浸出率均合格。目前镍铁渣和铬铁渣用作道路砂石骨料的相关研究已进入道路工程应用示范阶段。此外，锰铁渣满足沥青路面集料要求，沥青混合料性能优异，因而可以用作沥青路面抗滑表层集料。

铁合金炉渣还可用于生产建筑用砖，比如硅锰渣、镍铁渣、铬铁渣等。硅锰渣经过预处理，可以代替煤渣生产空心砌块砖，此种空心砌块砖有施工方便、吸水快等优点，优于黏土空心砖和加气混凝土块。以镍铁渣和粉煤灰为主要原料可采用压制成型、蒸汽养护的方法制备标准砖和空心砖。

利用铁合金渣制造锰肥和硅肥在日本进行了产品应用实验。锰是植物生长发育必需的营养成分，日本已使用了 30 年利用锰的废渣生产的锰肥，对植物生长和土壤改良有良好效果。柠檬酸可溶性锰，可作为肥料，也是很好的土壤改良剂，并具有长效性。水溶性锰可为水稻、麦、果树用肥，具有速效性。利用硅锰渣制造锰肥，具有工艺简单、技术路线可靠、投资少、见效快等优点。但是，在利用工业废渣制备化肥方面产业化应用仍未展开，这一方面仍然受到植物和土壤长期生态行为研究的数据支撑，另一方面相关技术实施缺乏冶金、农业、环境等跨领域、跨行业间的协同。

此外，我国硅锰渣、铬铁渣大多分布在电力丰富的内蒙古、宁夏和山西等中西部地区，这些地区对水泥、混凝土和道路的需求量少，缺乏消纳冶金渣的当地大宗市场，这也成为制约铁合金渣大宗量利用的市场因素。

3. 铁合金渣的能量转化利用

我国镍铁、硅锰、铬铁、锰铁等大宗量的火法冶炼过程每年产生的上千万吨铁合金炉渣的排放温度在 1600℃左右，这些熔融态的铁合金炉渣蕴含了大量的余热资源。采用“渣”“热”耦合利用方法，直接将熔融态铁合金渣制备成材料是一条低碳绿色的技术路线，可以直接将熔渣或少量改质剂改质后的熔渣制备为微晶玻璃、铸石或矿（岩）棉等高附加值产品，这对 CO_2 减排和资源高效利用具有双重重要意义。

传统铸石工业中熔化 1t 天然原料需要消耗约 300kg 标准煤。按照石材中熔渣掺量 90%计算，利用 1000 万吨/年熔渣能够制备出 1100 万吨/年铸石产品，将节省 300 万吨标准煤，即年减排 CO_2 约 750 万吨。

我国在 20 世纪 70 年代就利用熔融态硅锰渣生产出了铸石。硅锰渣铸石在生产过程中无污染，产品本身无放射性，是一种环保产品，同时也促进硅锰渣的大量消耗。硅锰渣和铬铁渣中的大量金属离子能够促进晶体成核和生长，适合制备微晶玻璃。有研究表明，硅锰合金渣在1250℃具有良好的成型填充性，炉渣经过再还原后，余下的MnO可以改善熔体的工艺性能，使其具有较高的结晶化性能，增强炉渣铸石的化学稳定性和热稳定性。随着天然石材的减少，利用熔渣制备铸石人造石材具有广阔的市场空间。降低熔渣铸石的制备成本是技术工业化应用的关键。

一般矿物棉纤维的主要化学成分为SiO_2、Al_2O_3、CaO、MgO，次要化学成分是Fe_2O_3、FeO、K_2O、Na_2O等，还会含有少量杂质如S、Cl等。生产矿物棉纤维的主要原料一般为高炉渣。硅锰渣成分与矿棉成分接近，通过将热态硅锰渣转运并倾倒入矿棉电炉中，经进一步保温和添加少量调质剂，再经过喷吹或者离心的方法使原料纤维化，经收集器集棉或摆锤铺棉、固化、切割、包装等工序制得不同性能和用途的矿棉制品（板、毡、带及管等）。

目前，在山西、内蒙古和宁夏等铁合金企业利用硅铁熔渣或者硅锰熔渣制备岩棉方面已获得了工业化应用，而熔渣微晶玻璃的研究仍然未能实现工业化。

4. 发展趋势

深入开发铁合金渣大宗量利用技术并形成系统的综合利用方案是解决铁合金渣大宗量利用的关键，应进一步研究铁合金渣用于路基材料、水泥、混凝土等传统大宗建筑材料。同时，由于铁合金企业将进一步收集冶炼过程的煤气，这将使得铁合金企业利用铁合金渣制备烧结类材料获得新的机会。利用煤气制备陶瓷砖、烧结砖、烧结瓦、烧结陶粒等产品不仅能够提高产品附加值，还能显著降低生产成本，并因为避免使用天然气而获得节能和碳减排效益及相关政策支持。

制定并完善相关的应用及污染控制标准也是铁合金渣资源化产品应用的关键。铁合金渣用于水泥混凝土等传统建材的行业标准在不断完善中，用于其他新型功能材料的研究及推广应用标准或规范较少。铁合金渣制备不同建材产品时，产品中重金属离子在极端条件下以及长时间使用条件下的释放特性的研究还不成熟，缺乏相应的环境安全评价体系，还需要通过评估各种利用方式的环境风险，长期耐久性行为，以最终为相关污染控制标准的制定提供理论依据。

4.2 电解锰渣

锰的主要生产方法是电解法，此法生产的锰常被称为电解金属锰。我国是电解金属锰的最大生产国、消费国和出口国。2018年，我国电解金属锰产能达226万吨、产量约140万吨，约占世界总产量的97%。电解锰行业为我国工业发展及地区经济建设做出了巨大贡献，但是电解锰行业属于传统的湿法冶金行业，在促进当地经济快速发展的同时，会产生大量的“三废”——废水、废渣和废气，大大限制了电解锰行业的可持续发展。

电解锰渣是电解金属锰生产过程中锰矿石经酸解、中和、除杂、压滤产生的酸性废渣。据统计，我国平均每生产1t电解锰产渣9～12t，年排放量约1000万吨，历年累积堆存量超过1200万吨，如图4-5所示。现在电解锰企业处理锰渣的主要方式是将其送到专用的场地进行筑坝堆存，长期堆积就会消耗大面积土地，从而造成了资源浪费，加大了环境压力。

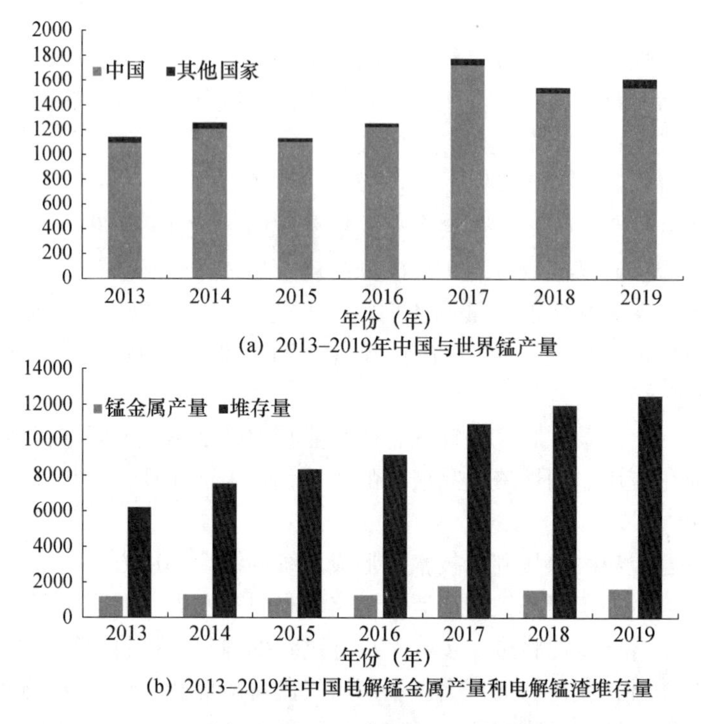

图 4-5　电解锰金属产量和电解锰渣堆存量

首先，电解锰渣含有大量的锰和氨氮。当人体摄入高浓度的锰时，高浓度的锰会导致严重的神经和运动功能障碍。人类长期饮用高浓度氨氮的水源，体内高浓度氨氮会导致胃癌、蓝婴综合征和肝脏损伤。其次，在电解锰渣中还检测到一些重金属元素，包括Se、Cr、Zn、Cd、Pb、Ni、As等，这些重金属会导致许多人类健康疾病，如身体异常、致癌疾病、神经性缺陷、脑部疾病、肾功能衰竭和一系列广泛的其他疾病。另外，高含水率的电解锰渣具有良好的流动性和迁移性，容易引起溃坝事故。2009—2012年，湖南和贵州先后发生了电解锰渣渣库溃坝事故，超过9人死亡。未经处理的电解锰渣在堆存过程中，含有大量的Mn^{2+}、NH_4^+-N和少量的金属离子，将导致水体和土壤重金属超标，影响植物的生长，危害人体健康。由于高含水率甚至会引起溃坝事故，造成严重的生态环境问题，带来巨大的经济损失。电解锰渣的这些属性导致电解锰渣堆存变得非常危险，而且不满足生态环保发展要求，因此电解锰渣的堆存是目前整个电解锰行业最突出的问题。电解锰渣的处理对电解锰行业的可持续发展非常重要，已经成为制约电解锰行业发展的瓶颈。

4.2.1　电解锰渣的形成

电解法生产电解金属锰是一个湿法冶金过程，一般分为两个部分：电解液的制备和电解操作过程。根据锰矿的不同，有两种制备电解液的方法。第一种方法是用菱锰矿制备电解硫酸锰溶液，直接用硫酸与菱锰矿反应，经过中和、提纯、过滤等一系列工序制备电解液，然后进入电解槽进行电解。第二种方法是利用软锰矿（主要含 MnO_2）制备电解硫酸锰溶液。二氧化锰与碳酸锰制备电解液不同，主要是因为 MnO_2 在一般的条件下不与硫酸反应。一般的处理方法为焙烧法，二氧化锰和还原性物质（通常是煤）混合在一起，然后密封和加热，碳在一定温度下将四价锰还原为二价锰，粉碎后再与硫酸反应。另一种方法称为两矿法，将二氧化锰矿粉和黄铁矿在硫酸作用下进行氧化还原反应制备硫酸锰，得到硫酸锰溶液，然后进入电解槽电解得到电解金属锰。电解金属锰的生产过程如图 4-6 所示。电解金属锰的生产过程中添加了硫酸、氨水、SeO_2 和 $K_2Cr_2O_7$ 等化学药剂，同时锰矿中含有的 Co、Pb、Zn 等伴生元素会随着锰矿浸出。因此，电解锰渣含有大量的 NH_4^+-N、Mn^{2+}、Cu^{2+}、Zn^{2+}、Cr^{6+}、Cd^{2+}、Se^{4+}、Pb^{2+} 和 Ni^{2+} 等污染物。

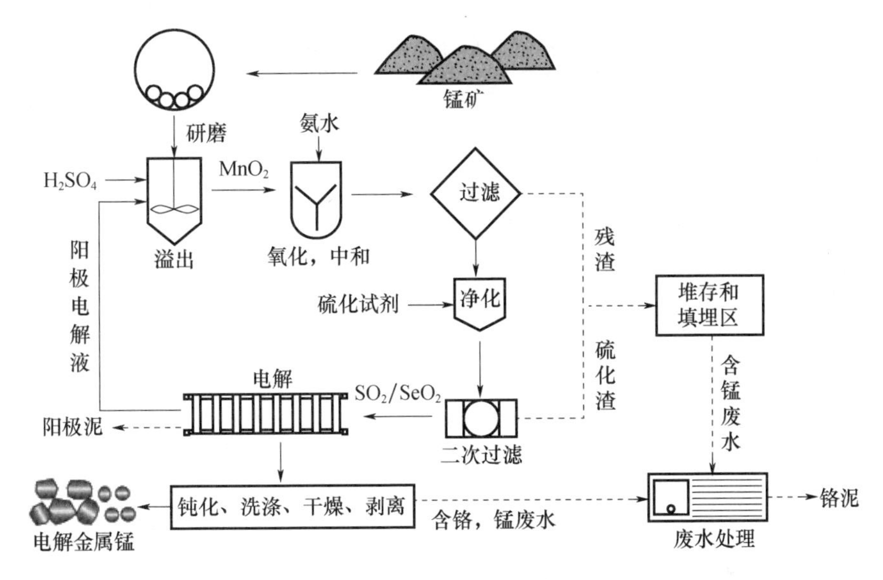

图 4-6 电解金属锰的生产过程

从电解锰金属的生产过程来看，电解锰渣的组分是非常复杂的，不仅与锰矿有关，还与制取锰液的生产过程密切相关。同一生产工艺情况下，电解锰渣还可分粗压渣和精压渣，很显然粗压渣与精压渣的组分也有很大不同。生产工艺和锰矿品质很大程度上决定了电解锰渣的排放量和危害的程度。

4.2.2 电解锰渣的特点及性质

电解锰渣为颗粒细小的无磁性、无毒性、难溶于水的黑色固体废物，呈泥糊状粉体或浆体状，具有一定的黏性，水分含量较高，呈现出酸性或弱酸性。由于电解锰厂生产电解锰所用的矿源、生产工艺及生产过程中控制参数的差别不同，致使电解锰渣的外观上也会存在差异。

电解锰渣中针、柱状外形规则晶体颗粒与其他物质形成混杂交织的堆积结构，各种特征颗粒之间主要是交错搭接，其间填充了大量不规则绒球渣状体，大颗粒表面附着了其他矿物，从而形成了无规则形貌、大量细小颗粒附着堆砌而成的结构。颗粒间存在大量孔隙，物质间没有明显的胶结现象。此外，电解锰渣中的渣状、多孔的不规则物尺寸分布不均匀，大至几十上百微米、成岛状分布，小至几微米、附着于晶体颗粒表面。

从电解锰渣利用角度分析电解锰渣低温煅烧后都未出现比较明显的自硬性，这说明电解锰渣中石膏含量还不够高，或者电解锰渣中石膏与天然二水石膏还存在差异，当对电解锰渣进行石膏资源化利用时，需要对其进行预处理再加以应用。

对105℃烘干的电解锰渣料的化学分析表明，电解锰渣中含有的元素有O、Si、S、Ca、Al、Fe、Mn、K、Mg、Na、Zn、Cr、P、Ni、Pb、Cd等，表4-3是电解锰渣的全元素分析的结果。表4-4所示为电解锰渣的主要化学组成，从表中可知，各电解锰渣样组分含量存在差异，主要化学组成为：SiO_2 22%～41%、Al_2O_3 3%～19%、Fe_2O_3 3%～12%、CaO 8%～19%、MnO 2%～11%、SO_3 10%～31%、MgO 0.9%～3.3%，其中SiO_2、CaO、SO_3三者合计含量占40%～91%。

表4-3 电解锰渣全元素分析 %

成分	含量	成分	含量	成分	含量
有机质	5～6	S	8～11	Pb	0.0014～0.0016
N	0.95～1.4	Si	13	Mt	0.0011～0.0012
P	0.95～14	Mn	3	Cu	0.0050～0.0054
K	0.57～0.63	Fe	2.5	Se	0.0031～0.0033
Ca	12	O	25	As	0.001～0.002
Mg	3	Zn	0.0075～0.112	Co	0.0042～0.0066

表4-4 不同区域电解锰渣的主要化学组成（质量分数） %

地区	SiO_2	Al_2O_3	Fe_2O_3	CaO	MnO	SO_3
重庆	22.03～35.43	3.09～11.48	3.61～8.83	8.44～19.16	3.02～8.54	26.40～31.37
贵州	26.95～35.21	5.38～10.85	2.86～10.85	7.82～12.61	2.27～4.75	16.28～25.00
湖南	23.96～41.24	6.83～19.10	5.24～12.58	8.40～17.10	4.30～10.90	10.62～24.50

电解锰渣的主要矿物组成为石膏（$CaSO_4 \cdot 2H_2O$）、石英（SiO_2）、钠长石［（Na，Ca）$AlSi_3O_8$］、白云母［$KAl_2Si_3AlO_{10}(OH)_2$］、高岭石［$Al_2Si_2O_5(OH)_4$］、铁矾土（FeS_2）、黄铁矿［$(NH_4)_2(Mg, Mn, Fe)(SO_4)_2 \cdot 6H_2O$］、$MnSO_4 \cdot H_2O$、$(NH_4)_2SO_4$和$MgSO_4$。堆存时，易溶的$MnSO_4 \cdot H_2O$、$(NH_4)_2SO_4 \cdot H_2O$、$MgSO_4$等物相会消失，形成难溶的$MnO_2$、$(NH_4)_2Mn(SO_4)_2 \cdot 6H_2O$、$(NH_4)_2Mg(SO_4)_2 \cdot 6H_2O$、$MnFeO_x$等物相。锰和氨氮的浸出浓度随堆存时间延长而逐渐降低。

通过试验测试，纯电解锰渣105 ℃烘干料48h未发生初凝，几乎无水化活性和胶凝性，但是200℃处理的电解锰渣料，初凝时间为130min，终凝时间为220min，表现出较好的胶凝性，随着处理温度的提高，凝结时间快速缩短；600 ℃后趋于平稳，虽然有波动，但是初凝稳定在70～80min之间，终凝稳定在90～100min之间。因此可知电解锰渣在正常条件下的活性低，采用热激活、化学激发剂才能激发电解锰渣的潜在活性。

4.2.3 电解锰渣的无害化处理技术

电解锰渣的无害化处理技术是电解锰渣的减量化和资源化的前提，电解锰渣无害化处理的主要目的是降低电解锰渣中的氨氮和锰的溢出。目前电解锰渣的处理方法主要有以下两种。

1. 电解锰渣分选处理技术

电解锰渣各矿相间具有不同的物理化学性质，电解锰渣分选处理技术即利用电解锰渣这一特性将其中的各种成分分开。例如，锰本身是具有磁性的，因此就可以采用磁选进行二次选矿得到的磁选精料，这样即可重新获得生产电解锰的合格原料（表 4-5）。

表 4-5　电解锰渣相关分选处理技术对比

处理方法	处理的原理	优缺点	现存问题
水法	电解锰渣的有害物质（可溶锰、氨氮）易溶于溶液	简单容易操作，在一定的固液比下浸出效率高	消耗大量的水资源，如果废水不进行处理，还会导致水污染
酸法	在酸性条件下更有利于电解锰渣中锰的浸出，氨氮也易溶于酸性溶液，随着酸浓度和用量的增加而增加	简单容易操作，在一定的条件下浸出效率高	高浓度和大量地使用酸的成本较高，并且容易造成水体污染
生物浸出	利用细菌产生的有机酸或者酶促进电解锰渣中物质的浸出	成本低，而且不会产生环境问题，但是细菌的培育复杂，细菌的浸出时间长	快速选择适合的菌种，如何驯化和培育，降低菌种的培育技术
电化学浸出	通过改变电解锰渣表面的离子分布处理电解锰渣溶解和分解，由于动力学条件的优化，锰和氨氮都有利于浸出	初步的实验室成本估算较高，反应速度快，处理效率高	有二次污染（水污染）和大量消耗电能的问题

2. 电解锰渣固化/稳定处理技术

电解锰渣中对环境造成危害主要是因为其中含有重金属及其他有害元素，因而可以使用惰性的固化基础材料（如水泥、石灰）将电解锰渣中的有害成分固定或包裹住，隔离污染物质与外界环境的联系，使废渣中的有害成分不易浸出，从而阻断污染物迁移到环境中，这便是电解锰渣固化处理技术的最基本原理。固化/稳定处理技术包括碱性固化/稳定体系、地质聚合物固化/稳定体系、新型陶瓷材料固化/稳定体系等，不同固化/稳定体系有不同的固化机制（表 4-6）。

表 4-6　电解锰渣固化/稳定化方法对比

处理方法	原理	优势	现存问题
水泥固化/稳定	① 水化反应生成大量的水合硅酸盐（C-S-H 凝胶） ② 由于电解锰渣中存在大量的石膏，在同时有钙源和氧化铝的条件下，会生成钙矾石 ③ 水泥水化产生的高碱度有利于电解锰渣中重金属离子的固结 ④ 氨氮会在高 pH 时以氨气的形式从体系中排出	水泥的成本较低，方便获取，加上水泥处理的效果较好，是一种很好的固化处理剂	在处理电解锰渣时应注意氨氮的气体排放及回收，以及浸出液的 pH 的控制

续表

处理方法	原理	优势	现存问题
碱性固化/稳定	① 水化产物使体系的pH升高，有利于重金属形成溶解度低的氢氧化物沉淀 ② 碱性试剂本身作为反应前驱体，促进反应的进行和沉淀物的形核生成	重金属得到有效控制	氨氮在低pH时，浸出的量较多，随着pH的升高，大部分已转化为气体逸出机体
磷酸盐结合的陶瓷材料固化/稳定	① 氨氮可以通过形成鸟粪石（Struvite）得到回收，反应如下：$Mg^{2+}+NH_4^++PO_4^{3-}+6\ H_2O \longrightarrow NH_4MgPO_4 \cdot 6\ H_2O$（Struvite）↓ ② 同时因为加入了氧化镁，有类似于水泥固化的作用	可以同时固化锰金属和氨氮	目前还没有可行的经济性方法，主要是磷酸盐和镁源的成本昂贵。通过其他低成本的替代物的处理效果有待提高
地质聚合物固化/稳定	由于电解锰渣中存在的二氧化硅和氧化铝是一种硅铝酸盐原料，在碱激发作用下，可以使其形成高度致密的地质聚合物结构，可以实现重金属离子的固化和稳定	可以很好地固化重金属	由于消耗大量的碱溶液，加上处理成本高，没有实际的应用性

4.2.4 电解锰渣资源化利用现状

由于电解锰渣独特的矿物组成，可以根据不同的矿物成分将电解锰渣进行资源化的应用。已经报道的关于电解锰渣的利用方式如图4-7所示，包括从锰渣直接回收各种有价元素以及利用电解锰渣制备各类工业、农业材料。

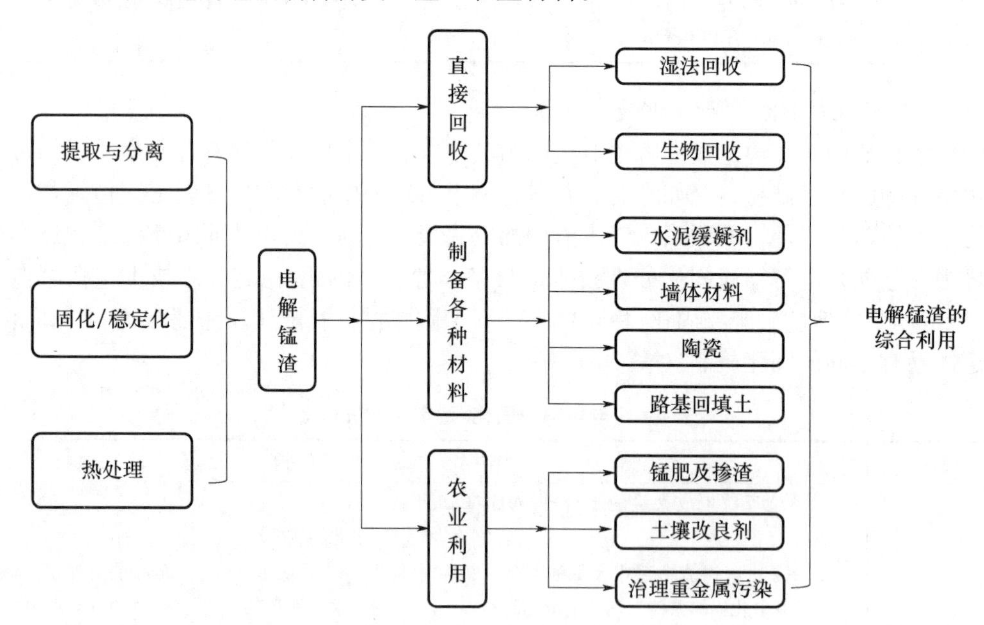

图4-7 电解锰渣预处理技术和资源化利用的方式

4.2.4.1 电解锰渣中直接回收金属锰

电解锰渣中含有一部分的残留锰金属，这部分物质有可能会造成环境的污染，但是由于锰矿资源的匮乏，从电解锰渣中提取锰金属也被人们广泛关注。从电解锰渣中提取锰金属，可以获得有价值的锰金属，同时可以降低可溶性锰的溢出对环境的危害。目前从电解锰渣中回收提取锰金属的研究有很多，主要有磁选回收、生物回收以及湿法回收。其中，磁选和生物回收是新型的回收技术，有很大的发展前景。以生物回收为例，生物回收具有成本低、操作过程简单、溢出效率较高、绿色安全的优点。同时，生物回收也有一些问题，如溢出速度慢，对溢出条件要求比较高，菌种的培育和选取比较复杂。湿法回收是比较传统的工艺技术，主要包括水法溢出、酸法溢出，湿法回收的优点是操作简单，在工业上有应用，但是消耗大量的水资源，同时还会造成水体的污染，需要对处理后的水进行二次处理。

综上所述，由于电解锰渣的锰含量在2%～4%，单纯地提取锰金属的成本高，而且会造成污染的转移，因此电解锰渣提取锰金属的利用虽然是可行的，但是考虑到实际的处理成本以及提取锰的价值，现有技术还有待提高，下一步的研究主要是解决二次污染和处理成本的问题。

4.2.4.2 电解锰渣在建筑材料中的应用

1. 电解锰渣在水泥中的应用

通过物相分析电解锰渣的主要氧化物与水泥一致，辅以黏土、石灰石、硅质和铝质校正原料，在适当的温度煅烧可生产水泥。电解锰渣中含有大量的石膏，可以作为一种工业石膏使用，因此可以加入水泥中作为缓凝剂，例如电解锰渣作为矿渣水泥的缓凝剂，可提高水泥的早期强度。在直接煅烧或改性煅烧处理后，电解锰渣中的石膏、石英、钠长石、白云母、高岭石等主要矿物会脱水或发生晶型转变，使其活性得到增强，可以作为反应的原料使用，制备复合的水泥材料。

限制电解锰渣在水泥中资源化利用的主要原因是高含水率电解锰渣中氨氮和硫酸盐含量较高、脱氨脱硫工艺不成熟、成本较高。掺加未进行脱氨脱硫处理或处理不完全的电解锰渣时，水泥水化形成的强碱性环境（pH为12～13）会使残留的铵盐以氨气形式逸出，污染环境，危害人体健康。为防止水泥中SO_3超标（≤3.5%）导致水泥安定性不良，电解锰渣掺量不宜过高。

2. 电解锰渣在混凝土中的应用

电解锰渣具有潜在火山灰活性，可与水泥中的C_3S（硅酸三钙）和C_2S（硅酸二钙）反应，改善混凝土性能。另外，电解锰渣中的硫酸盐对一些低活性矿物掺和料的活性有硫酸盐激发作用，可用作混凝土复合掺和料原料和硫酸盐激发剂。限制电解锰渣在混凝土中利用的原因是其活性低，缺乏低成本的高效活化技术。

3. 电解锰渣制备墙体材料

墙体材料是建筑工程中必不可少的一类材料，消耗量巨大。传统的墙材主要是黏土烧结砖，其生产过程会消耗大量土地资源和能源，造成环境污染。随着自然资源的日渐枯竭和国家生态环境保护政策的愈发严厉，在可持续发展背景下，以生活垃圾焚烧炉渣、赤泥、粉煤灰和河流底泥为原料制备烧结砖的研究已有广泛报道，利用循环流化床燃烧飞灰、F级飞灰、赤铁矿尾矿等废物生产蒸压砖也有人进行了广泛的研究。这些研究表明，利用固体废物制墙体材料可以有效地实现固体废物的资源化利用，并且具有较好的环境效应和经济效益。以工业固废、农业废物和建筑垃圾废弃物及河道淤泥等废弃物为原料生产墙体材料已成为墙体材料行业发展的趋势。利用电解锰渣可制备免烧砖、烧结砖、蒸压砖和蒸压加气混凝土等墙体材料。研究表明，电解锰渣可制备性能优良的墙体材料，但重金属固化机理、强度形成机理、氨氮脱除机理和耐久性还需进一步研究。

4.2.4.3 电解锰渣在其他材料方面的应用

从化学组成来看，电解锰渣富含 SiO_2 和 Al_2O_3 等氧化物，可用于制备玻璃陶瓷。利用电解锰渣制备玻璃陶瓷和陶粒技术可行、产品性能优良，但目前还停留在实验室阶段，未见工业化生产。这是因为相关产品生产成本较高，虽然部分生产工艺简单，但整体而言工艺复杂，氨的脱除和回收工艺不成熟。

电解锰渣还可制备路基材料和地聚物。尽管制备路基材料和地聚物为电解锰渣建材资源化利用提供了新的思路，但目前的研究主要集中在强度等宏观性能上，浸出毒性、微观性能、耐久性和固化机理的研究较少。同时，由于重金属离子和 NH_4^+-N 的稳定和去除工艺不成熟，产品市场需求不足，使用相关产品可能会造成二次污染。

电解锰渣在各种材料中的掺入量为：在混凝土中的掺入量小于 10%，在水泥中的掺量 3%～5%，在地质聚合物中的掺量为 10%～80%，在墙体材料中的掺量为 30%～60%，在路基材料中的掺量小于 30%，在玻璃晶体中的掺量为 10%～40%。从这些资源化应用中可以看出，电解锰渣具有一定潜在应用的可能性，但是由于其他方面的限制和社会对工业固体废物材料的接纳不高，加上有一些方法制备的材料本身的成本较高，无法经济化地生产和利用，导致目前还没有实际可行的方案应用于工业生产中。

4.2.4.4 电解锰渣在农业上的利用

根据电解锰渣的化学分析，电解锰渣中含有机物质和植物所需要的大量营养元素、中量元素、微量元素，如锰、硒、钾、钠、铁、硼等。这些元素的存在使锰渣具有肥田改土、肥效稳定等特性，同时可以增强作物抗病、抗虫、抗旱、抗倒伏等能力，尤其是可以提高作物产量。但是电解锰渣中还有少量的重金属元素和有害物质的存在，在电解锰渣用于农业应用时，要避免重金属在土壤中固结和在植物内富集。虽然有很多这方面的研究证实锰渣制备复合肥是可行的，但是还只是实验室的分析结果，没有运用到实际的应用中，可能的原因有两个方面：一是该肥料对农作物的肥效不如氮肥和磷肥来得迅速和显著，因而得不到农民的重视和认可；二是绝大部分电解锰企业生产过程中都有用硫化物去除微量重金属的步骤，因而废渣中含有硫化物，而肥料中硫化物的存在会腐蚀植物的根，导致电解锰渣制备的锰肥的作用效果不佳。

4.2.4.5 电解锰渣利用现状的总结及其发展趋势

综上所述，电解锰渣的处理可以分为三个阶段：电解锰渣的安全堆放、电解锰渣的无害化处理、电解锰渣的资源化利用。其中基础的是安全地堆放，其次是考虑电解锰渣的减量化和资源化利用，无害化是资源化的前提和保障。电解锰渣的无害化和资源化的研究已经有很多，但是目前普遍存在的问题是处理成本高，很少有工业可行的处理技术。同时，存在的一个问题是电解锰渣的无害化研究和资源化研究没有进行结合，大部分的研究将资源化和无害化分成了两个部分进行研究。因此，目前资源化的应用案例还不多。

循环利用篇

5　水泥类材料

5.1　水泥材料的生产

5.1.1　硅酸盐水泥的制备原理

硅酸盐水泥是指加水拌和成塑性浆体后，能胶结砂、石等适当材料并能在空气和水中硬化的粉状水硬性胶凝材料，由石灰石、黏土及少量铁粉等为主要原料，经破碎、配料、磨细制成生料，然后喂入水泥窑中煅烧成熟料，再将熟料加适量石膏（有时还掺加混合材料或外加剂）磨细而成。

5.1.2　硅酸盐水泥生产原料及配料

生产硅酸盐水泥的主要原料为石灰和黏土，有时还要根据原料品质和水泥品种，掺加校正原料以补充某些成分的不足，还可以利用工业废渣作为水泥的原料或混合材料进行生产。

5.1.2.1　石灰石原料

石灰石原料是指以碳酸钙为主要成分的石灰石、泥灰岩、白垩和贝壳等。石灰石是水泥生产的主要原料，每生产一吨熟料大约需要 1.3t 石灰石，生料中 80%以上是石灰石。熟料烧制过程中石灰受热分解释放大量 CO_2，是水泥工业中碳排放的主要来源。

5.1.2.2　黏土质原料

黏土质原料主要提供水泥熟料中的 SiO_2、Al_2O_3 及少量的 Fe_2O_3。天然黏土质原料有黄土、黏土、页岩、粉砂岩及河泥等，其中黄土和黏土用得最多。此外，还有粉煤灰、煤矸石等工业废渣。黏土质为细分散的沉积岩，由不同矿物组成，如高岭土、蒙脱石、水云母及其他水化铝硅酸盐。

5.1.2.3　校正原料

当石灰石原料和黏土质原料配合所得生料成分不能满足配料方案要求时（有的 SiO_2 含量不足，有的 Al_2O_3 和 Fe_2O_3 含量不足），必须根据所缺少的组分，掺加相应的校正原料。校正原料有以下三种：

（1）硅质校正原料含 SiO_2 80%以上；

（2）铝质校正原料含 Al_2O_3 30%以上；

（3）铁质校正原料含 Fe_2O_3 50%以上。

5.1.2.4　冶金固废

冶金固废主要包括高炉渣、钢渣、钢铁粉尘、脱硫灰、赤泥、铝灰、铜渣、铅锌冶炼渣、镍铁渣、铁合金渣和电解锰渣等。这些物料一般硅率较低，需要硅质校正料与之配合使用。

5.1.3 硅酸盐水泥的生产工艺

水泥的生产流程如图 5-1 所示。硅酸盐水泥的生产过程就是“两磨一烧”。第一步，将原料按一定比例配料并磨细得到生料；第二步，将生料煅烧使之部分熔融，冷却后形成熟料；第三步，将熟料与适量的石膏、混合材料共同磨细即为硅酸盐水泥。水泥“两磨一烧”生产工艺图如图 5-2 所示。

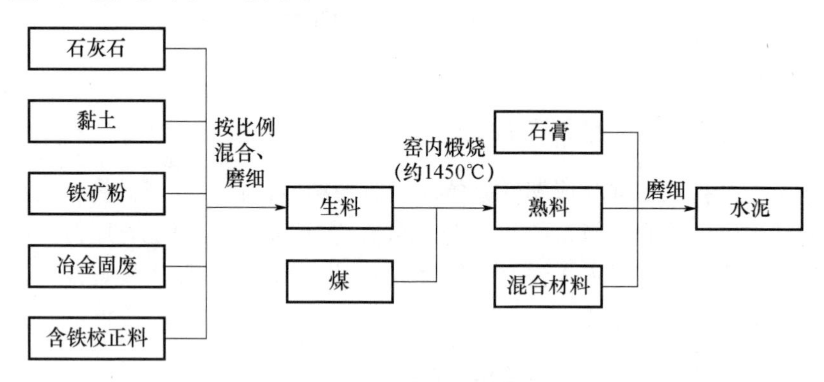

图 5-1　水泥的生产流程图

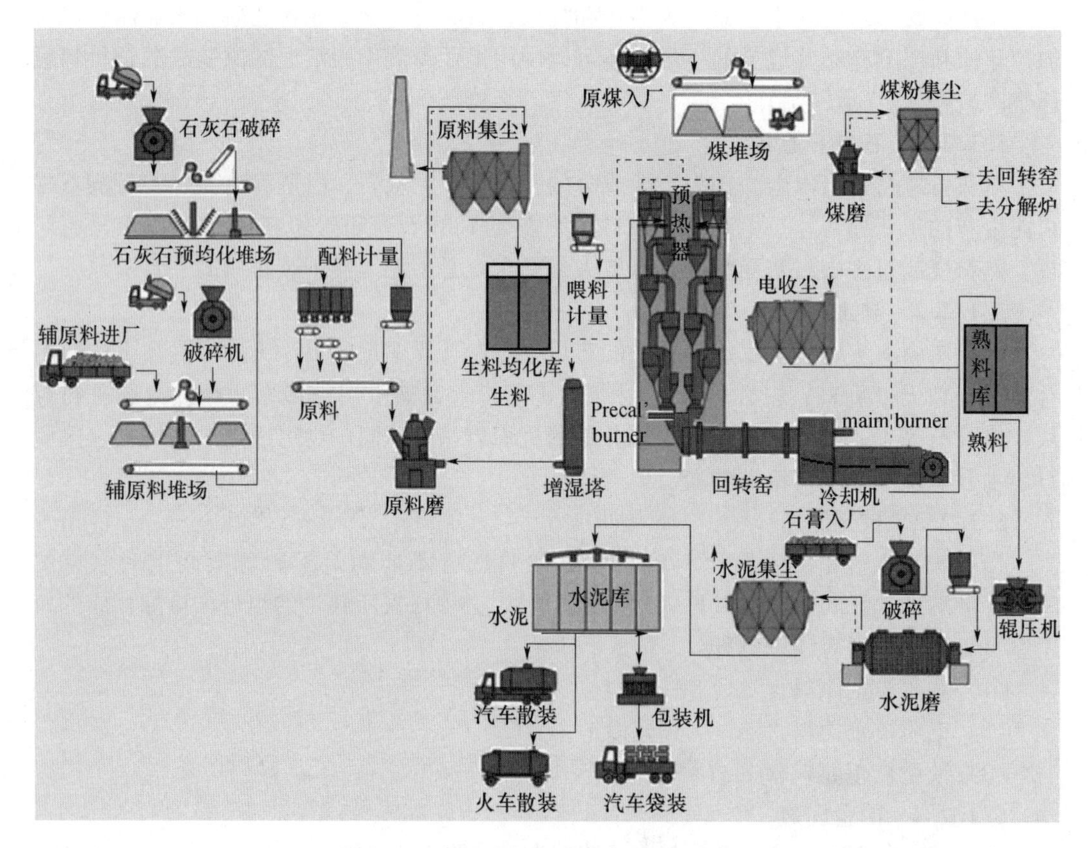

图 5-2　水泥“两磨一烧”生产工艺图

5.1.3.1 破碎及预均化

水泥生产过程中，大部分原料要进行破碎，如石灰石、黏土、铁矿石及煤等。

预均化技术就是在原料的存、取过程中，运用科学的堆取料技术，实现原料的初步均化，使原料堆场同时具备贮存与均化的功能。

5.1.3.2 生料制备

水泥生产过程中，每生产1t硅酸盐水泥至少要粉磨3t物料（包括各种原料、燃料、熟料、混合料、石膏）。据统计，干法水泥生产线粉磨作业需要消耗的动力约占全厂动力的60%以上，其中生料粉磨占30%以上、煤磨占约3%、水泥粉磨约占40%。因此，合理选择粉磨设备和工艺流程，优化工艺参数，正确操作，控制作业制度，对保证产品质量、降低能耗具有重大意义。

5.1.3.3 生料均化

新型干法水泥生产过程中，稳定入窖生料成分是稳定熟料烧成热工制度的前提，生料均化系统起着稳定入窖生料成分的最后一道把关作用。

5.1.3.4 预热分解

生料的预热和部分分解由预热器来完成，代替回转窑部分功能，达到缩短回窑长度，同时使窑内以堆积状态进行气料换热过程，移到预热器内在悬浮状态下进行，使生料能够同窑内排出的炽热气体充分混合，增大了气料接触面积，传热速度快，热交换效率高，达到提高窑系统生产效率、降低熟料烧成热耗的目的。

1. 物料分散

换热80%是在入口管道内进行的。喂入预热器管道中的生料，在与高速上升气流的冲击下，物料折转向上随气流运动，同时被分散。

2. 气固分离

当气流携带料粉进入旋风筒后，被迫在旋风筒筒体与内筒（排气管）之间的环状空间内做旋转流动，并且一边旋转一边向下运动，由筒体到锥体，一直可以延伸到锥体的端部，然后转而向上旋转上升，由排气管排出。

3. 预分解

预分解技术的出现是水泥煅烧工艺的一次技术飞跃。它是在预热器和回转窑之间增设分解炉和利用窑尾上升烟道，设燃料喷入装置，使燃料燃烧的放热过程与生料的碳酸盐分解的吸热过程在分解炉内以悬浮态或流化态下迅速进行，使入窑生料的分解率提高到90%以上。将原来在回转窑内进行的碳酸盐分解任务，移到分解炉内进行；燃料大部分从分解炉内加入，少部分由窑头加入，减轻了窑内煅烧带的热负荷，延长了衬料寿命，有利于生产大型化；由于燃料与生料混合均匀，燃料燃烧热及时传递给物料，使燃烧、换热及碳酸盐分解过程得到优化。

5.1.3.5 水泥熟料的烧成

生料在旋风预热器中完成预热和预分解后，下一道工序是进入回转窑中进行熟料的烧成。在回转窑中碳酸盐进一步迅速分解并发生一系列的固相反应，生成水泥熟料中的C_3A、C_4AF、C_2S等矿物。随着物料温度升高近1300℃时，C_3A、C_4AF、C_2S等矿物会变成液相，溶解于液相中的C_2S和CaO进行反应生成大量C_3S（熟料）。熟料烧成后，温度开始降低。最后，由水泥熟料冷却机将回转窑卸出的高温熟料冷却到下游输送、贮存库和水泥磨所能承受的温度，同时回收高温熟料的显热，提高系统的热效率和熟料质量。

5.1.3.6 水泥粉磨

水泥粉磨是水泥制造的最后一道工序，也是耗电最多的一道工序。其主要功能在于将水泥熟料及胶凝剂、性能调节材料等粉磨至适宜的粒度（以细度、比表面积等表示），形成一定的颗粒级配，增大其水化面积，加速水化速度，满足水泥浆体凝结、硬化要求。

5.2 硅酸盐水泥的水化机理

水泥用适量的水拌和后，便能够形成能黏结砂石集料的可塑性浆体，随后通过凝结硬化逐渐变成具有强度的石状体。同时，还伴随着水化放热和体积变化等现象。这说明系统产生了复杂的物理、化学反应，并且上述变化可以持续较长的时间，从而使硬化的水泥浆体在一般情况下，强度有所提高，性能也有一定增长。

5.2.1 水泥的水化硬化的化学过程

水泥的水化硬化：当水泥与适量的水调和时，开始形成的是一种可塑性的浆体，具有可加工性。随着时间的推移，浆体逐渐失去了可塑性，变成不能流动的紧密状态，此后浆体的强度逐渐增加，直到最后变成具有相当强度的石状固体。

普通硅酸盐水泥熟料主要是由硅酸三钙（$3CaO \cdot SiO_2$）、硅酸二钙（$\beta\text{-}2CaO \cdot SiO_2$）、铝酸三钙（$3CaO \cdot Al_2O_3$）和铁铝酸四钙（$4CaO \cdot Al_2O_3 \cdot Fe_2O_3$）四种矿物组成，相对含量大致为：硅酸三钙37%～60%，硅酸二钙15%～37%，铝酸三钙7%～15%，铁铝酸四钙10%～18%。四种矿物遇水后均能发生水化反应，但由于它们本身矿物结构上的差异以及相应水化产物性质的不同，各矿物的水化速率和强度也有很大的差异。按水化速率可排列成：铝酸三钙>铁铝酸四钙>硅酸三钙>硅酸二钙。按最终强度可排列成：硅酸三钙>硅酸二钙>铁铝酸四钙>铝酸三钙。水泥的凝结时间、早期强度主要取决于铝酸三钙和硅酸三钙。

铝酸三钙的水化反应可表示为：

$$3CaO \cdot Al_2O_3 + 6H_2O \longrightarrow 3CaO \cdot Al_2O_3 \cdot 6H_2O$$（水化铝酸钙，不稳定）

铝酸三钙的水化反应如果进行得很快，会导致水泥的凝结过快而无法使用，因此，一般在粉磨水泥时都掺有适量的二水石膏作为缓凝剂，掺石膏后铝酸三钙的水化反应如下式所示。

$$3CaO \cdot Al_2O_3 + 3CaSO_4 \cdot 2H_2O + 26H_2O \longrightarrow$$
$$3CaO \cdot Al_2O_3 \cdot 3CaSO_4 \cdot 32H_2O$$（钙矾石，三硫型水化铝酸钙）

由于上述反应不会引起快凝，当水泥中的石膏完全消耗后，多余的 $3CaO \cdot Al_2O_3$ 将发生以下反应：

$$3CaO \cdot Al_2O\ 3 \cdot 3CaSO_4 \cdot 32H_2O + 2(3CaO \cdot Al_2O_3) + 4H_2O \longrightarrow$$
$$3(3CaO \cdot Al_2O_3 \cdot CaSO_4 \cdot 12H_2O)$$（单硫型水化铝酸钙）

硅酸三钙的水化反应可表示为：

$$3CaO \cdot SiO_2 + H_2O \longrightarrow (0.8 \sim 1.5)\ CaO \cdot SiO_2 \cdot 0.25H_2O\ (凝胶) + Ca(OH)_2$$

由于 CaO（0.8—1.5）$SiO_2 \cdot H_2O$0.25 与天然的托勃莫来石很相似，因此称它为托勃莫来石，通常用 C-S-H（B）来表示。

铁铝酸四钙水化反应和铝酸三钙相似，反应可表示如下：

$$4CaO \cdot Al_2O_3 \cdot Fe_2O_3 + 7H_2O \longrightarrow 3CaO \cdot Al_2O_3 \cdot 6H_2O + CaO \cdot Fe_2O_3 \cdot H_2O$$

硅酸二钙水化反应和硅酸三钙相似，反应可表示如下：

$$2CaO \cdot SiO_2 + H_2O \longrightarrow (0.8 \sim 1.5)\ CaO \cdot SiO_2 \cdot 0.25H_2O\ (凝胶) + Ca(OH)_2$$

综上所述，硅酸盐水泥拌和水后，四种主要熟料矿物与水反应，分别为：①硅酸三钙在常温下的水化反应生成水化硅酸钙（C-S-H 凝胶）和氢氧化钙。②硅酸二钙的水化 β-C_2S 的水化与 C_3S 相似。③铝酸三钙的水化迅速，放热快，其水化产物组成和结构受液相 CaO 浓度和温度的影响很大，首先生成介稳状态的水化铝酸钙，最终转化为水石榴石（C_3AH_6）。当体系中有石膏存在的情况下，C_3A 水化的最终产物与石膏掺入量有关。最初形成的三硫型水化硫铝酸钙，简称钙矾石，常用 AFt 表示。若石膏在 C_3A 完全水化前耗尽，则钙矾石与 C_3A 作用转化为单硫型水化硫铝酸钙（AFm）。④水泥熟料中铁相固溶体可用 C_4AF 作为代表，它的水化速率比 C_3A 略慢，水化热较低，即使单独水化也不会引起快凝，其水化反应及其产物与 C_3A 很相似。

5.2.2 水泥的水化硬化机理

目前，对于硅酸盐水泥的水化硬化机理，特别是早期水化特性方面的细节解释尚存在许多不同的观点。硅酸盐水泥的水化硬化机理最初是由法国人 Le Chatelier 提出的晶体理论，之后，德国人 Michaelis 又提出了胶体理论。这两种理论的分歧主要在于产生胶凝作用的原因不同。晶体理论认为，由于未水化的水泥化合物溶于水中，沉淀出水化物，这些水化产物呈交错生长的晶体，从而引起胶凝作用。而胶体理论则认为水泥水化后生成大量胶体，由于环境干燥或未水化的水泥颗粒继续水化产生内吸作用而失水，致使胶体凝聚变硬，即水化物凝胶的生成和脱水才是产生胶凝作用的主要原因。近年来，随着对硅酸盐水泥水化硬化过程研究的不断深入，晶体理论和胶体理论正趋于一致。事实上，将这两个理论结合起来，能更全面地解释硅酸盐水泥的水化硬化过程。有学者根据水化放热速率与时间的关系将水泥的水化反应过程分为五个阶段，即诱导前期、诱导期、加速期、减速期和稳定期。还有学者从水化产物形成及发展的角度，形象地描述了硅酸盐水泥水化浆体结构的形成过程，他们将普通硅酸盐水泥的水化硬化过程主要分为三个阶段：第一阶段是从水泥拌水到初凝为止，C_3S 与 H_2O 迅速反应生成 $Ca(OH)_2$ 饱和溶液，并析出 $Ca(OH)_2$ 晶体，同时石膏也溶于水中与 C_3A 反应生成 AFt 晶体；第二阶段是从初凝开始至 24h 为止，水泥水化进入加速阶段，浆体中进一步生成较多 $Ca(OH)_2$ 和 AFt 晶体，同时水泥颗粒上逐渐长出纤维状 C-S-H 凝胶，大量水化产物的形成将未水化的水泥颗粒连接成网状，随着网状结构的不断增强，水泥硬化浆体的强度也相应增长；第三阶段是指 24h 后直至水化结束，此阶段相对来说时间较长，随着水化的进行，水化产物的数量不断增加，硬化浆体的结构也更加致密，强度进一步提高。

硅酸盐水泥的水化过程既包括溶解机理，又包括局部化学反应机理（或称固相反应机理）。溶解机理认为，水泥中的化合物溶解于水中，形成离子，之后再与水化合生成水化产物；而局部化学反应机理则认为，水泥化合物无须溶解于水中，而是直接与水反应生成水化产物。在水泥的水化早期，溶解机理占主导地位，而在水化后期，特别是当扩散作用难以进行时，主要是局部化学反应机理发挥作用。硅酸盐水泥的水化产物通常分为内部水化产物和外部水化产物，内部水化产物即原始水泥颗粒边界内形成的水化产物，外部水化产物是指在原本由水占据的空间内所形成的水化产物。有学者认为，完全水化的水泥熟料颗粒所生成的C-S-H凝胶主要由三部分组成：①水泥熟料颗粒遇水后通过溶解-沉淀反应在原来由水占据的空间形成最外层的水化壳层；②在壳层内部通过溶解-沉淀反应在原来由熟料颗粒所占据的空间形成C-S-H凝胶；③最中间是通过局部化学反应所形成的C-S-H凝胶。无论是外部C-S-H凝胶还是内部C-S-H凝胶，Ca/Si均随着液相中$Ca(OH)_2$浓度的升高而增加。水化早期，内部C-S-H凝胶的Ca/Si要高于外部C-S-H凝胶的Ca/Si。随着龄期的增长，内部C-S-H凝胶的Ca/Si逐渐减少，而外部C-S-H凝胶的Ca/Si逐渐增加。

为了形象地描述硅酸盐水泥的水化产物，有学者提出了纯硅酸盐水泥水化产物的模型，如图5-3所示。纯硅酸盐水泥的水化产物主要为C-S-H凝胶、$Ca(OH)_2$、钙矾石（AFt）、单硫型水化硫铝酸钙（AFm）和钾石膏。水化初期，C-S-H凝胶以短纤维状从颗粒表面向溶液中生长，其纤维长度随着龄期的增长而增加，并逐渐相互交织在一起，使浆体的结构趋于致密化；水化后期，内部C-S-H凝胶呈密实的块体，与外部纤维状C-S-H凝胶紧密结合。在硅酸盐水泥的水化浆体中，$Ca(OH)_2$往往呈大块层状晶体。AFt含量呈先增加后降低的变化过程，部分AFt在6～7h后转化为AFm。除此之外，硅酸盐水泥中还有少量钾石膏生成，钾石膏的含量也有一个先增加后降低的变化过程，大约在8h后消失。

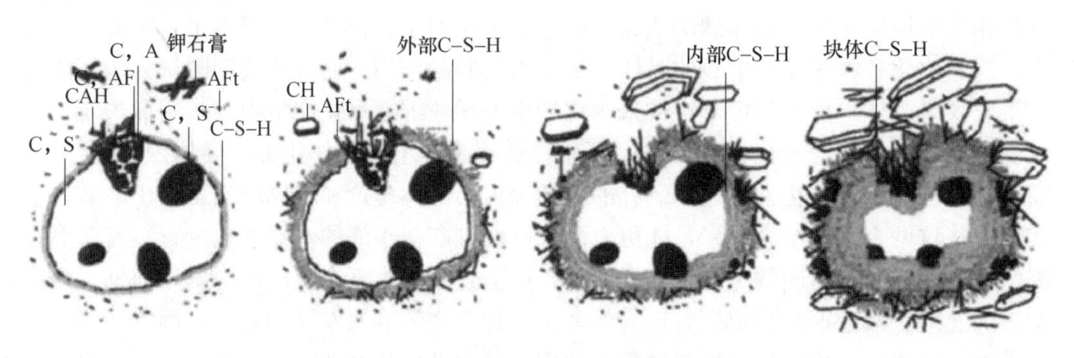

图5-3　纯硅酸盐水泥水化产物模型示意图

5.3　固废在硅酸盐水泥制备过程中的应用

冶金行业产生的大量固体废物可作为原料有效地用于水泥行业，主要原因是冶金行业产生的固体废物的化学成分和物相与水泥原料相似，并且水泥生产工艺有利于处理冶金行业产生的固体废物内危险废物的处理和利用。作为制造水泥原料的冶金固体废物，应满足“化学成分必须满足配料”的要求，以能制得成分合适的熟料；有害杂质的含量应尽量少，以利于工艺操作和保证水泥的质量。并且，应具有良好的工艺性能，如易磨性、易烧性、热稳定性、易混合性、湿法生产时料浆的可泵性、半干法生产的成球性等。

在水泥锻烧过程中掺入适量的工业尾矿、废渣等，一般可以改善水泥生料的易烧性，降低碳酸钙分解温度。

5.3.1 钢渣

钢渣与水泥熟料有着相似的化学组成，并且钢渣中的 Fe_2O_3、FeO 的含量较高，可以作为铁质矫正材料参与水泥熟料的烧成。用钢渣作为铁质原料来烧成水泥熟料，可以节约铁矿石等资源，降低生产成本和 CO_2 的排放。此外，钢渣中含有大量的 C_3S、C_2S 矿物，在水泥熟料的烧成中可以产生晶种效应，降低矿物生成的活化能，能加速 C_3S 和 C_2S 矿物的形成。钢渣中的磷、硫等微量元素可以起到矿化剂的作用，能够降低液相的析出温度，促进 C_3S 矿物的形成，提高水泥熟料的质量。钢渣的掺量在 4%～8%，熟料的易烧性得到明显的改善，提高熟料质量。此外，钢渣作为铁质原料烧制的熟料中阿利特矿物的尺寸分布在 15～30μm，并且阿利特矿物中包裹体较少，分布更为均匀。

钢渣不仅可以代替石灰质及铁质原料作为生料的组分，而且在熟料生成阶段可以作为“晶种”，对水泥熟料的煅烧有增进作用。钢渣用于生料配料可以一料三代——代铁质校正原料、代矿化刑、代晶种。钢渣中含有的氧化钙无须分解便可直接参与固相反应，不仅能降低熟料的烧成能耗，还能诱导 $CaCO_3$ 分解反应。水泥熟料中硅酸盐矿物的生成过程是有液相参与的固相反应，固相反应中晶体的生成包括晶核的形成和晶体的长大两个过程，根据诱导结晶的原理，在水泥熟料煅烧过程中加入晶种，可以降低成核的位垒，缩短成核过程，达到加快晶体生长的目的。当引入晶种与所需形成的晶核具有相同或相近的原子排列时效果最佳，由于钢液中含有一定数量与水泥熟料相同的硅酸盐矿物，在生料配料中引入钢渣，实际是预先培植了“晶种”，在煅烧过程中起到了诱导高温液相结晶的作用。钢渣作为生料组分煅烧水泥熟料，不仅可以使熟料中 f-CaO 含量明显减少，而且可以降低硅氧率。将钢渣用来煅烧水泥熟料能够降低环境负荷，具有良好的经济效益、社会效益和环境效益。值得注意的是，目前研究的重点主要集中在钢渣可以代替铁粉或者石灰石中的一种作为生料的组分。这样的话，钢渣的利用率仍然比较低，工艺上也有一定的问题，使得熟料率值难以协调，因而钢渣在水泥烧成过程中未得到大量推广应用。

5.3.2 粉煤灰

由于粉煤灰的化学成分和黏土相近，因此可以用来取代黏土原料生产水泥熟料。在水泥熟料的烧制过程中，利用粉煤灰替代黏土配料时，一方面由于粉煤灰本身已经经过了高温煅烧过程，省去了黏土熟化所消耗的能量；另一方面，烧失量较高的粉煤灰中往往含有一定数量未完全燃烧的碳粒，也能够减少熟料烧成的用煤量，从而降低熟料的烧成热耗。采用粉煤灰代替黏土配制水泥生料，所得生熟料产量、质量稳定并有所提高，成本下降，尤其是熟料产量有较大幅度提高。此外，粉煤灰可解决由于存在原料配料中氧化钾、氧化钠含量较高等而频繁出现预热分解系统结皮、堵塞，窑内结圈结球现象的问题，在生料配料中引入湿排粉煤灰，试烧半年后生产情况良好，在锻烧操作上无任何异常现象。与黏土相比，粉煤灰的 SiO_2 含量较低，而 Al_2O_3 含量较高，采用粉煤灰取代黏土后，配制的生料含硅率较低而含铝率较高，通常采用高铝率方案和掺用矿化剂（硅质校正原料）来实现粉煤灰的利用。在水泥生料中加入粉煤灰后，在1200～1350℃温度范围内的固相反应加速，活性氧化钙要比普通生料更易生成。粉煤灰在熟料配方中的最佳占比为28%，熟料烧成的最佳温度为1300℃。

5.3.3 铜渣

铜渣中所含 SiO_2、CaO、Al_2O_3、Fe_2O_3 与硅酸盐水泥熟料所需要的矿物成分基本相同。铜渣中的 SiO_2 活性较高，易与熟料中的CaO充分反应，有效降低熟料中f-CaO的含量，通过合适的配比，铜渣配制的生料具有较好的易烧性，煅烧出的水泥熟料结晶均匀、发育程度好、强度高、性能良好。铜渣具有较好的易磨性和稳定性，属于低钙高硅熟料，可以直接作为铁质原料配制熟料和水泥材料混合材。

经过对铜渣进行物理力学试验发现，铜渣是生产硅酸盐水泥熟料的合适铁源。铜渣主要由铁橄榄石与磁铁矿组成，铁元素以氧化亚铁的形式富集在矿渣中。氧化亚铁可以与熟料中的 SiO_2、CaO等矿物在高温熔融情况下形成固熔物，从而降低烧成物料的最低共融温度；与此同时，Fe^{2+} 可降低熔体的黏度，对固相反应有促进作用，从而改善生料的易烧性。

此外，采用铜渣作为铁质原料，配以石灰石和粉煤灰作为生料，当煅烧温度为1350℃时，所得熟料中f-CaO已接近零，在该煅烧温度下熟料基本烧成，当煅烧温度为1450℃时，所得熟料具有形状较规则、中间相分布较均匀的岩相结构。利用铜渣配料，可以生产出28d强度为61.42MPa的熟料。采用铜渣、转炉渣、硫酸渣作为铁质和硅质原料，配以石灰石和砂岩作为生料，发现铜渣水泥的抗压强度和抗折强度均高于其他两种水泥，并且铜渣水泥28d抗压强度达67.6MPa。水泥中掺入铜渣后，生料易磨性提高，煅烧时矿物共融温度下降，熟料矿物晶体结晶程度提高且自形程度较好，C_3S 矿物含量增加，能够产生较好的煅烧效果。

5.3.4 电解锰渣

电解锰渣硫酸盐含量较高，可用作水泥矿化剂，掺加2%～8%的电解锰渣时，水泥熟料煅烧温度可降低100℃，熟料中 C_3S（硅酸三钙）含量有所增加。电解锰渣的主要氧化物与水泥一致，辅以黏土、石灰石、硅质和铝质校正原料，在适当的煅烧温度煅烧可生产水泥。此外，电解锰渣中的石膏、石英、钠长石、白云母、高岭石等主要矿物在直接煅烧或改性煅烧时，会脱水或发生晶型转变，使其活性得到增强，电解锰渣中的石膏在水泥水化时起缓凝作用，因此电解锰渣可用作水泥混合材和缓凝组分。电解锰渣经1200℃煅烧，活性指数可达95%。此外，经碳、煤、焦炭等还原剂脱硫、NaOH激发和灼烧生料陈化预处理的电解锰渣均具有良好的活性，可用作水泥混合材，当掺入30%的经高温脱硫的电解锰渣时，水泥强度可达到PSA32.5级，当NaOH：电解锰渣=15：85时，电解锰渣的碱激发效果最佳。将电解锰渣与碳粉或铝粉混合，经900～1400℃煅烧20min，再与水泥熟料和石膏混合、球磨可制得水泥，28d抗压强度达到53.63MPa。利用灼烧生料对电解锰渣进行预处理，电解锰渣活性得到增强，可用作水泥混合材，灼烧生料掺量为5%时效果最佳。电解锰渣还可制备高炉矿渣水泥和TiO_2涂层水泥材料。

5.3.5 赤泥

将烧结法赤泥和其他水泥原料在球磨机中混合球磨，随后煅烧保温及冷却获得硫铝酸盐水泥熟料，脱硫石膏和赤泥经1300℃左右煅烧，以硅酸二钙（$2CaO \cdot SiO_2$）和硫铝酸钙（$3CaO \cdot 3Al_2O_3 \cdot CaSO_4$）为主要矿物，可转化为水泥熟料。在此过程中，烧结法赤泥提供了必要的硅、铝和大部分钙。脱硫石膏和赤泥的质量占总原料的70%～90%，制备的水泥熟料机械强度性能良好，满足使用要求。

拜耳法赤泥含碱量接近10%。在用作水泥原料之前，需要首先进行脱碱处理。以某赤泥为原料，通过碳化脱钠法将赤泥中碱含量降至小于1%，部分替代生料制备水泥熟料，脱碱赤泥掺量小于15%时，掺入后基本不改变生料的化学组成、矿物组成，可以使熟料中晶粒和液相微观结构更加均匀，降低烧成温度，28d抗压强度能达到52.5R水泥强度。

此外，赤泥作为铁质原料生产水泥熟料是可行的，但是单独将赤泥作为铁质原料，在生产过程中会出现堵料、操作不稳、高能耗等问题。将赤泥与铜渣按1∶1配料后，在生产过程中出现的问题较少，而且煅烧得到的产品也满足要求。这说明赤泥在水泥方面有较好的应用前景。但是，赤泥自身水分大，在实际生产中容易堵料并使生料工序电耗高，这需要探讨解决，同时，赤泥成分复杂，在参与水泥水化等化学反应过程中的变化机理仍需进一步研究。

5.4 固废在硅酸盐水泥成品中的应用

5.4.1 粉煤灰用作水泥混合材

我国是基建大国，近20年来建筑业的发展呈现井喷模式，随着国内基建工业的日益成熟，建筑产业化逐渐向“一带一路”国家迁移，水泥行业是支撑建筑产业的关键，2016年中国的水泥产量已达24.1亿吨，占世界产量的50%以上，倘若以30%的混合材掺入量估算，水泥中混合材的需求量超过7亿吨。

粉煤灰属于火山灰性质的混合材料，其主要成分是硅、铝、铁、钙、镁的氧化物，具有潜在的化学活性，粉煤灰单独与水拌和不具有水硬活性，但水泥体系中能够与水反应生成类似于水泥凝胶体的胶凝物质，并具有一定的强度。因此，粉煤灰是水泥的很好混合材并已经得到了广泛应用。

目前，粉煤灰是水泥中用量最大的活性掺和料之一。《通用硅酸盐水泥》（GB 175—2007）中规定，粉煤灰水泥中粉煤灰的掺量应在20%～40%之间；复合硅酸盐水泥活性混合材料（由两种或两种以上混合材料组成）的掺量应为20%～50%之间。以此计算，在水泥生产中，粉煤灰的掺量限值可接近50%，但实际生产中，受粉煤灰品质和粉磨工艺的影响，目前水泥中粉煤灰掺量一般在20%～25%。磨细后的粉煤灰活性将大大提升，将粉煤灰细磨是提高粉煤灰在水泥中掺量的重要途径，超细改性粉煤灰的市场价值也会相应提高，我国已有很多企业投入粉煤灰的超细粉磨技术和产业化设施，以提高其使用价值。现有技术水平主要将Ⅱ级粉煤灰（细灰）和Ⅲ级粉煤灰（粗灰）磨细至Ⅰ级粉煤灰（超细灰）水平，超细粉煤灰比表面积一般为 700～1000m^2/kg，在 42.5 水泥中的掺加量可高达45%。例如，经活化处理后的粉煤灰，对于42.5 和52.5 普通硅酸盐水泥，掺量范围在30%以内时，可提高粉煤灰水泥强度等级，且能够达到早期强度要求。

机械粉磨对粉煤灰粒度分布与粉煤灰使用性能的影响：随着粉磨时间的延长，粉煤灰的易磨性也逐渐降低，粉煤灰粒度分布呈现规律性变化，粉磨时间与粉煤灰细度的关系结果见表 5-1。粉煤灰中的粗大颗粒逐渐被破碎、细化，位于 32～45μm、45～65μm、>65μm 区间的颗粒随着粉磨时间的增加而减少，位于 0～5μm 与 5～32μm 区间的中小颗粒所占比重逐渐增加，可由原先的 54%增加到 95%以上，见表 5-2。

表 5-1　粉磨时间与粉煤灰细度的关系

编号	粉磨时间（min）	比表面积（m^2/kg）	>45μm（%）	>80μm（%）
F-0	0	152.4	59.59	32.40
F-1	8	346.2	25.50	4.50
F-2	12	400.1	14.20	1.92
F-3	22	498.0	5.2	0.12
F-4	35	608.4	0.72	0

表 5-2　粉煤灰的粒度分布情况

编号	D50	0～5μm	5～32μm	32～45μm	45～65μm	>65μm	粉磨时间（min）
F-0	49.82	6.13	22.41	18.87	11.99	40.60	0
F-1	31.52	17.03	45.60	12.23	10.91	14.23	8
F-2	22.21	18.95	55.62	10.98	9.83	4.62	12
F-3	10.61	25.06	61.86	7.95	4.67	0.56	22
F-4	8.02	31.21	64.01	4.10	0.65	0.03	35

5.4.2　铜渣在水泥中的应用现状

铜渣中所含 SiO_2、CaO、Al_2O_3、Fe_2O_3 与硅酸盐水泥熟料所需要的矿物成分基本相同，将铜渣作为主要原料，掺入石膏和水泥熟料等激发剂，充分细磨，均匀混合后可制成矿渣水泥。也可将铜渣作为火山灰质混合材生产火山灰水泥。随着铜渣掺量的增加，水泥耐磨性提高，凝结时间缩短。由于铜渣水泥水化产物与普通的硅酸盐水泥水化产物不同，因此与其他水泥相比，铜渣水泥具有后期强度高、水化热低、耐腐蚀和耐磨损的特点。我国铜陵有色金属公司、原沈阳冶炼厂、原云南冶炼厂等利用铜渣生产的铜矿渣水泥符合国家标准，产品被应用于抹灰砂浆、低强度等级混凝土、空心小型砌块等制品的制作上。

5.4.3　钢渣在水泥中的利用现状

我国接近 90%的钢渣为转炉钢渣，化学成分与硅酸盐熟料相似，主要为 CaO、

SiO_2、Al_2O_3、Fe_2O_3、MgO 等。矿物组成主要为 C_2S、C_3S、RO 相（MgO、FeO 和 MnO 的固溶体）及少量 f-CaO、C_4AF。其中，C_2S、C_3S、C_4AF 为胶凝组分，RO 相为惰性组分；胶凝组分相的粒径较小，RO 相的粒径较大。由于其胶凝组分的存在，钢渣被认为是一种潜在的矿物掺和料。例如，钢渣应用于水泥中，具有改善水泥浆体的流动性，延缓水泥的凝结时间，减少早期水化放热，改善水泥后期的耐久性等特点。

但是，钢渣存在安定性不良的问题，限制了其在水泥中的应用。当 RO 相中的 MgO 超过 70%时，钢渣的安定性不良；钢渣中的 f-CaO 水化生成 $Ca(OH)_2$后，导致体积膨胀，引起安定性不良。此外，钢渣并没有像矿渣、硅灰、粉煤灰一样得到充分的重视，大部分钢厂将钢渣视为废料排放，导致钢渣的成分波动较大，也增加了钢渣在水泥混凝土中应用的困难。

采用一定的处理工艺可以提高钢渣的活性，用作生产钢渣水泥。目前常用的方式是提高细度，增大钢渣的比表面积。钢渣水泥是以钢渣为主要成分，加入一定量的掺和料和石膏，经磨细而制成的水硬性胶凝材料。用钢渣水泥制成的水泥具有后期强度高，耐磨、耐蚀、抗冻、大气稳定性好和水化热低等特点，适合用作大坝水泥。但是由于钢渣中含有 f-CaO，会导致水泥体积膨胀开裂。研究表明，将钢渣磨细成比表面为 400～550m^2/kg 的微粉，f-CaO 在水中水化可以改善体积安定性问题。用钢渣等量代替10%～30%的水泥，由于微珠效应可以显著改善水泥的工作性，降低水泥的干缩，提高水泥强度、抗氯离子渗透性和抗冻融性。

若将钢渣-粉煤灰或矿粉进行复掺，可以产生超叠加效应，相互激发，促进火山灰效应。将钢渣-矿渣-粉煤灰复合微粉加入水泥中制备混凝土，研究其对混凝土性能的影响，结果发现复合微粉等量取代水泥后，混凝土 7d 强度低于普通混凝土的强度，但后期强度发展高于普通混凝土，当复合微粉掺量不大于 45%时，其 28d 强度高于普通混凝土，而当龄期达到 90d 时，即使掺量达到 60%，掺复合微粉混凝土的强度也可达到或超过同龄期基准混凝土强度；混凝土的抗氯离子渗透性能显著提高；混凝土的干燥收缩也有效降低。

5.4.4 镍铁渣在水泥中的应用

近年来，很多固体废物被大规模地应用于水泥生产，但镍铁渣作为水泥混合材的研究起步较晚。高炉镍铁渣因具有潜在胶凝活性，磨细成微粉可以作为水泥活性混合材使用。研究表明，高炉镍铁渣添加量为 30%时，制备的水泥满足 42.5 级优质水泥，添加量为 50%时，制备的水泥满足 32.5R 强度要求，且掺入高炉镍铁渣粉后水泥浆体安定性表现为合格；高炉镍铁渣易磨性较好，掺入后将降低复合胶凝材料水化放热速率，且掺入量越大，其水化反应程度越低，但总的反应量提高，继而水泥浆体的抗压强度满足标准要求。

电炉镍铁渣因潜在活性低、易磨性差，细磨至微粉后可分为三个方面应用：其一，在碱激发条件下作为活性混合材使用；其二，直接作为低活性或非活性混合材使用；其三，搭配其他活性混合材使用。电炉镍铁渣经过辊磨后比表面积在 300～500m^2/kg，对应的 28d 活性指数为 70%～85%，可替代水泥含量约 30%。

5.4.5 电解锰渣在水泥中的利用

电解锰渣具有潜在火山灰活性，可与水泥中的C_3S和C_2S（硅酸二钙）反应，改善混凝土性能。另外，电解锰渣中的硫酸盐对一些低活性矿物掺和料的活性有硫酸盐激发作用，可用作混凝土复合掺和料原料和硫酸盐激发剂。

限制电解锰渣在水泥中资源化利用的主要原因是高含水率、电解锰渣中氨氮和硫酸盐含量较高。掺加未进行脱氨脱硫处理或处理不完全的电解锰渣时，水泥水化形成的强碱性环境（pH 为 12～13）会使残留的铵盐以氨气形式逸出，污染环境，危害人体健康。为防止水泥中SO_3超标（≤3.5%）导致水泥安定性不良，电解锰渣掺量不宜过高。宁夏某企业投资 15 亿元建成了两条日产 4500 吨的水泥熟料生产线，通过煅烧水泥协同处置电解锰渣，综合固废利用率达 51%，但投资成本高昂，电解锰渣掺量仅为 3%～5%。同时，所生产的水泥在使用时会释放氨气，影响建筑内空气质量，危害人体健康，市场接受程度不高。限制电解锰渣在混凝土中利用的原因是其活性低，缺乏低成本的高效活化技术。重庆秀山某企业利用回转窑煅烧电解锰渣，激发了活性，可用作水泥混合材和混凝土掺和料，但脱硫程度不高，同时由于氨回收系统投资成本高，目前尚未规模化生产。

5.5 固废在特种水泥中的应用

5.5.1 超硫酸盐水泥

超硫酸盐水泥是一种以粒化高炉矿渣为主要原料（75%～85%）、石膏为硫酸盐激发剂（10%～20%）、熟料或石灰为碱性激发剂（1%～5%），三者经共同粉磨或各自粉磨再经混合制得的基于碱、硫酸盐复合激发矿渣活性的绿色胶凝材料。同普通硅酸盐水泥相比，其生产能耗和CO_2排放量均降低，且可以大量消耗矿渣、石膏，对水泥行业的可持续发展具有重要的研究意义。

超硫酸盐水泥用量最大的冶金渣是矿渣。矿渣中氧化钙的含量低，而二氧化硅的含量高，Si—O 聚合度也很高，因此矿渣与水反应速度慢，而且水化产物少，难以获得足够的强度，必须通过激发才能使矿渣的活性得到利用。通常采用机械激发、化学激发和高温激发等方法来激活矿渣的活性，而碱性激发（石灰、水泥熟料）与硫酸盐激发（石膏）则为常用的化学激发方法，二者可以共同激发矿渣水化。超硫酸盐水泥在水化过程中，便以石膏作为硫酸盐激发剂，熟料或石灰作为碱性激发剂，而矿渣就在硫酸盐与碱性物质的共同激发作用下水化，主要水化产物为$C_3A \cdot 3CaSO_4 \cdot 32H_2O$（水化硫铝酸钙，简称钙矾石或 AFt）和 C-S-H 凝胶。

在水化早期，水泥熟料和矿渣首先水化形成 C-S-H 凝胶和$Ca(OH)_2$，熟料中的铝相C_3A与溶于液相中的$3CaSO_4 \cdot 2H_2O$水化形成早期钙矾石。但是由于水泥熟料含量较少，这部分早期的水化产物主要是在界面上形成的 C-S-H 水化硅酸钙凝胶和钙矾石，作为水泥石的骨架，促进水泥的凝结。随着水化反应的进行，熟料水化生成的$Ca(OH)_2$对矿渣起到碱性激发作用，矿渣在其作用下逐渐溶解并开始水化，在这个过程中同时存在石膏对矿渣的硫酸盐激发作用，两种激发共同作用下形成的 C-S-H 水化硅酸钙凝胶和钙矾石搭接在一起，逐渐填充了孔隙，使得水泥浆体越来越致密，强度不断增加。影响钙矾石形成的最主要因素为超硫酸盐水泥体系中孔隙溶液碱度的高低。在不同的碱度环境下，钙矾石生成的数量不同，超硫酸盐水泥的初期强度也因此而不同。适合的碱度有利于钙矾石的形成，铝相与石膏、$Ca(OH)_2$ 作用，形成钙矾石并析出，填充到孔隙中。

超硫酸盐水泥的水化产物除了 AFt 和水化硅酸钙凝胶之外，还有单硫型水化硫铝酸钙相和水滑石相。矿渣水化进行得越充分，生成的 AFt、水化硅酸钙凝胶和水滑石相就越多，而未参与水化的矿渣和石膏则越少。

5.5.2 碱激发水泥

地质聚合物（以下简称地聚物）指的是以硅铝质物质为原料，在碱性激发剂的作用下，生成的一种具有三维网状结构的新型胶凝材料。目前，很多工业固体废物被用作地聚物的原材料。这些固废有两个共同特征：一是化学组成上以硅酸盐、铝硅酸盐为主，二是矿物组成以无定形玻璃相为主，还有少量晶体矿物。研究表明，活性 Al_2O_3、SiO_2 含量和非晶相的玻璃体含量越高，制备出地聚物的性能也就越好。

通常认为，地聚物的形成包括以下三个阶段（图 5-4）：

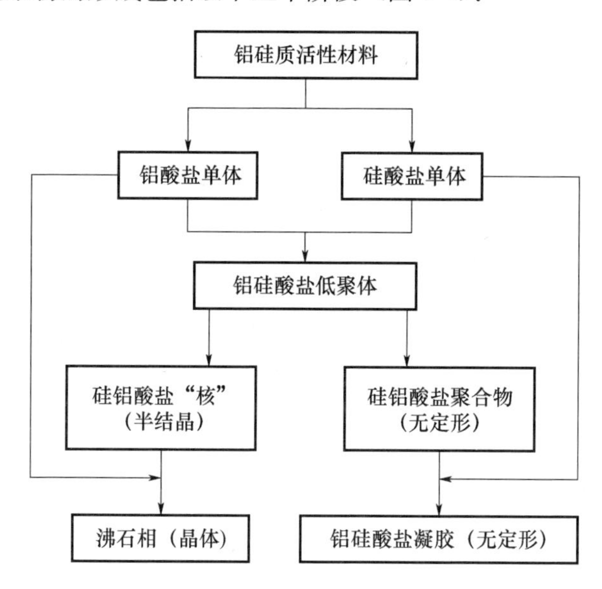

图 5-4 地聚物的形成过程示意图

（1）溶解过程。在强碱激发下，固相原料和液相激发剂溶液发生反应，原料中 Si—O、Al—O 键断裂，铝硅酸盐玻璃体解离。

（2）单体重构过程。已解离的玻璃体重新形成聚合度较低的硅氧四面体和铝氧四面体。

（3）缩聚过程。硅氧四面体和铝氧四面体共用氧原子，缩聚成三维网络状无机聚合物。整个过程中，碱不仅参与玻璃体的溶解，碱金属离子还参与地聚物空间骨架的构造。地聚物的反应机理如图 5-5 所示。

Si:Al=1

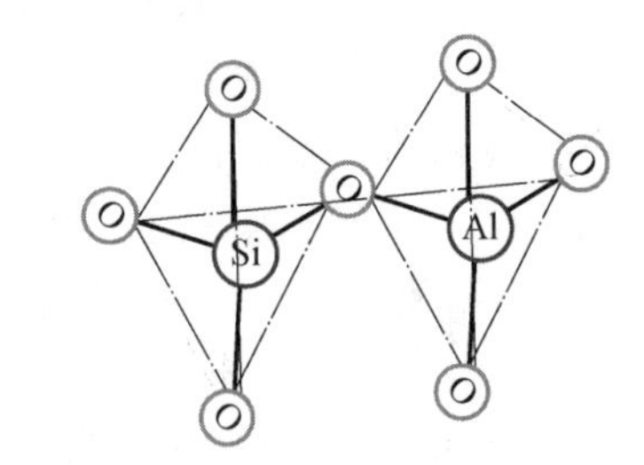

Si:Al=2

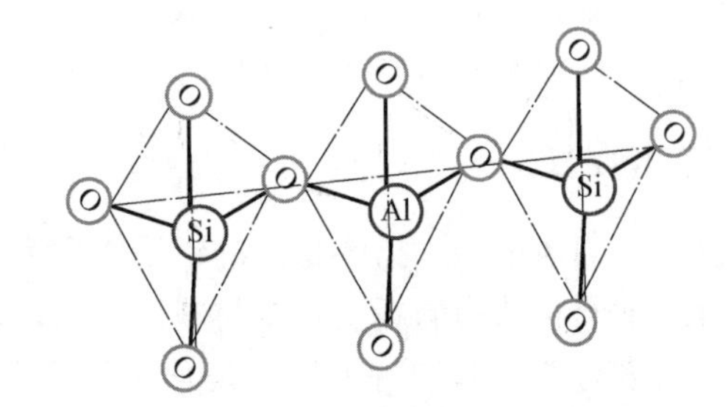

Si:Al=3

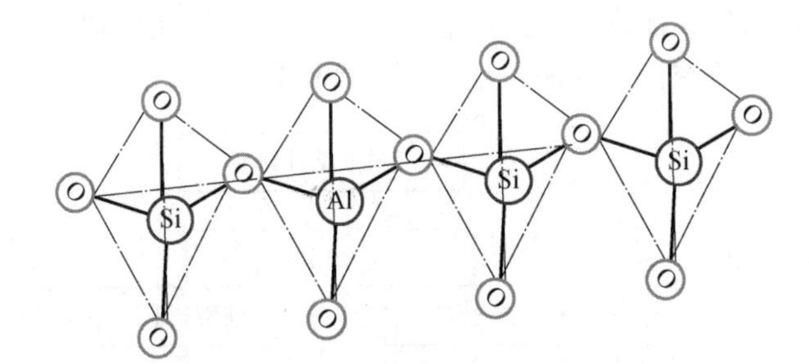

Si:Al>3

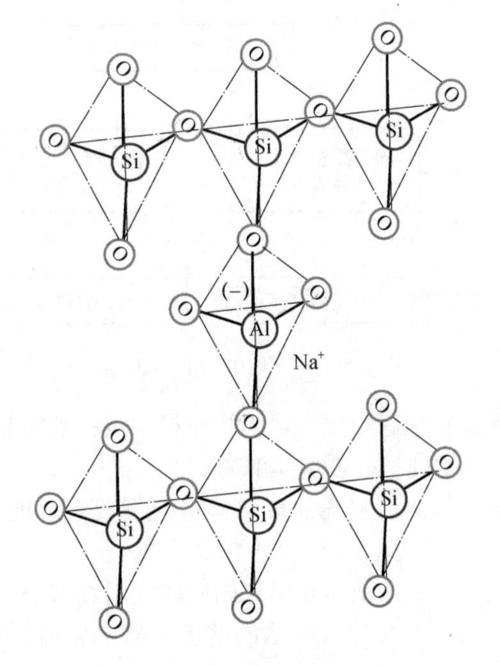

图 5-5　地聚物反应机理示意图

5.5.2.1 矿渣（高炉渣）

高炉渣在应用于建材行业时被称为矿渣，其主要化学成分为 SiO_2、CaO、Al_2O_3、MgO 等氧化物。矿渣作为一种火山灰质材料，在合适的条件下激发可获得良好的水化胶凝性能，在地质聚合物制备方面具有巨大的应用潜力。矿渣基地质聚合物指的是以矿渣或矿渣和其他硅铝质混合物料为原料，经少量碱性激发剂激发后，在较低温度下发生聚合反应得到的无机 Si-Al 质胶凝材料，矿渣基地质聚合物由于其能耗低、二氧化碳排放量少等特点，被认为是一种环保型水泥材料。

单一矿渣基地质聚合物又称碱矿渣水泥，是矿渣在少量激发剂的激发作用下，发生解聚缩聚反应生成的一种三维网络状结构的胶凝材料。与普通硅酸盐水泥相比，具有硬化快、强度高、能耗低等优点，可用于交通抢修、快速补修、水泥混凝土道路基层灌浆等领域。

此外，矿渣在碱性激发剂的激发作用下能获得良好的水化胶凝活性，将其他冶金渣和矿渣混合使用制备矿渣基地质聚合物材料，不仅有效解决了强度低和聚合速度慢等问题，而且合理利用了尾矿资源，具有良好的应用前景。

5.5.2.2 钢渣

钢渣与矿渣相比，还含有 C_3S 和 C_2S，具有一定的胶凝活性，因而用 C_3S、C_2S 较高的钢渣制作地质聚合物，强度的贡献不仅来源于聚合物的网络状结构，还来自硅酸钙水化产生的凝胶性物质。但钢渣同样有很高的 f-CaO，对地质聚合物后期的安定性存在威胁。

采用较高的 NaOH 含量和较低的水胶比来制备碱激发钢渣净浆，其 28d 抗压强度为 26MPa，在其水化产物中发现凝胶产物 C-S-H 凝胶，晶态水化产物是变埃洛石。不同含量的 NaOH 对于碱激发钢渣水化性能有不同的影响，提高初始碱度可以促进钢渣活性组分的早期水化，但对其后期水化程度影响不大，即使在 pH 为 13.8 的强碱性条件下，钢渣中的非活性组分水化程度仍很低。随着 pH 的增加，碱性条件对钢渣早期水化的激发作用更加明显，但碱性条件的改变对水化产物的种类没有影响，水化产物仍是 C-S-H 凝胶和 $Ca(OH)_2$。与水泥相比，NaOH 激发钢渣的水化产物量比水泥中要少得多，虽然在强碱性条件下能显著促进钢渣早期水化，但是抗压强度仍然很低。

采用水玻璃激发钢渣时，发现高温养护条件下碱激发钢渣的早期水化有一定规律，水化产物是 $Ca(OH)_2$、N-A-S-H 凝胶和 C-A-S-H 凝胶，在凝胶中 Si—O 键结构的存在形式是 Q^1 和 Q^2 结构，随着水化时间的延长，反应程度增加，出现了 Si—O—Al 结构。

对于电炉钢渣，在强碱环境（NaOH 和 KOH 溶液）下，Si 和 Al 的溶解速率受 MOH 浓度、碱金属离子类型和温度的影响，溶解过程是通过产物层的体积扩散来控制的。随着 MOH 浓度的增加，Si/Al 比的降低和养护温度的提高都导致 Si 和 Al 的溶解度增加。Si 在 NaOH 溶液中溶解更明显，而 Al 在 KOH 溶液中溶解更明显，碱激发电炉钢渣体系的凝胶水化产物是 C-A-S-H 凝胶，但是当采用 KOH 激发时，凝胶中的 Al/Si 较高，Si 和 Al 在 NaOH 溶液中的活化能分别为 55.27kJ/mol 和 48.05kJ/mol，在 KOH 溶液中的活化能分别为 90.68kJ/mol 和 33.62kJ/mol。

值得注意的是，水玻璃激发钢渣胶凝材料的抗压强度比较低，可以采用矿渣来改性，当两者掺量为 1∶1 时，抗压强度最高，可认为两者互相激发。当碱含量为 3.4%

时，抗压强度最高，水化产物是建立在水玻璃的框架结构之上的，并在此结构的基础上相互搭接和填充。碱金属阳离子 Na^+ 仅仅起到催化作用，在水化过程中 Na^+ 的浓度没有变化。

5.5.3　硫铝酸盐水泥

硫铝酸盐水泥是以适当成分的石灰石、矾土、石膏为原料，经低温（1300～1350℃）煅烧而成的无水硫铝酸钙（C_4A_3S）和硅酸二钙（C_2S）为主要矿物组成的熟料，掺加适量混合材（石膏和石灰石等）共同粉磨所制成的具有早强、快硬、低碱度等一系列优异性能的水硬性胶凝材料。

利用固废做原料，发挥硅铝铁基和硫酸钙基固废的成分互补性，通过 Ca、Si、Al、Fe、S 等元素的优化匹配，来实现硫铝酸盐水泥的制备，不仅能够降低硫铝酸盐水泥的生产成本，而且能发展取代部分硅酸盐水泥市场。

5.5.3.1　铝硅质固废原料的利用

铝硅质固废原料以粉煤灰、尾矿等材料最为常见。将含钛尾矿用于高贝利特硫铝酸盐水泥的制备，结果发现高含量氧化钛类原料对水泥性能无不利影响，且适量的氧化钛可以促进 C_2S 的形成，含钛尾矿的利用率可在 18%左右；铁尾矿在高贝利特硫铝酸盐水泥的制备中，其利用率约 10%。以铁尾矿为主要原料，辅助石灰石和石膏原料制备贝利特水泥，发现原料配合比、煅烧温度和石膏掺量对水泥熟料性能均有不同程度的影响，当以 30.9%的铁尾矿和 69.10%的石灰石为原料时，在 1350℃煅烧 1h 制得的水泥性能较好，水泥 3d、28d 强度指标达到了 P·I 42.5R 的要求。

以尾矿为主要原料，配以石灰石、石膏和铝矾土等辅料，通过最佳原料配合比，在煅烧温度 1280 ℃、保温 40min 的条件下制得贝利特水泥，经性能测试表征，该水泥具有良好的抗渗性、抗侵蚀性和低干缩性，抗折、抗压强度均能符合 P·O 32.5 级水泥的标准要求。

5.5.3.2　钙硫质固废原料的利用

钙硫质固废原料以磷石膏、固硫灰渣等材料为主。利用磷石膏制备出四元体系（C_2S-C_4A_3S-C_4AF-CS）的高硫型贝利特硫铝酸盐水泥，熟料中的高温硬石膏能够代替后掺的天然石膏对水泥的水化、硬化产生积极效应，在很大程度上减少了天然石膏的使用。利用固硫灰渣同时富含铝、硅、钙、硫等元素的特点，将其用于制备高贝利特硫铝酸盐水泥，固硫灰渣利用率高达 30%。此外，锂云母渣的主要成分为硫酸钙和偏铝酸钙，是一种理想的钙硫质原料，采用宜春锂云母渣制备的高贝利特硫铝酸盐水泥性能良好，锂云母渣利用率约为 15%。

5.5.3.3　多种固废原料的协同利用

利用多种固体废物协同制备高贝利特硫铝酸盐水泥，能够发挥不同类型原料成分互补的优势，同时拓宽固体废物资源化利用的途径。以低钙粉煤灰、石灰窑集尘灰和洗涤器污泥配制生料；以磷石膏和煤矸石加入到天然原料石灰石、硬石膏中配制生料；以电石渣、磷石膏、粉煤灰和煤矸石为原料，辅以硫酸渣为铁质校正原料、铝矾土为铝质校正原料配制生料；以烟气脱硫石膏、赤泥、石灰石和铝矾土为原料配制生料，工业固体废物的利用率均可控制在 70%～90%，且制备的高贝利特硫铝酸盐水泥性能良好。

5.5.4 磷酸盐水泥

磷酸盐水泥属于化学结合水泥，也就是以金属和酸溶液或盐为基本组分通过化学反应而形成。磷酸盐水泥可用来制得多种耐热和热稳定性材料，防腐和电绝缘涂料以及高效能胶等，某些性能近似于陶瓷材料。用磷酸盐胶结料制取材料时不需要进行高温煅烧，这些材料在许多侵蚀性介质中都是稳定的。磷酸盐水泥主要包括磷酸镁水泥、磷酸铝水泥和磷酸铵水泥等，最常见的是磷酸镁水泥。

磷酸镁水泥（MPC）快凝早强，低温凝结速度快，与旧混凝土的黏结强度高，耐磨性及抗冻性好，干缩小，适用于道路的快速修补，在工程抢修及有害物质的固化方面也有广阔的应用前景。我国对 MPC 的研究要明显迟于西方国家，目前的应用也仅限于修补材料，而其他方面的应用，如处理有害及放射性废料、人造板材黏结剂，利用工业废料生产建筑材料这些方面应用较少。MPC 是由过烧氧化镁、磷酸盐、缓凝剂等按一定比例在常温下发生化学反应制成的一类特种水泥。磷酸盐主要为水化反应提供酸性环境和酸根离子，目前制备 MPC 多用磷酸二氢铵。为使磷酸盐水泥具有充分的施工操作时间，目前多使用硼酸盐作为 MPC 的缓凝剂。粉煤灰等工业固废价格低廉，来源广泛，常用作 MPC 的矿物掺和料，不仅可以降低成本，还可以调整 MPC 的颜色及改善 MPC 的性能。

5.6 利用现状总结

目前，尽管水泥混合材的使用已比较广泛，且有一定的理论研究，但使用过程中和认识上仍存在一些问题：（1）混合材种类利用比较单一，可以看出固废作为水泥混合材的种类比较多，但是利用率比较高的混合材仍然局限于矿渣和粉煤灰，需要对其他固废混合材进行深入研究，提高其活性和利用率迫在眉睫。学术界普遍认为只有非晶质体才具备潜在活性，其实对于隐晶质和晶质物料采用一定的活化方法，如超细粉磨等，也可将其用作活性混合材。（2）固废作为混合材的使用多采用单掺的方法，已有研究发现，混合材的复合掺加，不是简单的相互叠加，不同固废混合材之间水化特点和结构特征的不同有利于相互激发，提高密实度和水泥强度。（3）固废作为水泥混合材粉磨效率较低，生产水泥过程中，其粉磨方式包括两种：混合粉磨和单独粉磨，混合粉磨时，难磨物料对易磨物料有促进作用，易磨且易团聚的物料对难磨物料有阻碍作用；单独预先粉磨可有效提高水泥细度，提高磨矿效率。

综上所述，水泥混合材的大量应用是水泥行业节能减排的一个重要途径，应当重视混合材的恰当运用，纠正使用认识上的误区，尤其是应该大力开发各种工业废渣、尾矿在混合材中的应用。另外，深入研究不同种类水泥混合材料在水泥水化过程中的作用机理以及混合材对水泥综合性能的影响，确保应用效果，同时为混合材的大量利用提供理论依据，最终实现固废的高掺量低成本利用，对我国循环经济的发展具有重要意义。

6　混凝土类材料

6.1　混凝土材料的定义和发展

6.1.1　混凝土材料的定义

从狭义的角度来看，混凝土是指用水泥、水、砂、石子及外加剂，按一定比例配制，经搅拌、成型、养护而得的人造石材。其间经拌和后呈塑性状态而未凝固硬化的混凝土称为新拌混凝土。新拌混凝土在一定条件下，随时间逐渐硬化成具有强度和其他性能的块体则称为硬化混凝土。

普通混凝土原材料的组成，主要包括水泥、细骨料（砂）、粗骨料（碎石或卵石）、水和外加剂等（图 6-1）。在混凝土组成材料中，砂、石是骨料，对混凝土起骨架作用，其中小颗粒填充大颗粒的空隙，水泥和水组成水泥浆，包裹在粗、细骨料表面并填充在骨料颗粒间隙中。在混凝土硬化前，水泥浆起润滑作用，使得混凝土混合料具有流动性，在混凝土硬化过程中起胶凝作用，将骨料胶结成为具有一定形状和强度的整体（表 6-1）。

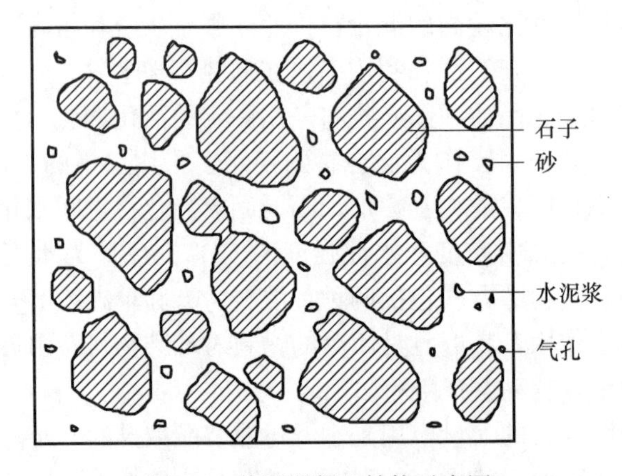

图 6-1　普通混凝土结构示意图

表 6-1　不同胶凝材料的胶结性

材料	胶结性
硅酸盐水泥熟料	完全水硬胶结性
磨细高炉渣	潜在水硬性
普通粉煤灰	掺入硅酸盐水泥中具备潜在水硬性

续表

材料	胶结性
硅灰	掺入硅酸盐水泥中具备潜在水硬性，但物理作用很大
钙质填料	主要表现为物理作用
其他填料	化学惰性，只具备物理作用

而从广义的角度来看，凡是由胶凝材料、颗粒状集料（也称为骨料）、水以及必要时加入的外加剂和掺和料按一定比例配制，经均匀搅拌、密实成型、养护硬化而成的人工材料也都可以叫作混凝土。

6.1.2　混凝土材料的发展

水泥混凝土作为最大宗的人造结构材料，已逐渐遍布于人类生活的各处。在当今的建筑材料市场中，混凝土价格低廉、数量庞大、品类繁多（图 6-2）。房屋建筑、公路桥梁、港口码头、石油平台、机场、大坝、隧道、海上、海下等工程的建设都离不开这种人造建筑材料，尤其是在现代化的城市和工程建设中，混凝土发挥着不可替代的作用。可以预见的是，21 世纪水泥混凝土仍将是人类最主要的建筑材料。

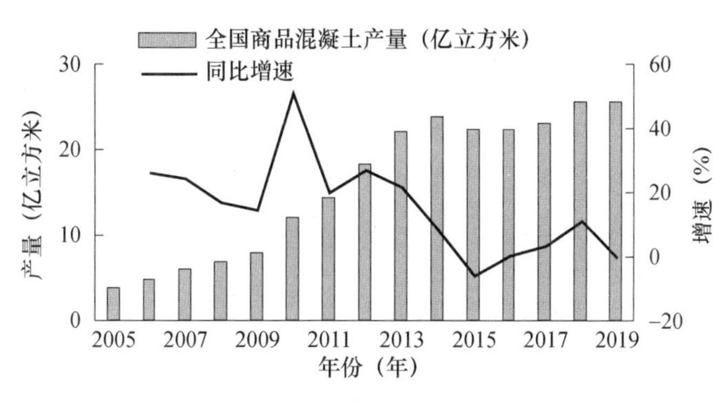

图 6-2　中国 2005—2019 年商品混凝土产量趋势图

然而，由于生产混凝土常用的硅酸盐水泥在生产过程中消耗大量的资源和能源，且排放出较多污染环境的物质，使其面临可持续发展的挑战。同时，由于全球气候变暖，当前全世界水泥生产工业的焦点都主要集中在如何减少 CO_2 的产生。因此，发展低能耗、低污染、低碳水泥已成为目前行业研究和开发的热点。同时，传统的硅酸盐水泥混凝土在性能方面也存在很多难以克服的问题，比如耐久性差，抗冻/抗渗性能不足等问题。因此，研制新的环保型胶凝材料，来弥补普通硅酸盐水泥在环境友好和性能方面的不足，势在必行。

寻找和发展替代的胶凝材料，可以使用工业、农业、城市建设以及日常消费后的废弃物，例如各种工业固体废物、稻壳灰、煤灰等，作为部分或全部替代硅酸盐水泥的原材料，生产可替代的水泥基材料，减少硅酸盐水泥的使用。同时，利用这些可替代的水泥基材料制备性能更优异、更环保绿色的混凝土，减少温室气体的排放。

替代传统的混凝土骨料也是以冶金固废为代表的工业固废在混凝土中应用的又一重要方向。混凝土骨料是混凝土结构的重要组成部分，在混凝土中起填充砂浆空隙、做骨架保持构件的稳定性和强度的作用。传统的混凝土生产一般采用天然的卵石、碎石和河砂等来作为粗细骨料。2020年，我国天然砂石消费量已经达到惊人的178.27亿吨，而天然砂石属于不可再生资源，大量开采会严重地破坏生态环境。在国家砂石开采管控越来越严格的今天，减少天然砂石开采，寻求其他类型的骨料来替代天然砂石已成为混凝土行业绿色发展、可持续发展的必然选择。

6.2 冶金固废在混凝土材料中的应用

我国水泥混凝土年产量约占全球总产量的60%，较大的混凝土年产量使其在工业固废的消纳方面占据较大的优势。经过人们不断的探索和研究，现已成功将冶金固废应用于混凝土生产的方方面面，且取得了良好的应用效果。冶金工业产生的固废在混凝土中的应用可以按照不同的利用方式和利用目的进行分类。

6.2.1 冶金固废在混凝中的应用方式

混凝土行业具有宝贵的利废属性。混凝土产业涉及资源综合利用主要集中在掺和料、砂与石的选择上。但实际上，混凝土行业一般从以下三个环节利用冶金固废：一是粗细骨料的利用；二是掺和料的利用；三是固废复合水泥的利用。

6.2.1.1 作为粗细骨料

骨料在混凝土中主要起骨架作用，减少由于胶凝材料在凝结硬化过程中因干缩湿胀所引起的体积变化，同时还可作为胶凝材料的廉价填充材料。混凝土的骨料，按其粒径大小不同分为细骨料和粗骨料。粒径在150μm～4.75mm之间的岩石颗粒，称为细骨料，一般包括天然砂、人工砂等；粒径大于4.75mm的称为粗骨料，一般指卵石、碎石等。粗细骨料的总体积占混凝土体积的70%～80%，因此骨料的性能对所配制的混凝土性能影响很大。天然碎石的开采和河砂的开采都会影响地质和环境安全。因此，将冶金固废经过一定的处理用于混凝土中的骨料，不仅可以降低天然骨料的使用，而且可以大量消纳冶金固废。下面阐述几种最常使用的冶金固废在替代混凝土骨料中的应用。

1. 钢渣在混凝土骨料中的应用

钢渣作为钢铁工业的产物，一直以来利用率低，钢渣堆存不仅占用土地，而且会污染环境。将钢渣用作建筑材料不仅可以实现废物再利用，而且可以节约资源。钢渣用作混凝土骨料是利用钢渣的一个有效途径。

通过制备钢渣粗骨料混凝土可知，当钢渣替代粗骨料50%时，钢渣混凝土的抗压抗劈裂强度明显改善，长期强度优异。这是因为与天然粗骨料相比，钢渣表面粗糙多孔、吸水率大。钢渣掺入混凝土后，吸收了一部分水，降低了混凝土的实际水灰比，使混凝土强度增加。混凝土中的界面过渡区是由于骨料对水分的吸附作用而在局部形成较大的水灰比，水泥水化过程中极易发生强CaO的富集，从而形成薄弱层。钢渣中含有大量SiO_2和CaO，具有一定的水化活性，在与$Ca(OH)_2$反应的同时，生成水化硅酸钙，改善界面过渡区，增大了混凝土强度。再者，钢渣的表面粗糙，与水泥黏结强度增大，也增加了混凝土的强度。钢渣掺入后，会提高混凝土的力学性能。随着钢渣取代率的增加，钢渣体积稳定性差的弊端开始显现，混凝土自身膨胀应力过大，使得混凝土强度降低。因此，钢渣取代天然粗骨料制备混凝土，取代率最高可达50%，且抗压强度及劈裂抗拉强度显著提高。

清华大学在研究钢渣作为骨料对混凝土流动性能的影响方面取得了一些成果。研究表明，钢渣作为粗骨料对混凝土的流动性有微小的不利影响，后续研究表明：钢渣作为细骨料对混凝土的流动性有较大的不利影响，但是对抗压、抗劈裂有益，钢渣混凝土的氯离子渗透性能与普通混凝土接近。

通过用f-CaO和MgO质量百分数分别为4.83%和4.76%的钢渣研究表明，对钢渣混凝土蒸汽养护，f-CaO和MgO矿物会加速反应，使钢渣粗骨料发生膨胀破坏，含钢渣粗骨料的混凝土可能会因钢渣产生的内部膨胀应力而产生损伤；钢渣粗骨料占粗骨料的比例越大，对混凝土造成的损伤越严重；混凝土的强度越高，抵抗钢渣粗骨料造成内部膨胀应力的能力越强。

将以压缩空气高速射流冲击液态钢渣迅速冷却凝固而成的钢渣作为混凝土细骨料替代品。表6-2中S-1、S-2、S-3、S-4分别为钢渣替代天然河砂0%、20%、35%、50%，结果表明，钢渣替代天然河砂后，对混凝土的抗硫酸盐侵蚀性能产生不利影响，钢渣混凝土的抗冻融性能优于普通混凝土，且与钢渣替代率成正比；钢渣对混凝土抗碳化性能的提高有促进作用。

表6-2　钢渣混凝土硫酸盐侵蚀耐蚀系数

循环次数	编号	对比试件强度（MPa）	循环后试件强度（MPa）	抗压强度耐蚀系数（%）
30	S-1	35.2	34.2	97.3
	S-2	37.8	36.1	95.6
	S-3	38.5	35.5	92.1
	S-4	35.5	30.2	85.1
60	S-1	37.6	33.0	87.6
	S-2	40.4	33.2	82.2
	S-3	40.9	31.5	77.1
	S-4	38.1	24.5	64.3

出现这种趋势的可能原因为：一是钢渣中含有一定量的硅酸二钙，使钢渣骨料具有一定的活性，对混凝土强度的提高有一定的贡献；二是钢渣吸水率较河砂略高，经过多次冻融循环，不断产生新的裂缝，冻融试件处于水环境中，钢渣会吸收较多的水抵消掉试件外表面混凝土脱落的质量。

钢渣作为细骨料能降低混凝土的碳化深度，提高混凝土的抗碳化能力，主要是因为钢渣混凝土结构不够致密。CO_2通过这些小孔向混凝土进行扩散传质，与混凝土内部生成的$Ca(OH)_2$发生中和反应，使得混凝土的碱度降低。而钢渣具有一定的活性且含有一定的f-CaO，会产生更多的$Ca(OH)_2$，使混凝土体系具有足够的碱度，提高混凝土的抗碳化能力。

由于含有一定f-CaO和MgO，使得钢渣骨料混凝土易发生膨胀开裂，钢渣作为混凝土骨料需要有较多的限制。目前，房屋建筑工程中不允许使用钢渣骨料混凝土，但路基工程中允许使用钢渣骨料。

2. 铜渣在混凝土骨料中的应用

细砂是现代混凝土建筑工程不可或缺的细骨料，而近年来随着建筑行业突飞猛进的发展，建筑用天然砂资源短缺问题日益突出。铜渣破碎后可代替细砂掺入混凝土中，变废为宝，解决天然砂资源紧缺的问题。

将铜渣掺入混凝土的研究表明：铜渣混凝土抗压强度、劈裂抗拉强度、抗折强度、握裹力、弹性模量等力学性能均较未掺入铜渣的相近或有所提高（表 6-3），只有轴心抗压强度略有降低。在铜渣掺入量小于 60%的情况下，混凝土的和易性也良好。铜渣耐磨性能良好，比标准砂的耐磨系数高一倍左右。结果表明，用铜渣配制的混凝土，适用于耐磨性要求高的建筑工程。

表 6-3　铜渣掺入后混凝土各力学性能

水灰比	0.65			0.55		
铜渣掺量（%）	6	30	60	6	30	60
立方体抗压强度（f_{cc}）	27.36	28.54	31.0	34.13	35.30	36.58
轴心抗压强度（f_{cp}）	26.87	23.14	19.52	31.28	26.97	30.20
劈裂抗拉强度（f_{ts}）	3.33	3.43	3.43	3.43	3.32	3.63
抗折强度（f_t）	4.02	4.22	4.02	4.61	4.71	4.90
握裹力（r）	3.53	3.73	3.92	4.12	3.63	5.30
弹性模量（E_c）	22.40	31.90	33.5	31.40	34.10	37.40

用铜渣作为细集料可以在不同混合料中提供好的嵌挤力，并提高混合料的力学性能。在热拌沥青混凝土中铜渣作为细集料时，由于铜渣的使用，混凝土强度有所降低，但是，拉伸强度会有所提高。较高的铜含量会导致沥青混合料中矿质集料空隙率的增加，同时，铜含量过高也会导致较高的沥青结合料用量以满足空隙率的要求。因此，含有较高含量铜渣的混合料的车辙性能较好。用细铜渣代替细天然骨料制成的高性能混凝土的机械性能研究表明，添加铜渣可以改善混凝土拌和物的和易性，这种现象主要是由于铜渣光滑的玻璃状表面结构和较低的吸湿性。铜渣的表面比砂光滑得多，这降低了混凝土混合料的抗剪强度，从而提高了其流动性。没有被铜渣吸收的水在固体颗粒之间起到润滑剂的作用，降低了颗粒间的摩擦力。

以铜渣替代天然河砂作为自密实混凝土中的细骨料，通过对不同铜渣细骨料掺入下混凝土性能研究，发现铜渣能够改善样品的抗压强度和抗拉强度，同时可以减少水的吸收量。研究表明，混凝土的抗压强度在 7d 龄期时最高。在剩余养护龄期内，观察到添加 20%铜渣的样品表现出最大抗压强度，超过 60%铜渣替代物后，强度下降。强度降低的原因是铜渣对砂的置换程度越高，自由水含量越高。在自密实混凝土的生产中，铜渣可以最高取代 60%的常规细骨料，且具有相近或更好的耐久性能。

3. 镍渣在混凝土骨料中的应用

研究发现，镍渣也可以代替部分细砂，作为混凝土中的细集料，从而节约资源、降低成本，具有较好的经济效益。镍渣可以取代混凝土中细砂的最大比例为 50%，所制备的 C20 和 C25 混凝土抗压强度分别为 32.87MPa 和 36.54MPa。但镍渣掺量过多，混凝土易出现泌水问题。由于镍渣中含有大量的铁，因此镍渣作为混凝土集料可以提高混凝土的耐磨性。同时，镍渣粉作为细集料加入到混凝土中，可以改善混凝土的耐久性：当镍铁渣粉掺量为25%时，所制备的混凝土具有良好的抗硫酸盐侵蚀和抗氯离子渗透性能。

利用镍渣密度较高的特性，以镍渣为细集料，结合钢纤维优化混凝土的内部结构，能够制备出比热容为1.244kJ/（kg·℃）的高储热混凝土。充分利用尾矿砂和镍铁渣作为填充骨料，开展填充材料配比的试验，分析骨料中加入尾矿砂和镍铁渣对填充体强度影响的研究表明：骨料中加入尾矿砂能预防填充料浆离析，但会导致填充体强度降低；骨料中加入镍铁渣对填充体强度影响不大，但过量镍铁渣导致料浆离析严重。

对低钙镍铁渣（0%、50%、100%）代替部分天然河砂，以及粉煤灰（0%、10%、20%、30%）代替部分水泥混合后制备混凝土制品开展研究，结果表明，当镍铁渣的掺入质量分数为50%时，整个混凝土制品表现出最优的粒级配比；此时混凝土的7d抗压强度为66MPa（无粉煤灰掺量）和51MPa（30%粉煤灰掺量）。将镍铁渣作为细骨料制备的混凝土由于该镍铁渣玻璃相含量较多，碱硅反应强烈会造成混凝土的膨胀现象。将质量分数为30%的F级粉煤灰作为辅助胶凝材料代替水泥可以有效降低混凝土的膨胀率，使得21d的膨胀率要小于国家标准值的0.3%。

目前，镍铁渣由于水化作用更明显，因此主要用于混凝土掺和料方面。

4. 铬铁渣在混凝土骨料中的应用

将高碳铬铁渣作为粗骨料，与粉煤灰基地质聚合物混合后制成混凝土材料的研究证明了该混凝土制品性能能够满足建筑材料的要求。该混凝土制品的坍落度值随着铬铁渣的掺量的增大而增大。当掺渣质量分数为30%（FS30），水灰比为0.6时，制品的28d抗压强度达到最大值49MPa。混凝土的抗劈裂强度和弯曲强度随着铬铁渣的增加而增加，当超过30%后，出现相反的趋势。

对铬铁渣作为混凝土骨料对混合物性能影响进行试验研究的结果表明，能够使用铬铁矿渣作为混凝土中粗骨料的部分替代品、水冷粒状炉渣作为混凝土中砂子的替代品；用铬铁矿渣代替的混凝土混合物具有较好的抗压强度，并且可浸出的铬始终固定在混凝土基体中。

对铬铁渣（0%、50%、100%）作为高碱活化矿渣/粉煤灰（0%、25%、50%）混凝土粗骨料的耐久性作用研究表明，混凝土中加入铬铁渣可加工性以及耐硫酸盐和耐酸性能略有下降，抗压强度略有提高。

目前，铬铁渣由于结构更加密实，用作混凝土粗骨料使得混凝土制品的强度更大；电炉铬铁渣也可以替代部分河砂，作为细骨料使用。

6.2.1.2 作为辅助胶凝材料

传统的冶金固废如高炉渣、钢渣等由于都含有和普通硅酸盐水泥类似的成分，或具备潜在的火山灰活性和水硬性，因此事先通过一定的特殊处理和活性激发，可以作为掺和料直接掺入混凝土中，作为一种辅助胶凝材料，起到部分替代普通水泥的作用。

冶金固废作为辅助胶凝材料在混凝土制备过程中的作用机理，主要可以分为三大效应：火山灰效应、微集料效应和形态效应。这三大效应是相互联系、相互补充的。在混凝土浆体水化过程中，冶金固废掺和料首先会体现出形态效应，即颗粒的外观形貌、内部结构、表面性质、颗粒级配等物理性状所产生的效应，这会影响混凝土浆体的需水量和流动性；随之由于冶金固废掺和料在浆体中被充分、均匀地分散分布，微细颗粒穿插于混凝土空隙间，从而堵塞了毛细孔（水孔）通道，改变了材料内部孔结构形态，降低了混凝土的空隙率，从而增加了混凝土浆体的密实度，同时微颗粒会充当水泥的水化晶核，降低成核位垒，加速 C-S-H 凝胶的析出，这就是微集料效应。由于冶金固废掺和料的水化速度一般较慢，因此其在水泥水化的中后期体现出火山灰活性，即混合材中的活性组分 SiO_2 及 Al_2O_3，可以和 $Ca(OH)_2$ 以及石膏发生水化反应，生成微细针状钙矾石、水化硅酸钙和水化硅酸铝，或者与高 Ca/Si 比的 C-S-H 继续反应生成低 Ca/Si 比的 C-S-H 凝胶，其中，$Ca(OH)_2$ 可以来源于外掺的石灰，也可以来源于水泥水化时所放出的 $Ca(OH)_2$。首先是水泥熟料的水化，放出 $Ca(OH)_2$ 和高碱度的 C-S-H 凝胶，然后是火山灰效应，活性矿物掺和料的掺入改善了水泥石中胶凝物质的组成，减少或消除了游离石灰，提高了水泥的安定性，主要化学反应方程式（活性 SiO_2 的水化反应）如下：

$$SiO_2 + xCa(OH)_2 + mH_2O \longrightarrow xCaO \cdot SiO_2 \cdot nH_2O$$

$$(1.5\sim2.0)\ CaO \cdot SiO_2 \cdot nH_2O + yH_2O + xSiO_2 \longrightarrow z\ \{(0.8\sim1.5)\ CaO \cdot SiO_2 \cdot mH_2O\}$$

对掺有冶金固废掺和料的水泥混凝土浆体水化机理研究，目前大部分还仅局限于水化产物的类型、结构、数量以及密实度等宏观性能的表征，而未对具体水化过程中水泥混合材与水泥熟料、石膏之间的界面结构变化、水化产物生长方式做出细致的研究和分析。

6.2.1.3 作为固废复合水泥

冶金固废如高炉渣、钢渣和赤泥等由于其化学成分与水泥原料相似，并且水泥生产工艺有利于处理冶金行业产生的固体废物，因此冶金固废经过一定的处理后也已经广泛地应用于水泥生产，如生产最常见的硅酸盐水泥和一些特种水泥（硫铝酸盐水泥、碱激发水泥和磷酸盐水泥等）。其具体的应用原理和应用现状已于上一节中做了详细的阐述和说明，本小节不再赘述。

6.2.2 冶金固废在混凝土中的应用目的

总的来说，冶金固废在混凝土中的应用根据目的不同主要可以分为以下三种：第一种是降低混凝土反应的早期温度应力；第二种是提高混凝土的耐久性；第三种是改善预制混凝土构件的性能。

6.2.2.1 降低早期温度应力

大体积混凝土的早期开裂问题一直是实际混凝土工程中的难点。混凝土自身的体积变形是早期裂缝产生的主要原因，研究表明，在混凝土中掺加粉煤灰、钢渣等低放热或者低活性的工业固废可以有效降低混凝土的早期收缩和绝热温升，从而缓解大体积混凝土（如水工大坝、高层和超高层建筑的大体积基础底板）中的早期应力的发展，降低温度应力导致的开裂风险（图 6-3）。

清华大学通过对混凝土胶凝材料早期水化放热性能和水化产物种类的测定，以及对硬化浆体显微形貌和孔结构的观察，研究了大掺量钢渣复合胶凝材料的早期水化性能和硬化浆体结构。其结果表明：钢渣具有弱胶凝性能，早期活性低，大掺量钢渣使复合胶凝材料的水化诱导期延长，水化放热量降低，能有效降低早期温度应力，同时对水泥早期的水化产物形成过程影响很小。大掺量钢渣复合胶凝材料早期的硬化浆体结构较疏松，孔隙率高于纯水泥浆体，且大孔数量较多。

以铁尾矿微粉和低熟料胶凝材料体系为对象，对水泥、粉煤灰、矿渣粉组成的低熟料胶凝材料体系在铁尾矿微粉不同掺量下对混凝土的和易性、抗压强度、体积稳定性、耐久性开展研究。研究结果表明，在混凝土相同流动状态下掺 20％的铁尾矿微粉不会增大混凝土减水剂用量，28d 混凝土强度满足强度等级要求。掺 15％的铁尾矿微粉能延长净浆和胶砂体系首次开裂时间，能够减小混凝土的后期干燥收缩。将铁尾矿微粉控制在 20％的掺量以内时，不会降低混凝土的耐久性能。通过水化热试验发现，低熟料胶凝材料体系能够明显降低浆体早期水化热和最大放热速率。即便在大掺量下，铁尾矿微粉低熟料胶凝材料混凝土长龄期强度仍可以满足要求，具有应用的技术可行性。

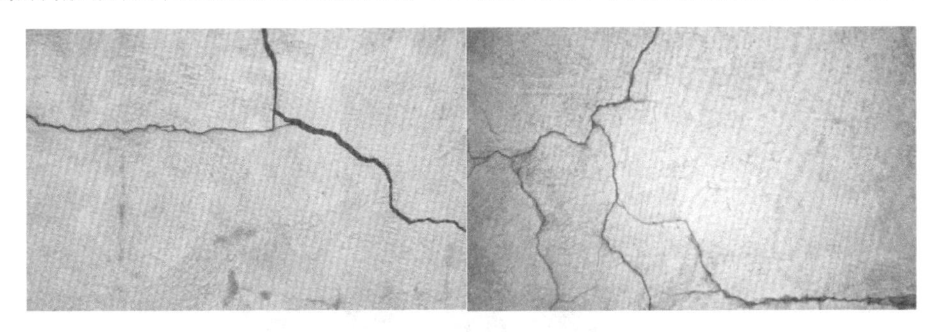

图 6-3　常见混凝土裂缝

对以普通硅酸盐水泥为主料、粉煤灰及矿渣为辅料的低水化热水泥浆体系开展研究，粉煤灰及矿渣均可大幅度降低水泥浆体系早期水化热，能有效地降低混凝土早期温度应力。同时，后期力学性能测试结果显示复掺矿渣有助于水泥浆体系早期强度的发展；复掺粉煤灰有利于水泥浆体系后期强度的发展，极大地改善了水泥石的致密性及耐久性。

6.2.2.2　提高混凝土的耐久性

混凝土的耐久性是指混凝土在所处的自然环境及使用条件下经久耐用的性能。常见的破坏作用有冻融循环、海水侵蚀、碳酸侵蚀、钢筋锈蚀、碱集料反应等以及多因素的综合作用，因而混凝土耐久性是一项综合技术性质，主要包括抗渗性、抗冻性、抗侵蚀性、碱集料反应、碳化、氯离子侵蚀等。混凝土的耐久性与国民经济、社会安定、环境保护、可持续发展等密切相关，是工程界普遍关注的问题，是混凝土材料科学研究的重要方向。

混凝土材料以其抗压强度高、耐火性好、使用灵活、施工方便等优点成为当今世界上用途最广、用量最大的建筑材料之一，发挥着其他材料无法替代的作用和功能。但是，混凝土材料脆性大、易腐蚀，在其服役的过程中会受到内部因素和外部环境的作用，产生裂纹、局部损伤和腐蚀等病害，日积月累，这些病害会逐渐加重，致使混凝土材料的性能不断降低，轻者会影响结构的正常使用或缩短结构的使用寿命，重者会产生灾难性事故，给国民经济和人民的生命安全带来巨大的损失。

以高炉矿渣、粉煤灰、高炉镍铁渣等为代表的工业固废，将其掺入混凝土中，可以在后期反应中有效提高混凝土基体的密实性，降低孔隙率，减小孔径。将这些工业固废应用于海滨建筑、跨海桥梁可以有效降低氯离子在混凝土中的传输，减少钢筋锈蚀导致结构失效的风险，将其应用于盐碱地区可以降低硫酸盐在混凝土中的传输，减少硫酸盐侵蚀破坏的风险，特别是在北方冬天低温环境中，将工业固废应用于混凝土中可以有效减少冻融对混凝土基体所造成的破坏。

利用室内试验方法，采用粉煤灰和矿粉取代部分水泥，开展了不同粉煤灰以及矿粉掺量的混凝土材料制备研究，并测试了这些材料的抗压强度、抗氯离子侵蚀性能、抗冻性能以及抗碳化性能。结果表明：在双掺粉煤灰和矿粉的条件下混凝土的抗压强度和抗冻性能均要优于单掺粉煤灰或矿粉（图 6-4）；当粉煤灰或矿粉单掺量为 24％时，混凝土的电通量最小，其抗氯离子侵蚀能力最强；双掺粉煤灰和矿粉混凝土的 28d 碳化深度比素混凝土小 39.4％～53.5％。

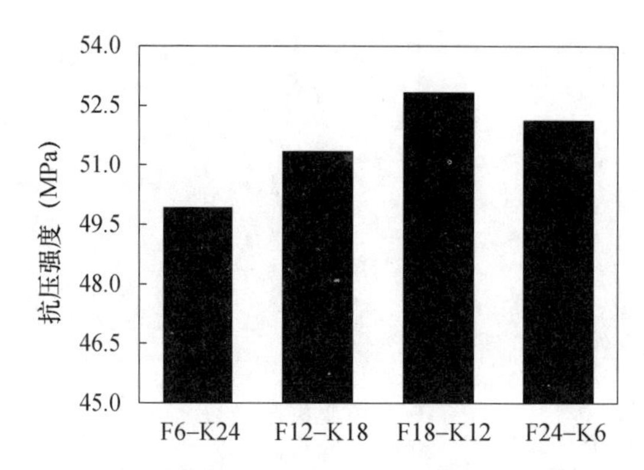

图 6-4　双掺粉煤灰和高炉渣制备的混凝土抗压强度变化

钢渣和粉煤灰对 C30 重晶石防辐射混凝土工作性、力学性能、收缩性能、抗冻性能、抗碳化性能以及抗渗性能影响的研究表明：重混凝土的坍落度随粉煤灰掺量的增加而增加，随钢渣掺量的增加而降低；重混凝土的 28d 抗压强度随粉煤灰掺量的增加而先增加后降低，粉煤灰掺量为 30％时，28d 抗压强度最大；重混凝土的收缩随钢渣和粉煤灰掺量的增加而降低，粉煤灰掺量为 40％、钢渣掺量为 30％时重混凝土的 60d 收缩最小，为 191$\mu\varepsilon$；钢渣掺量为 30％、粉煤灰掺量为 40％时重混凝土冻融循环后的相对动弹性模量降低最小，抗冻性能最好；重混凝土的 28d 碳化深度随粉煤灰掺量的增加而线性增加；重混凝土的渗水高度随钢渣和粉煤灰掺量的增加而降低，粉煤灰掺量为 40％、钢渣掺量为 30％的重混凝土渗水高度最小，为基准组的 9.3％，抗渗性能大幅提高。

对粉煤灰、矿渣粉的不同掺入方式与高性能混凝土（HPC）抗氯离子渗透性能及抗冻性能的影响关系研究表明：在相同水胶比条件下，随着矿物掺和料掺量的增加，HPC 的抗压强度逐渐降低；掺入适量的矿物掺和料可有效降低 HPC 的电通量，改善抗氯离子渗透性能；当矿物掺和料掺量为 40％，且粉煤灰和矿渣粉质量复掺比例为 3 ∶ 1 时，HPC 在 28d 与 84d 的电通量分别为 641.6 C 和 380.5 C；在水胶比及含气量不变的情况下，随着矿物掺和料掺量的增加，HPC 的抗冻性能逐渐变差，而未掺矿物掺和料的 HPC 抗冻性能最好，抗冻等级为 F200。

在工程中选用一些工业固废外加剂是抑制混凝土中碱集料反应最实用、最经济的选择，工业固废外加剂不但可以在一定程度上减缓碱集料反应引起的膨胀，还对混凝土的控裂、耐久性等方面有很大提升，同时还能起到保护环境、节约资源的作用。

6.2.2.3　改善混凝土预制件性能

混凝土预制件是指在工厂中通过标准化、机械化方式加工生产的混凝土制品。与之相对应的传统现浇混凝土需要工地现场制模、现场浇注和现场养护。混凝土预制件被广泛应用于建筑、交通、水利等领域，在国民经济中扮演着重要的角色。与现浇混凝土相比，工厂化生产的混凝土预制件有诸多优势。对于建筑工人来说，工厂中相对稳定的工作环境比复杂的工地作业安全系数更高；建筑构件的质量和工艺通过机械化生产能得到更好的控制；预制件尺寸及特性的标准化能显著加快安装速度和建筑工程进度；与传统现场制模相比，工厂里的模具可以重复循环使用，综合成本更低；机械化生产对人工的需求更少，随着人工成本的不断升高，规模化生产的预制件成本优势会愈加明显。采用预制件的建筑工地现场作业量明显减少，粉尘污染、噪声污染显著降低。随着经济社会发展的转型升级和城镇化战略的加速推进，混凝土预制件在装配式建筑和其他等领域的应用越来越广泛，需求量也越来越大（图 6-5）。

图 6-5　常见混凝土预制件

但是普通的纯硅酸盐水泥混凝土在高温养护制作预制构件的过程中易引入大孔和联通孔隙，造成混凝土预制件存在后期强度增长较少且耐久性不好等问题。国内外众多研究表明，通过引入高炉渣、粉煤灰等材料，可以大大改善混凝土的综合性能。粉煤灰和高炉渣等材料的掺入可以明显提升其混凝土的反应活性，改善内部孔结构，降低大孔的比例，提高混凝土构件的密实性。

通过将改性高炉矿渣掺入混凝土中制备一种高性能桥梁混凝土预制件的研究表明，高炉矿渣的掺入可以有效改善混凝土预制件的强度和密实度以及抗渗性和抗冻性等性能。高炉矿渣之所以能提高预制桥梁高性能混凝土的强度，是因为高炉矿渣在改性以后，细颗粒、球状颗粒越来越多，而且对水的需求量也越来越低。同时，粉煤灰自身存在一定的激发力，能使得混凝土得到填充，更加密实。另外，因为高炉矿渣具有活性填充的作用和效果，能使得水泥浆和颗粒进行贴合，加强两者之间的密实度，不但减少了混凝土的孔隙，而且提高了抗冻性、抗渗性。不仅如此，通过改性后的高炉矿渣会降低水灰比以及对水的需求。并且，因为高炉矿渣在不断地水化，所以降低了水泥浆体里的细毛孔数量、孔径，进而提升了混凝土的抗冻性、抗渗性。

6.3　冶金固废在混凝土中的利用现状

冶金固废由于自身独特的来源，导致其成分波动大，性质不稳定，部分冶金固废如赤泥、电解锰渣等还含有有毒有害重金属。这些问题都限制了其在混凝土中的应用和相关行业标准的制定，尽管国内外学者已经做了广泛的研究，但是在一些反应机理等方面还存在许多盲区，需要广大科技研究人员进行持续深入的探索和研究，推动冶金固废在混凝土中的应用向良性发展。下面将分类阐述几种常见的冶金固废在混凝土中的利用现状。

6.3.1 高炉渣在混凝土中的利用现状

我国高炉渣绝大部分为水淬渣，由于水淬渣具有良好的潜在水硬性，在水泥熟料、石灰、石膏等激发剂作用下，可作为优质的水泥原料，或直接替代部分水泥用于混凝土生产，可制成矿渣硅酸盐水泥、石膏矿渣水泥、石灰矿渣水泥、矿渣砖、矿渣混凝土等。高炉渣可作为生产水泥的主要原料，在水泥生产原料中掺入高炉渣，有助于提高水泥后期强度，目前以高炉渣作为原料生产矿渣水泥的工艺技术已经很成熟。

矿渣碎石是高炉渣在指定的渣坑或渣场自然冷却或淋水冷却形成较为致密的矿渣后，经过挖掘、破碎、磁选和筛分而得到的一种碎石材料，生产工艺主要有热泼法和堤式法两种。得到的高炉渣碎石可用于生产混凝土，用此碎石生产的混凝土较普通混凝土具有更好的隔热性、保温性和耐久性。

目前我国高炉渣除甘肃、内蒙古等偏远地区未完全利用，其他地区基本实现了完全利用。

6.3.2 钢渣在混凝土中的利用现状

我国70%的钢渣为转炉钢渣，化学成分与硅酸盐熟料相似，主要为CaO、SiO_2、Al_2O_3、Fe_2O_3、MgO等。矿物组成主要为C_2S、C_3S、RO相（MgO、FeO和MnO的固溶体）及少量f-CaO、C_4AF。其中，C_2S、C_3S、C_4AF为胶凝组分，RO相为惰性组分；胶凝组分相的粒径较小，RO相的粒径较大。由于其胶凝组分的存在，钢渣被认为是一种潜在的矿物掺和料。研究表明，钢渣应用于水泥混凝土中，具有改善水泥浆体的流动性，延缓水泥的凝结时间，减少早期水化放热，改善混凝土后期的耐久性等特点。

但是，钢渣存在安定性不良的问题，限制了其在水泥混凝土中的应用。研究表明，当RO相中的MgO超过70%时，钢渣的安定性不良；钢渣中的f-CaO水化生成$Ca(OH)_2$后，导致体积膨胀，引起安定性不良。此外，钢渣并没有像矿渣、硅灰、粉煤灰一样得到充分的重视，大部分钢厂将钢渣视为废料排放，导致钢渣的成分波动较大，也增加了钢渣在水泥混凝土中应用的困难。

6.3.3 赤泥在混凝土中的利用现状

赤泥在混凝土中主要用作水泥掺和料。赤泥中所含有的SiO_2、Al_2O_3、Fe_2O_3、CaO、MgO等是硅酸盐水泥生产过程所需要的组分，将赤泥掺加到水泥生料中，可用于生产水泥，提升水泥性能。

目前赤泥在水泥熟料制备方面已有很多研究，如用脱碱赤泥、改性赤泥、矿渣赤泥制备水泥熟料，用赤泥制备硫铝酸盐水泥、制备少熟料的凝胶材料等。利用赤泥作为铁质原料搭配其他铁质原料及活化剂生产水泥熟料可大大提高水泥的抗折、抗压强度等性能。此外，通过脱碱及改性处理后的赤泥颗粒结构变得疏松，孔隙度增大，制备的水泥熟料透气性更强。

在建筑工程领域，由于赤泥含有有害元素和碱度高的特点，因此，无论是采用脱碱还是调质改性等途径，都会导致生产成本的提高；同时，采用赤泥为主要原料生产出的产品是否禁得住时间的检验，是否会出现风化、断裂的风险，还需要长期和系统的研究。

6.3.4 铜渣在混凝土中的利用现状

铜渣具有耐磨性、稳定性和流动性良好的优点，有作为细骨料的潜质。研究表明，铜渣混凝土的 pH、物理性能与普通砂配制的混凝土相似，铜渣对混凝土性能的影响集中在力学性能、耐久性能、脆性方面。铜渣粒径较小，将其作为细骨料掺入混凝土时，可以优化粉体的粒径分布，分散粉体颗粒，填充混凝土间的空隙，形成致密的网状结构，从而提高混凝土的力学性能。

目前铜渣用作胶凝材料的研究多集中于混凝土宏观力学性能方面，而关于铜渣的活性激发研究深度和广度不够。

6.3.5 电解锰渣在混凝土中的利用现状

电解锰渣硫酸盐含量较高，可用作水泥矿化剂，掺加 2%～8%的电解锰渣时，水泥熟料煅烧温度可降低 100℃，熟料中 C_3S（硅酸三钙）含量有所增加。电解锰渣在适当的条件下煅烧可生产水泥或特种水泥。

电解锰渣具有潜在火山灰活性，可与水泥中的 C_3S 和 C_2S（硅酸二钙）反应，改善混凝土性能。另外，电解锰渣中的硫酸盐对一些低活性矿物掺和料的活性有硫酸盐激发作用，可用作混凝土复合掺和料原料和硫酸盐激发剂。利用 5%～10%的电解锰渣可制备具有良好的抗压强度、杨氏模量和抗氯离子侵蚀性的 C25、C30 混凝土。电解锰渣还可用作硫黄混凝土填料，当掺量为 30%时，混凝土的抗压和抗弯强度分别达到 63.17MPa 和 9.47MPa，产品具有良好的耐酸碱腐蚀性能和致密性，浸出毒性符合《污水综合排放标准》(GB 8978—1996) 规定。然而，由于硫黄的价格高、聚硫橡胶的供应困难和生产成本高，此技术并未实现推广和应用。

限制电解锰渣在水泥中资源化利用的主要原因是高含水率电解锰渣中氨氮和硫酸盐含量较高、脱氨脱硫工艺不成熟、成本较高。掺加未进行脱氨脱硫处理或处理不完全的电解锰渣时，水泥水化形成的强碱性环境（pH 为 12～13）会使残留的铵盐以氨气形式逸出，污染环境，危害人体健康。为防止水泥中 SO_3 超标（≤3.5%）导致水泥安定性不良，电解锰渣掺量不宜过高。限制电解锰渣在混凝土中利用的原因是其活性低，缺乏低成本的高效活化技术。

6.3.6 镍铁渣在混凝土中的利用现状

镍铁渣是一种大宗冶金工业固体废物，可以将其回收再利用，用作混凝土粗细集料。镍铁渣中含有方镁石，存在潜在体积安定性疑问，故对其正确检验及合理评定是决定镍铁渣在混凝土中应用的前提。当镍铁渣替代砂用作细集料时，采用压蒸法检测镍铁渣砂浆没有开裂及变形，抗折强度比和抗压强度比分别达到 104%和 102%，均大于 95%，安定性合格。镍铁渣替代碎石应用为粗集料时，通过 80℃水养护法检测镍铁渣混凝土无微裂纹产生，膨胀率为 0.009%，小于 0.040%；劈裂抗拉强度保持率达到 102%，大于 90%，安定性合格。因此，适量的镍铁渣的掺入可使混凝土强度提高，但掺量提高后，混凝土强度随之下降；在蒸汽养护条件下，镍铁渣的掺入未能提高混凝土的抗压强度，且后期强度增长也减缓。对于劈裂抗拉，镍铁渣的掺入未能使强度提高，且随掺量的提高混凝土劈裂抗拉强度下降幅度越来越大。镍铁渣的掺入使混凝土弹性模量提高，且提高趋势与掺量一致。镍铁渣掺量在合理范围内有利于减小混凝土的干燥收缩量。一定掺量内的镍铁渣使混凝土孔隙减少，失水速率下降，弹性模量增加，从而减少干燥收缩。另外，镍铁渣混凝土产品在酸性和碱性环境下，只有砷少量浸出，但未超出《地下水质量标准》。初步判断镍铁渣可以直接入场作为混凝土掺和料进行综合应用，环境风险较小。以上研究是基于实验室水平上的结果，具体的应用还应该以镍铁渣实际利用场景的数据监测积累，为其在混凝土综合利用中的环境风险评估提供进一步的数据支持。

7　道路材料

公路工程是巨量消耗无机矿料的领域，早期公路用矿料源于天然石料，需要大量地开山采石，天然石料具有稳定性好、结构自身成板体的优点，但由于其耐磨性不好，主要应用于路面结构的基层和基底层。近年来随着天然石料的短缺，寻找可替代筑路材料成为热点问题，随着工业的发展，常有大量工业废渣需要处理。从本质而言，金属冶炼废渣仍属于矿质材料的一类，无论是钢渣、高炉渣还是有色金属冶炼渣，大多是“Si-Mg-Ca-Al”形成矿物相（如橄榄石、辉石、黄长石等）的固结体，因此将其应用于公路材料，与选取天然矿料及其应用并无差别。工业废渣在道路材料中的应用可提高部分路基路面的性能，达到对固体废物的有效利用、提高其使用价值，减少公路建设投资，对保护自然环境及社会的可持续发展具有重要的现实意义。

7.1　路面材料

7.1.1　路面材料的分类及特点

路面类型可以从不同角度划分，如按照面层所用材料可以分为水泥混凝土路面和沥青路面、砂石路面等。路面应具有以下功能：能够负担汽车的载重而不被破坏；保证道路全天候通车；保证车辆有一定的行驶速度。对路面的基本要求有以下几个方面：强度、刚度和稳定性；平整度；抗滑性；少尘；耐久性；噪声低。

7.1.2　路面材料的原理及制备工艺

7.1.2.1　水泥混凝土路面强度形成机理

水泥混凝土路面组成材料复杂，其强度形成机理主要由水泥、水和骨料决定。水泥的强度、化学成分和细度均对混凝土的强度产生影响。

混凝土中真正起强度作用的是水泥胶体，因此加水量和水灰比无疑是重要的。因为游离水蒸发后会形成孔洞，所以在满足充分水化的前提下，有效水灰比的下降，可提高混凝土强度（高压下制水泥浆例外）。

骨料是影响混凝土强度的重要因素。骨料可配制高于或低于其本身强度的混凝土，骨料强度的提高，会使混凝土的强度也提高，但两者无线性正比关系。骨料的形状和表面结构也会影响混凝土的强度。骨料表面粗糙程度的增加，将会提高其黏结强度，但这个因素对混凝土抗压强度的影响较大，对混凝土抗弯强度的影响较小。骨料的形状会影响混凝土的空隙率，空隙率的降低将引起混凝土强度的提高，但这个因素对混凝土抗弯强度的影响较大，对混凝土抗压强度的影响较小。骨料的活性也是一个影响因素。活性骨料和水泥砂浆反应将在骨料表面生成接触层，接触层具有较高的显散硬度，因此活性材料的黏结强度大于惰性材料。骨料的吸水性将引起混凝土强度的波动，而骨料的亲水性的升高，会导致黏结强度的提高，从而提高混凝土的抗压强度。

7.1.2.2 沥青路面的强度形成机理

沥青混合料的强度由两部分组成：矿料之间的嵌挤力与内摩阻力、沥青与矿料之间的黏聚力。以下对沥青混凝土强度形成机理以及混合料强度措施进行探讨，从而达到提升沥青路面使用品质和耐久性的目的。矿料之间的嵌挤力与内摩阻力的大小，主要取决于矿料的级配、尺寸均匀度、颗粒形状、表面粗糙度和沥青含量。沥青混合料按级配构成原则的不同可分为下列3种方式。

（1）悬浮密实结构：由连续级配矿质混合料组成的密实混合料，各种级配连续存在，同一档较大颗粒都被较小一档颗粒挤开，大颗粒以悬浮状态处于较小颗粒之中。这种结构通常按最佳级配原理进行设计，密实度与强度较高，水稳定性好，但受沥青的性质和物理状态影响较大，温度稳定性较差。传统的Ⅰ型和Ⅲ型沥青混凝土（AC）属于此类型结构。

（2）骨架空隙结构：较粗颗粒矿料彼此紧密相连，较细集料数量较少，不足以充分填充空隙，其空隙率大。这种结构中，骨料的之间的内摩阻力和嵌挤力起着重要作用，受沥青的性质和物理状态影响较小，温度稳定性好，水稳定性差。抗滑表层（AK）、沥青碎石（AM）属于此类型结构。

（3）骨架密实结构：骨架密实结构是综合以上两种方式组成的结构。混合料中既有一定数量的粗骨料形成骨架，又根据粗骨料的空隙的多少加入一定细料，形成较高的密实度。

7.1.2.3 砂石路面强度形成机理

碎（砾）石路面结构强度形成的特点是矿料颗粒之间的连接强度一般都要比矿料颗粒本身的强度小得多；在外力作用下，材料首先在颗粒之间产生滑动和位移，使其失去承载能力而导致破坏。因此，对于这种松散材料组成的路面结构，虽然矿料颗粒本身的强度十分重要，但是起决定作用的则是颗粒之间的联结强度。凡在强度特性上具有上述特点的材料，均属于松散介质的范畴。对于松散介质范畴的材料，其抗剪强度可用库仑公式表示。因此，碎（砾）石材料的黏结力和内摩阻角是这种路面结构强度的主要决定因素。

1. 级配碎石材料

级配碎石材料按嵌挤原则产生强度，它的抗剪强度主要取决于剪切面上的法向应力和材料内摩阻角。其抗剪强度由下列三种因素构成：

（1）粒料表面的相互滑动摩擦；

（2）因剪切时体积膨胀而需克服的阻力；

（3）因粒料重新排列而受到的阻力。

单一粒料在另一有粗糙面但表面平整的粒料上滑动，其摩阻角大多在30°以下；许多粒料相互紧密接触，沿某一剪切面相互变位时，因体积膨胀和粒料重新排列而多消耗的功，可使摩阻角增至40°～50°。

级配碎石粒料摩阻角的大小主要取决于石料的强度、级配、形状、尺寸、均匀性、表面粗糙度以及施工时的压实程度。当石料强度高、形状接近正立方体、级配良好，有棱角、尺寸均匀、表面粗糙、压实度高时，则内摩阻力就大。

2. 土-碎（砾）石混合料

这类材料含土量少时，也是按嵌挤原则形成强度；当含土量较多时，则按密实原则形成强度。土-碎（砾）石混合料的强度和稳定性取决于内摩阻力和黏结力的大小。内摩阻力和由此而产生的抗剪力在很大程度上取决于密实度、颗粒形状和颗粒大小的分配。在这些因素中，以集料大小的分配，特别是粗细集料比例最为重要。

7.1.3 固废在路面材料中的应用情况

7.1.3.1 沥青路面

柔性基层沥青路面总体结构刚度较小，路面结构本身在车辆荷载作用下产生的弯沉变形较半刚性基层沥青路面大。但是，其可以通过合理的结构组合设计和厚度设计来保证路面结构层的承载能力。同时，通过各结构层将车辆荷载传递给路基，使路基承受的压力控制在一定范围内。柔性基层沥青路面主要包括由各种未经处治的粒料基层和各类沥青层、碎砾石面层或块石面层组成的路面结构。

沥青面层可分为由沥青和集料拌和、碾压而成的沥青混合料，沥青和集料分层撒铺、碾压而成的沥青表面处治以及沥青灌入碎石集料层的沥青贯入碎石三种类型。沥青混合料具有较高的使用品质，可用作高级路面的面层。

沥青路面具有表面平整、行车舒适、噪声低、养护简便等一系列优点，被广泛应用到高等级公路建设中，但密级配沥青混凝土路面雨天路面积水对交通安全产生影响，同时也会对路面混合料造成水损伤影响。透水路面由粗集料组成的骨架结构形成许多连通的孔隙，因而在降雨时，雨水能够很快随着孔隙通道排至两侧边沟。这种大空隙结构不仅能防止雨水在路表积聚产生水坑、水雾，而且具有吸收噪声、抵抗车辙破坏的能力。基于此，国内外学者探究和开发了排水路面结构和材料，混合料内部的骨架嵌挤结构使得空隙率在15%～20%之间，能够快速有效地将路面积水排出。其中，开级配（OGFC）沥青混合料作为典型排水路面结构被广泛应用推广，但对于不同地区地质结构条件及交通荷载等级，OGFC排水路面的服役水平也存在一定差异，主要表现在路面抗压强度不足，长期服役下路面粗糙度下降，易产生车辙、裂缝等病害问题，因此，对排水沥青路面的品质升级就显得尤为重要。

高炉渣、钢渣的耐磨性能、强度、抗冻融能力等各项指标相当于或优于常规的玄武岩或石灰岩，高炉渣碎石具有缓慢的水硬性并且含有许多小孔，对光线的漫反射能力强，摩擦系数大，用高炉渣做集料铺设的沥青路面既明亮，制动距离又短，高炉矿渣具有良好的坚固性、抗冲击性和抗冻性，高炉渣碎石还比普通碎石具有更高的耐热性能，更适用于喷气式飞机的跑道。在沥青路面的铺设中，由于其承载力比普通材料铺的路面高，沥青层厚度可适当减少1～2cm，从而可以降低筑路成本。

钢渣的优质集料特性主要来源于其表面的囊状构造。钢渣的力学性能较轧制的天然集料更加优异，不但耐磨耗、棱角性好，而且与沥青有较好的黏附性。钢渣沥青混合料具有较高的抗拉强度，冻融循环后体积膨胀率在1%以下。与玄武岩沥青混合料相比，钢渣沥青混合料疲劳寿命略有提升，原因是钢渣作为粗集料不会破坏沥青混合料的相容性，而且在达到疲劳破坏时，也不会出现贯穿型裂缝，裂缝长度也明显小于前者（图 7-1）。

图 7-1　钢渣沥青路面

高炉渣、钢渣中的不安定成分限制了其在高等级公路基层中的应用，含有的游离氧化钙会导致膨胀性问题。目前，尚无彻底解决膨胀性的有效措施。各国普遍认为高炉渣、钢渣使用前应经陈化期，即在自然条件下停放半年至一年，使其在风吹雨淋作用下，自然风化膨胀，体积稳定后再使用。对存放的方法，也有一定的要求。如果堆存高度过高，高炉渣、钢渣内部受不到风雨作用，即使停留很长时间，也达不到预期的目的。高炉渣、钢渣成分复杂，同时含有少量的重金属元素，在用作道路材料时，还需要关注重金属浸出对于地下水的污染。

7.1.3.2　水泥混凝土路面

水泥混凝土路面，包括普通混凝土、钢筋混凝土，连续配筋混凝土、预应力混凝土，装配式混凝土和钢纤维混凝土路面。在公路、城市道路及机场道面中，目前我国应用最广泛的是就地浇筑的普通混凝土路面。

与其他类型路面相比，水泥混凝土路面具有以下优点。

（1）强度高。水泥混凝土路面具有很高的抗压强度和较高的抗弯拉强度以及抗磨耗能力。

（2）稳定性好。水泥混凝土路面的水稳性和热稳性均较好，特别是它的强度能随着时间的延长而逐渐提高，不存在沥青路面的那种“老化”现象。

（3）耐久性好。由于水泥混凝土路面的强度和稳定性好，因此它经久耐用，一般能使用 20～40 年，而且它能通行包括履带式车辆等在内的各种运输工具。

（4）有利于夜间行车。水泥混凝土路面色泽鲜明，能见度好，对夜间行车有利。

但是，水泥混凝土路面也存在一些缺点，主要体现在以下几方面。

（1）对水泥和水的需求量大。修筑 2m 厚、7m 宽的水泥混凝土路面，每 1000m 要耗费水泥 400～500t 和水约 250t，尚不包括养护用的水在内，这给水泥供应不足和缺水地区带来较大困难。

（2）有接缝。一般水泥混凝土路面要建造许多接缝，这些接缝不但增加了施工和养护的复杂性，而且容易引起行驶车辆的跳动，影响行车的舒适性，接缝又是路面的薄弱点，如处理不当，将导致路面板边和板角处破坏。

（3）开放交通较迟。一般水泥混凝土路面完工后，要经过28d的潮湿养护，才能开放交通，如需提早开放交通，则需采取特殊措施。

（4）修复困难。水泥混凝土路面损坏后，开挖很困难，修补工作量也大，且影响交通。

工业废渣未经处理很难直接应用于水泥混凝土路面材料中，高炉渣、钢渣、镍铁渣等具有较好的耐磨性，通常粒径较大，通过破碎、筛分后获得的较大粒径碎石可作为水泥混凝土的粗骨料，由于硬度大，可替代部分水泥混凝土中的粗集料，当混凝土承受外力的时候，相当一部分应力可以由工业废渣承担，起到骨架增强的作用。

铜渣中含有较多的$2FeO \cdot SiO_2$、$CaO \cdot FeO \cdot SiO_2$和$CaO \cdot SiO_2$的共熔体，其冷却产物相比黄砂，硬度更高，含灰量更低，可部分替代黄砂作为道路混凝土细集料，具有较好的化学稳定性，经过加工处理后的钢渣、高炉渣砂大部分级配分布范围与普通砂类似，用作水泥混凝土路面骨料时，钢渣中的水硬性矿物硅酸二钙和硅酸三钙等可在后期缓慢水化，使得集料和水泥浆体间黏结良好，有利于钢渣砂混凝土强度的提高（图7-2）。

图7-2　钢渣透水混凝土路面

钢渣和高炉渣的安定性问题限制了其在水泥混凝土路面材料中的高掺量使用，钢渣在水泥混凝土路面材料中的应用还很有限，依然存在用量较小、后期稳定性不高等因素，钢渣掺量过高会产生前期强度下降、凝结时间延长的问题。

7.1.3.3　砂石路面

石料自古以来是修筑路面的主要材料，我国古代曾以条石、块石或石板等铺筑道路路面，以供人畜以及人力、兽力车辆运行。20世纪初，汽车进入我国，为保证车辆能以正常速度安全行驶，一些公路和城市道路开始铺筑简易的碎石路面。根据路面材料的差异可分为块料路面、碎石路面和级配碎（砾）石路面。

1. 块料路面

块料路面根据其使用材料性质、形状、尺寸、修琢程度的不同，分为条石、小方石、拳石、粗琢块石及混凝土预制块路面。块料路面按其平整度、所采用的基层、整平层和填缝料以及所承受交通量的不同，又分为高级、次高级和中级三种。拳石等不整齐块石路面属于中级路面，粗琢块石等半整齐块石路面属于次高级路面，条石和小方石块等整齐块石路面及混凝土预制块路面属于高级路面。

块料路面的主要优点是坚固耐久，清洁少尘，养护修理方便。由于这种路面易于翻修，因此特别适用于路基不够稳定的桥头高填方路段、铁路交叉口以及有地下管线的城市道路上。又由于其粗糙度较好，因此可在山区急弯、陡坡路段上采用，能提高抗滑能力。主要缺点是用手工铺筑，难以实现机械化施工，块料之间容易出现松动，铺筑进度慢，建筑费用高。

2. 碎石路面

碎石路面是按嵌挤原理铺压形成的，用加工轧制的碎石作为主骨料，并用黏土或石灰土作为结合料，或用泥浆灌缝。按施工方法及所用填充结合料的不同，分为填隙碎石（干压与湿压）、泥结碎石和泥灰结碎石等数种。碎石路面通常用砂、砾石、天然砂石或块石为基层，有时亦可直接铺在路基上。碎石路面的优点是投资不高，可以随交通量的增加分期改善；缺点是平整度差，易扬尘，泥结碎石路面雨天还易泥泞。

3. 级配碎（砾）石路面

级配碎（砾）石路面是各种集料（碎石、砾石）和土按级配要求掺配而成的，按最佳级配原理形成强度。由于级配碎（砾）石是用大小不同的材料按一定比例配合，逐渐填充空隙，并用黏土黏结，因此经过压实后，能形成密实的结构。级配碎（砾）石路面的强度由内摩擦阻力和黏结力构成，具有一定的水稳性和力学强度。

利用钢渣、高炉渣等冶金渣与碎石组合的复合集料铺设路面，既利用了工业废料节省成本，同时工业废渣具有较好的耐磨性，使得混合料均匀性、和易性好，具有良好的路用性能。同时，工业废渣与碎石的协同使用相比单一使用某种材料性能更为优异，例如钢渣与碎石的复合不但能改善钢渣的级配组成，而且可以改善钢渣的水化膨胀对集料体积稳定性能的不利影响。

7.2 路面基层材料

7.2.1 路面基层材料的分类及特点

基层主要承受面层传来的由车辆荷载产生的垂直力，并扩散到下面的垫层和土基中去，实际上基层是路面结构中的承重层，应具有一定的强度和刚度，并具有良好的扩散应力的能力。基层遭受大气因素的影响虽然比面层小，但是仍然有可能经受地下水和通过面层渗入雨水的浸湿，因而基层结构应具有足够的水稳定性。基层表面虽不直接供车辆行驶，但仍然要求有较好的平整度，这是保证面层平整性的基本条件。

路面基层材料主要分为石灰工业废渣稳定材料基层、水泥工业废渣稳定材料基层和碎石路面基层。石灰工业废渣稳定材料基层具有收缩性能好，早期强度低，后期强度比较高（施工时，应尽量安排在温暖高温季节，以利于形成早期强度），容易造成施工污染等特点。水泥工业废渣稳定材料基层具有良好的整体性、足够的力学强度、抗水性和耐冻性。初期强度较高，而且强度随着龄期增长而增长，应用范围很广。碎石路面基层投资不高但平整度较差，易扬尘，泥结碎石路面雨天还易泥泞。

7.2.2 路面基层材料的原理及制备工艺

7.2.2.1 石灰稳定材料路面基层的强度形成机理

在土中掺入适量的石灰，并在最佳含水率下拌匀压实，使石灰与土发生一系列的物理、化学作用，从而使土的性质发生根本的变化。一般分为四个方面：第一是离子交换作用；第二是结晶硬化作用；第三是火山灰作用；第四是碳酸化作用。

1. 离子交换作用

土的微小颗粒具有一定的胶体性质，其一般都带有负电荷，表面吸附着一定数量的钠、氢、钾等低价阳离子（Na^+、H^+、K^+）。石灰是一种强电解质，在土中加入石灰和水后，石灰在溶液中电离出来的钙离子（Ca^{2+}）就与土中的钠、氢、钾离子产生离子交换作用，原来的钠（钾）土变成钙土，土颗粒表面所吸附的离子由一价变成了二价，减少了土颗粒表面吸附水膜的厚度，使土粒相互之间更为接近，分子引力随着增加，许多单个土粒聚成小团粒，组成一个稳定结构。

2. 结晶硬化作用

在石灰土中只有一部分熟石灰 $Ca(OH)_2$ 进行离子交换作用，绝大部分饱和的 $Ca(OH)_2$ 自行结晶。熟石灰与水作用生成熟石灰结晶网格，其化学反应式为：

$$Ca(OH)_2 + nH_2O \longrightarrow Ca(OH)_2 \cdot nH_2O$$

3. 火山灰作用

熟石灰的游离 Ca^{2+} 与土中的活性氧化硅 SiO_2 和氧化铝 Al_2O_3 作用生成含水的硅酸钙和铝酸钙的化学反应就是火山灰作用，其化学反应式为：

$$xCa(OH)_2 + SiO_2 + nH_2O \longrightarrow xCaO \cdot SiO_2 \cdot (n+1)H_2O$$

$$xCa(OH)_2 + Al_2O_3 + nH_2O \longrightarrow xCaO \cdot Al_2O_3 \cdot (n+1)H_2O$$

上述所形成的熟石灰结晶网格和含水的硅酸钙以及铝酸钙结晶都是胶凝物质，其具有水硬性并能在固体和水两相环境下发生硬化。这些胶凝物质在土微粒团外围形成一层稳定保护膜，填充颗粒空隙，使颗粒之间产生结合料，减少了颗粒之间的空隙与透水性，同时提高了密实度，这是石灰土获得强度和水稳定性的基本原因，但这种作用比较缓慢。

4. 碳酸化作用

在土中的 $Ca(OH)_2$ 与空气中的二氧化碳作用，其化学反应式为：

$$Ca(OH)_2 + CO_2 \longrightarrow CaCO_3 + H_2O$$

$CaCO_3$ 是坚硬的结晶体，其生成的复杂盐类把土粒胶结起来，从而大大提高了土的强度和整体性。由于石灰与土发生了一系列的相互作用，从而使土的性质发生了根本的改变。在初期，主要表现为土的结团、塑性降低、最佳含水率增加和最大密实度减少等，后期主要表现为结晶结构的形成，从而提高其板体性、强度和稳定性。

7.2.2.2 水泥稳定材料路面基层的强度形成机理

在被稳定材料中掺入水泥后会发生多种复杂的作用，从而改变被稳定材料的性质，主要包括：化学作用，如水泥颗粒的水化、硬化作用，有机物的聚合作用，以及水泥水化产物与黏土矿物之间的化学作用等；物理-化学作用，如黏土颗粒与水泥及水泥水化产物之间的吸附作用，微粒的凝聚作用，水及水化产物的扩散、渗透作用，水化产物的溶解和结晶作用等。

1. 水泥的水化作用

在水泥稳定材料中，首先发生的是水泥自身的水化反应，从而产生出具有胶结能力的水化产物，这是水泥稳定土强度的主要来源。

硅酸三钙：$2C_3S+6H_2O \longrightarrow C_3S_2H_3+3CH$

硅酸二钙：$2C_2S+4H_2O \longrightarrow C_3S_2H_3+CH$

铝酸三钙：$C_3A+6H_2O \longrightarrow C_3AH_6$

铁铝酸四钙：$C_4AF+7H_2O \longrightarrow C_4AFH_7$

水泥水化生成的水化产物（主要是硅酸三钙和硅酸二钙），在混合料的孔隙中相互交织搭接，将被稳定材料颗粒包覆连接起来，使其逐渐丧失了原有的塑性等性质，并且随着水化产物的增加，混合料也逐渐坚固起来。

2. 离子交换作用

Ca^{2+}的电价高于K^+、Na^+等离子，因此与电位离子的吸引力较强，从而取代了K^+、Na^+，成为反离子。同时，Ca^{2+}也因双电层电位的降低，速度加快，因而使电动电位减小、双电层的厚度减薄，使黏土颗粒之间的距离减小，相互靠拢，导致土的凝聚，从而改变土的塑性，使土具有一定的强度和稳定性。这种作用就称为离子交换作用。

3. 化学激发作用

土的矿物组成基本上都属于硅铝酸盐，当黏土颗粒周围介质的pH增加（碱性增加）到一定程度时，黏土矿物中的部分Al_2O_3和SiO_2的活性将被激发出来，与溶液中的Ca^{2+}反应生成新的矿物，这些矿物同样具有胶凝能力，包裹着黏土颗粒表面，与水泥的水化产物一起，将黏土颗粒凝结成一个整体。因此，氢氧化钙对黏土矿物的激发作用，进一步提高了水泥稳定材料的强度和水稳定性。

4. 碳酸化作用

水泥水化生成的$Ca(OH)_2$，还可以进一步与空气中的CO_2发生碳化反应并生成碳酸钙晶体。它和生成的复杂盐类把土粒胶结起来，从而提高混合料的强度和整体性。碳酸钙生成过程中产生体积膨胀，也可以对土的基体起到填充和加固作用。

7.2.3 固废在路面基层材料中的应用情况

7.2.3.1 石灰工业废渣稳定材料基层

石灰粉煤灰（以下简称二灰）稳定材料基层是用石灰、粉煤灰和被稳定材料按一定配合比，加水拌和、摊铺、碾压及养生而成型的基层。石灰炉渣（以下简称二渣）稳定材料基层是用石灰、炉渣和被稳定材料按一定配合比，加水拌和、摊铺、碾压、养生而成型的基层。各地可根据当地气候、水文地质条件，公路等级及实践经验参照表7-1选用。

表 7-1 石灰粉煤灰稳定材料和石灰炉渣稳定材料推荐比例

<table>
<tr><th>材料类型</th><th>材料名称</th><th>使用层</th><th>结合料间比例</th><th>结合料与被稳定材料间比例</th></tr>
<tr><td rowspan="3">石灰粉煤灰</td><td>硅铝粉煤灰的
石灰粉煤灰类</td><td>基层或底基层</td><td>石灰：粉煤灰＝
1：2～1：9</td><td>—</td></tr>
<tr><td>石灰粉煤灰土</td><td>基层或底基层</td><td>石灰：粉煤灰＝
1：2～1：4</td><td>石灰粉煤灰：细粒材料＝
30：70～10：90</td></tr>
<tr><td>石灰粉煤灰稳定
级配碎石或砾石</td><td>基层</td><td>石灰：粉煤灰＝
1：2～1：4</td><td>石灰粉煤灰：被稳定材料＝
20：80～15：85</td></tr>
<tr><td rowspan="3">石灰炉渣</td><td>石灰炉渣稳定材料</td><td>基层或底基层</td><td>石灰：炉渣＝
20：80～15：85</td><td>—</td></tr>
<tr><td>石灰炉渣土</td><td>基层或底基层</td><td>石灰：炉渣＝
1：1～1：4</td><td>石灰炉渣：细粒材料＝
1：1～1：4</td></tr>
<tr><td>石灰炉渣稳定材料</td><td>基层或底基层</td><td colspan="2">石灰：炉渣：被稳定材料＝
（7～9）：（26～33）：（67～58）</td></tr>
</table>

粉煤灰具有缓凝特点，表面能较低，不溶于水，因而会使二灰土中火山灰反应减慢，减少胶凝产物的实际数量，伴随龄期不断增加，溶液通过间隙不断向内渗透，促使火山灰反应持续进行，使胶凝产物数量明显增加，对颗粒之间的孔隙予以填充，使整个结构达到紧密。二灰中发生的物化反应，形成结构致密的整体，积水很难渗透，同时由于化学反应会释放一定热量，导致在温度较低的情况下对二灰土进行施工时强度仍明显增加，这在很大程度上说明了二灰土具有一定抗低温能力（图 7-3）。

图 7-3 石灰稳定基层

利用二灰土稳定其他工业固废，如：赤泥、高炉渣、电解锰渣等作为路面基层材料，赤泥中的碱性物质，高炉渣中的硅酸二钙、硅酸三钙对二灰土稳定路面材料的强度发展均呈现出积极的作用，获得的路面基层材料具有良好的路用性能和工程造价低等优势，具有广阔的应用前景。

7.2.3.2 水泥工业废渣稳定材料基层

水泥粉煤灰稳定材料基层是用水泥、粉煤灰和被稳定材料按一定配合比，加水拌和、摊铺、碾压及养护而成型的基层。水泥炉渣稳定材料基层是用石灰、炉渣和被稳定材料按一定配合比，加水拌和、摊铺、碾压、养护而成型的基层。各地可根据当地气候、水文地质条件，公路等级及实践经验参照表 7-2 的配合比选用。

表 7-2 水泥粉煤灰稳定材料和水泥炉渣稳定材料推荐比例

材料类型	材料名称	使用层	结合料间比例	结合料与被稳定材料间比例
水泥粉煤灰	硅铝粉煤灰的水泥粉煤灰类	基层或底基层	水泥：粉煤灰＝1：3～1：9	—
	水泥粉煤灰土、	基层或底基层	水泥：粉煤灰＝1：3～1：5	水泥粉煤灰：细粒材料＝30：70～10：90
	水泥粉煤灰稳定级配碎石或砾石	基层	水泥：粉煤灰＝1：3～1：5	水泥粉煤灰：被稳定材料＝20：80～15：85
水泥炉渣	水泥炉渣稳定材料	基层或底基层	水泥：炉渣＝5：95～15：85	—
	水泥炉渣土	基层或底基层	水泥：炉渣＝1：2～1：5	水泥炉渣：细粒材料＝1：2～1：5
	石灰炉渣稳定材料	基层或底基层	石灰：炉渣：被稳定材料＝（3～5）：（26～33）：（71～62）	

将钢渣与其他集料掺配，形成具有一定强度的水稳基层，钢渣具有较高的耐磨性，其细颗粒钢渣微粉的含量对水稳基层的强度形成有影响，搭配碎石集料使用，能够减少水泥的用量，降低修路成本。

7.2.3.3 碎石路面基层

碎石路面基层是用加工轧制的碎石按嵌挤原理铺压而成的路面。碎石路面基层按施工方法填充结合料的不同，分为泥结碎石、泥灰结碎石、填隙碎石等数种。碎石路面通常用砂、砾石天然砂石或块石为基层，有时亦可直接铺在路基上。碎石路面基层的优点是投资不高，施工简单；缺点是平整度差，易扬尘。

碎石路面基层的强度主要依靠石料的嵌挤作用以及填充结合料的黏结作用形成。嵌挤力的大小主要取决于石料的内摩阻角。黏结作用（用材料的黏结力表示）的大小主要取决于填充结合料本身的内聚力及其与矿料之间的黏附力大小。碎石颗粒尺寸为0～75mm。

采用赤泥、粉煤灰、脱硫石膏等作为无机结合料，用于稳定级配碎石，引入赤泥后，材料结构中的空隙被填充，体系密实度上升，有利于材料强度的提高，同时利用赤泥中的碱性物质碱激发粉煤灰、矿渣粉中的 SiO_2、Al_2O_3 等活性物质，从而形成强度。钢渣和高炉渣代替部分碎石，中级配钢渣中加入碎石后，膨胀性显著下降，稳定性有明显提升，以水泥赤泥稳定钢渣碎石混合料后，稳定性和抗刷性能均有较好的表现（图 7-4）。

图 7-4　赤泥稳定基层

工业固体废物在道路材料中的应用降低了工业固体废物的危害，节约了资源和能源，为道路建设创造了显著的环保和经济效益，有良好的发展前景。目前，中国道路材料中使用的工业固体废物以钢渣、高炉渣、粉煤灰为主，而对于电解锰渣、赤泥等其他废弃物的应用较少，钢渣、高炉渣在道路材料中的应用由于存在安定性问题，同样限制了其大规模利用。

与常规建筑材料相比，固体废物可能具有更高的重金属含量，如铜渣、镍渣、赤泥、电解锰渣，由于金属提炼工艺的限制，最终得到的矿渣含有一定量的铜、镍、锰等重金属也是可以理解的，固体废物的使用必须符合强度和环境双控指标，其中重金属浸出是环境控制的主要指标。

将数量巨大的工业固体废物应用于道路建设在技术上是可行的，固体废物在道路环境中的使用是现代社会发展的必由之路，我国在这方面发展还相对落后。推动冶金固废资源化综合利用，提高综合利用水平，是实现冶金工业绿色发展的必然选择。最终依然是要本着资源循环再利用的原则，打造冶金固废多循环的经济型模式，与此同时避免物质循环过程中出现缺口，不断积累经验。

8　陶瓷类材料

8.1　陶瓷及烧结制品的基本概念

8.1.1　陶瓷的定义及分类

我国制造陶瓷的历史悠久，现如今我国仍是陶瓷生产大国，陶瓷产量常年位居全球第一，陶瓷产量约占全球的2/3。

陶瓷是以粉体为原料，通过成型和烧结等所制得的无机非金属材料制品的统称。美国、日本和我国都把“ceramic”定义为各种硅酸盐制品和材料在内的无机非金属材料。无机非金属材料是除金属材料和有机材料外的一切材料的总称，而通常陶瓷材料范围小于“ceramic”定义，是无机非金属材料中除了玻璃、水泥和混凝土外其余材料的总称。德国陶瓷协会认为，陶瓷是化学工业或化学生产工艺的一个分支，陶瓷材料属于无机非金属材料，最少含有30%的晶体，在室温中将原材料成型通过800℃以上高温处理。

陶瓷产品种类繁多，物化性能多种多样，用途广泛，既可作为结构材料，也可作为功能材料；既能民用，也可用于国防。按类别可以将陶瓷分为普通陶瓷和特种陶瓷两大类。其中，普通陶瓷包括：建筑卫生陶瓷、日用陶瓷、艺术陶瓷、耐火材料等；特种陶瓷包括：电子陶瓷、结构陶瓷、生物陶瓷等。建筑卫生陶瓷是其中产品数量最大的一个类别。其中，《建筑卫生陶瓷分类及术语》（GB/T 9195—2011）国家标准中定义建筑陶瓷为：由黏土、长石和石英为主要原料，经成型、烧等工艺处理，用于装饰、构建与保护建筑物、构筑物的板状或块状陶瓷制品。建筑陶瓷可分为墙地砖、卫生陶瓷和管瓦三大类。

随着建筑陶瓷产业的快速发展，高品位的陶瓷原料消耗殆尽，一些低品位的多矿物混合型原料作为替代型原料得到开发和应用，如伟晶花岗岩、页岩、玄武岩等。此外，为控制环境污染，实现资源循环利用和社会经济可持续发展，硅酸盐类固体废物逐渐被用于建筑陶瓷生产中，如固体废物、尾矿、冶金废渣等。以各种固体废物作为主要原料生产的建筑陶瓷又称为循环再生陶瓷，将逐渐成为建筑陶瓷产品的一个主流方向。大力推动固体废物在建筑陶瓷生产中的应用，减少天然矿物原料的开采，可从源头上降低生态环境的破坏，推动建筑陶瓷行业可持续发展。

8.1.2　建筑陶瓷及烧结制品的主要类型

8.1.2.1　陶瓷砖

狭义的建筑陶瓷专指陶瓷砖。根据国家标准《陶瓷砖》（GB/T 4100—2015）对陶瓷砖的定义，陶瓷砖是指由黏土、长石和石英为主要原料制造的用于覆盖墙面和地面的板状或块状建筑陶粒制品。陶瓷砖可从其用途、成型工艺、有无釉面、吸水率等角度进行分类。常见的分类方法有以下五种。

（1）按产品用途可分为外墙砖、内墙砖、地砖、广场砖等。

（2）按成型工艺可分为干压成型砖、挤压成型砖等。

（3）按产品有无釉面可分为釉面砖、无釉砖。

（4）按产品坯体的吸水率即致密度可分为瓷质砖、炻质砖、陶质砖等。

（5）按产品表面是否经过抛光处理可分为抛光砖、非抛光砖。

其中，按陶瓷砖的吸水率进行分类，可有效指示产品的致密度、机械强度及其适用范围。国家相关标准按吸水率和成型方法对产品进行的分类见表 8-1。

表 8-1　陶瓷砖分类及代号

按吸水率（E）分类		低吸水率（Ⅰ类）				中吸水率（Ⅱ类）				高吸水率（Ⅲ类）	
		$E \leqslant 0.5\%$（瓷质砖）		$0.5\% < E \leqslant 3\%$（炻瓷砖）		$3\% < E \leqslant 6\%$（细炻砖）		$6\% < E \leqslant 10\%$（炻质砖）		$E > 10\%$（陶质砖）	
按成型方法分类	挤压砖（A）	AⅠa类		AⅠb类		AⅡa类		AⅡb类		AⅢ类	
		精细	普通	精细	普通	精细	普通	精细	普通	精细	普通
	干压砖（B）	BⅠa类		BⅠb类		BⅡa类		BⅡb类		BⅢ类	

注：BⅢ类仅包括有釉砖。

对于不同种类的建筑陶瓷，国家标准《陶瓷砖》（GB/T 4100—2015）对其性能指标有不同的要求。表 8-2 给出了各类建筑陶瓷的吸水率、机械强度（破坏强度和断裂模数）等重要性能指标的国家标准质量要求。

表 8-2　建筑陶瓷（陶瓷砖）吸水率的国家标准质量要求

产品种类	吸水率	破坏强度（N）		断裂模数（MPa）（挤压砖、干压砖）
		厚度≥7.5mm	厚度≤7.5mm	
瓷质砖	平均值≤0.5% 单个最大值≤0.6%	挤压砖≥1300 干压砖≥1300	挤压砖≥600 干压砖≥700	平均值≥28、35 单个最小值≥21、32
炻瓷砖	$0.5\% < E \leqslant 3\%$ 单个最大值≤3.3%	挤压砖≥1100 干压砖≥1100	挤压砖≥600 干压砖≥700	平均值≥23、30 单个最小值≥18、27
细炻砖	$3\% < E \leqslant 6\%$ 单个最大值≤6.5%	挤压砖≥950 干压砖≥1000	挤压砖≥600 干压砖≥600	平均值≥20、22 单个最小值≥18、20
炻质砖	$6\% < E \leqslant 10\%$ 单个最大值≤11%	挤压砖≥900 干压砖≥800	挤压砖≥900 干压砖≥600	平均值≥17.5 单个最小值≥15
陶质砖	平均值>10% 单个最小值>9%	挤压砖≥600 干压砖≥600	挤压砖≥600 干压砖≥350	平均值≥8、15 单个最小值≥7、12

8.1.2.2　烧结砖

普通黏土烧结砖的生产和使用，在我国已有 3000 多年的历史。烧结砖生产的投资成本、工艺技术水平等较普通瓷砖生产过程低，在国家限制使用黏土的政策下，利用煤矸石、粉煤灰和城市渣土等制备烧结砖方面已成功实现了应用，成为消纳工业固废的一个有效途径。普通黏土砖的主要化学成分为 SiO_2、Al_2O_3 和 Fe_2O_3，由于地质生成条件的不同，可能还含有少量的碱金属和碱土金属氧化物等。

普通烧结砖在今后相当长的时间内，特别是在以下领域仍然有较大的市场空间。①墙体材料用烧结砖：以内燃砖为主，可以为烧结多孔或烧结空心砖，仍然是农村或县城主要的墙体材料之一，使用数量巨大；②高档路面砖：可以是不同颜色或类型的烧结景观砖、透水砖等，是高档小区、公园、广场和城市人行道的高档路面材料；③清水砖或劈裂砖：可以是不同颜色或类型的烧结制品，主要用在建筑外墙等，具有装饰等效果。

作为墙体材料的烧结砖可以根据孔隙率不同，分为普通烧结砖、烧结多孔砖、烧结空心砖。烧结多孔砖是以渣土、页岩或煤矸石为主要原料烧制而成的，孔洞率超过25%。孔尺寸小而多且为竖向孔的主要用于结构承重的多孔砖。烧结空心砖是以渣土、页岩或煤矸石为主要原料烧制而成的孔洞率大于 35%，孔尺寸大而少且为水平孔的主要用于非承重部位的空心砖。用烧结多孔砖和烧结空心砖代替烧结普通砖，可使建筑物自重减轻 30%左右，节约黏土 20%～30%，节省燃料 10%～20%，墙体施工功效提高40%，并改善砖的隔热隔声性能。通常在相同的热工性能要求下，用空心砖砌筑的墙体厚度比用实心砖砌筑的墙体减薄半砖左右。

烧结路面砖可以根据抗压强度、吸水率等性能分类。根据《烧结路面砖》（GB/T 26001—2010）标准，烧结路面砖可以分为 F、SX、MX 和 NX 四个类别（表 8-3）。

表 8-3　抗压强度、吸水率及饱和系数

类别	抗压强度（MPa）≥		吸水率（%）≤		饱和系数≤	
	平均值	单块最大值	平均值	单块最大值	平均值	单块最大值
F类	70.0	62.8	6.0	7.0	—	—
SX类	55.0	48.6	8.0	11.0	0.75	0.80
MX类	30.0	25.1	14.0	17.0	无要求	无要求
NX类	25.0	20.4	无要求	无要求	无要求	无要求

8.1.2.3　烧结陶粒类材料

烧结型陶粒是陶粒的一种。陶粒是一种具有一定强度、粒度多为 5～25mm 的规则球体或不规则的陶制颗粒。表面有一层坚硬的外壳，内部多孔，具有良好的物理、化学特性，强度高，密度小，比表面积大，孔隙率高，吸附截污能力强，化学和热稳定性好，耐酸耐热，隔水保气，保温隔热。陶粒被广泛应用于建材、园艺、食品饮料、耐火保温材料、化工、石油等部门。此外还有免烧陶粒，在此不做讨论。

烧结型陶粒可以划分为烧结陶粒和烧胀陶粒。烧结陶粒的焙烧温度较低（一般为950～1100℃），焙烧时间较短，表面粗糙，有很多细微气孔，比表面积大，膨胀系数小，密度偏大，强度高，被广泛用于民用建筑和土木工程的承重结构，比如桥梁和高层建筑等；烧胀陶粒的焙烧温度较高（一般大于 1100℃），焙烧时间长时产出的陶粒表面由一层釉质层包裹，具有较高的硬度，内部呈蜂窝状封闭多孔，膨胀系数大，密度小，物理化学性质稳定，具有很好的隔绝性能，是一种极佳的轻质骨料，主要用于保温隔热混凝土等非承载墙体及制品。

陶粒替代普通砂石料的技术已经应用近100年。美国最早于20世纪初开始利用页岩制备陶粒，并将陶粒取代普通砂石集料应用于桥梁建设。20世纪80年代，苏联的陶粒生产就达到了年产量5000万立方米的水平。除了美国、苏联，德国、日本和英国等也大量发展了轻质陶粒取代普通陶粒砂的工作，大量陶粒应用于桥梁、高层建筑和采油平台三大工程领域。我国利用固废制备陶粒的历史已有50余年，20世纪60年代初在上海等地开始烧制粉煤灰陶粒，并将这些陶粒大量应用于上海郊县的32座公路桥，南京长江大桥的公路桥面板及宁波地区两座较大的公路桥上部结构，至今已有50多年，使用性能仍然良好。目前已经形成了GB/T 17431.1—2010《轻集料及其试验方法第1部分：轻集料》、JGJ/T 12—2019《轻骨料混凝土应用技术标准》等一系列标准。

从固废资源化利用的角度，将固废制备为高密度、高强度的烧结型陶粒或陶砂是解决固废高附加值资源化利用的最佳途径，这不仅使得单位体积内利用固废的数量更多，而且高附加值的陶粒产品能够实现长距离运输和广泛应用。可预见，陶粒研究的趋势是其性能向高强和轻质两个方向发展，同时使用原料不断向固废方向拓展。

8.2 建筑陶瓷的制备原理

高岭石、长石、石英三元配料是传统陶瓷最典型的配方，因为这个配方兼顾了陶瓷生产必需的两大前提。一方面，必须满足陶瓷生产的工艺要求，重点表现在坯体的成型、保型及制品的烧成方面，这是陶瓷材料制备所必需的外在条件。另一方面，必须满足陶瓷材料的质量要求，原材料组成或配方组成就是质量要求最重要的保障。从这个意义上说，传统陶瓷原料可分为两种类型，即满足陶瓷生产的工艺需求的原料类型和满足陶瓷材料内在质量要求的原料类型。

配合料球磨→成型→烧成，这是陶瓷制造所特有的工艺。其中，烧成和成型是中间工序，起到承上启下的作用，是传统陶瓷生产工艺中重要又最为复杂的环节，是工艺的延续，同时是陶瓷材料内在质量实现的条件。为了坯料的“可烧”和“易烧”，陶瓷配方中往往需要引入降低烧成温的原材料，这就是熔剂类原料。

8.2.1 建筑陶瓷中的原料

普通陶瓷又称作黏土瓷或三组分陶瓷，属于SiO_2-Al_2O_3-K_2O-(Na_2O）体系配方，最后烧制得到的陶瓷材料以石英、莫来石为主晶相。陶瓷主要原料分为三类，即黏土类、石英类、长石类。各种原料在建筑陶瓷生产过程中所起的作用不同，据此可将建筑陶瓷分为不同种类。

1. 可塑性原料

可塑性原料即黏土类原料，包括软质黏土（如木节土、漳州土、苏州土、界牌土等)、硬质黏土（如叶蜡石、紫砂土、红页岩等)。可塑性原料在建筑陶瓷中所起的作用主要有赋予陶瓷坯体成型时必需的可塑性，对瘠性料产生结合力；使坯体具有足够的强度，可保证在生坯转移、干燥、烧成前不变形、不开裂；黏土矿物在陶瓷坯体最终烧成后转化为莫来石晶体，可赋予坯体较高的机械强度、热稳定性和化学稳定性；在配制釉浆时可使浆料具有悬浮性、稳定性和流动性。

2. 瘠性原料

瘠性原料即石英类矿物，包括石英、熟料、废砖粉、长石、硅灰石、透辉石等，也包括大量的火法冶金渣、尾矿等。石英瘠性料的主要作用为调节泥料的可塑性，降低坯体的干燥收缩，减少坯体的变形，缩短坯体的干燥时间；烧成过程中，石英因加热产生晶型转变伴随的体积膨胀，可部分抵消黏土的收缩，减弱烧成收缩过大而造成的应力，改善坯体性能；高温下部分溶解于玻璃相中，提高玻璃相的黏度，残余的颗粒构成坯体的骨架，增加高温下坯体抵抗变形的能力，并提高制品的机械强度；在釉中是形成玻璃的主要成分，它的含量及粒度的变化会影响釉的性能，可以调节釉的热膨胀系数，赋予釉面高的机械强度、硬度、耐磨性与抗化学侵蚀性能。

3. 熔剂原料

熔剂原料包括长石、硅灰石、透辉石、石灰石、滑石、霞石、珍珠岩、伟晶花岗岩、霞石正长岩等。釉中还常引入氧化铅、硼类化合物、低温碳酸盐、硝酸盐、磷酸盐等。熔剂可分为两类：一类称为熔剂，指能在较低温度下自身转变成液相，去熔解其他物质的原料；另一类称为助熔剂，指能在较低温度下与其他物料形成低共熔物，使坯料出现低温液相的原料。前者的代表是长石，后者的代表是碳酸钙。

熔剂原料在建筑陶瓷中所起的作用主要有降低可塑性，缩短坯体的干燥时间，减少坯体干燥收缩和变形。其可降低烧成温度，是坯体中碱金属氧化物的主要来源；高温下形成的长石熔体，可促进石英和高岭石的溶解和互相渗透，促进莫来石晶体的形成和长大；高温下形成的长石熔体填充于坯体颗粒间的空隙，黏结颗粒，提高致密度，改善坯体的机械性能；长石玻璃熔体冷却后构成玻璃态物质，增加坯体的透明度，提高光泽度，成为形成釉面的主要成分，调节其用量，可以调节釉面的质量和坯釉结合性能。

4. 辅助原料

辅助原料包括减水剂、乳浊剂、增强剂、色料、硬化剂或固定剂及水等。辅助原料添加的目的是在建筑陶瓷实际生产中能够优化料浆、坯体性能，节约水耗，降低能耗，改善产品装饰品位，提高产品质量。

传统陶瓷瓷质坯体的化学组成见表8-4。不同化学成分在陶瓷坯体中具有不同的作用。

表8-4　一般瓷质坯体化学组成　　%

组成	SiO_2	Al_2O_3	Fe_2O_3	$CaO+MgO$	K_2O+Na_2O	烧失量
含量	64～74	16～24	0.5～1.5	0.5～3	4～8	2.5～7

（1）SiO_2：在传统陶瓷中，SiO_2是陶瓷的主要组分，其含量很高，一般所有原料中都含有SiO_2，在坯体中通常以残余石英颗粒、莫来石等晶体和玻璃态物质中的结合状态存在。SiO_2直接影响陶瓷的强度及其他性能，特别是残余石英，因其膨胀系数较大，与其他组分间存在较大差异，是瓷坯中结构应力产生的根本原因。应力的作用结果影响到瓷坯制品的强度，但石英溶解在玻璃相中时，应力作用会消失。因此，坯体中SiO_2含量不能过高，否则陶瓷烧后热稳定性变差，容易因为冷却过程中残余石英颗粒晶型转变产生的体积效应而出现自行炸裂现象。

（2）Al_2O_3：Al_2O_3 是传统陶瓷中坯体的另一重要组分，主要来源于黏土原料，在瓷坯中一部分以莫来石晶体的组成存在，另一部分以玻璃相构成存在。传统陶瓷中莫来石晶相是主要骨架，可提高瓷的物理化学性能和力学性能。在玻璃相中，Al_2O_3 是网络架构体，有助于提高液相黏度，改善坯体高温稳定性。

（3）碱金属氧化物（K_2O 和 Na_2O）：碱金属氧化物是促进成瓷的主要组分，由长石类原料引入，在陶瓷坯体中起助熔剂作用，主要存在于玻璃相中，可提高坯体透明度。碱金属氧化物可急剧降低玻璃相的黏度，影响坯体高温热稳定性，故一般 K_2O 与 Na_2O 的总量控制在 5%以下。

（4）碱土金属氧化物（CaO 和 MgO 等）：通常碱土金属氧化物与碱金属氧化物共同起着助熔作用，没有固定来源，一般在坯体中使用较少，在釉料配方中使用较多，因为 CaO 和 MgO 可大幅度降低液相黏度，促进物相熔化与均化。坯体中的 CaO 和 MgO 对提高瓷的热稳定性和力学强度，提高白度和透明度有一定作用。

（5）铁氧化物类（铁、锰和钛氧化物等）：铁氧化物类通常被认为是坯体中的有害化合物，主要是因为其能降低坯体耐火度，严重影响制品的介电性能、化学稳定性等。一般坯体中需严格控制其含量，但铁氧化物类是非常重要的呈色原料，在不同气氛下，具有不同的呈色效果，在釉料中应用广泛。

8.2.2 陶瓷配方的设计

陶瓷在传统概念上是指以黏土为主要原料，添加其他天然矿物经过粉碎炼制、成型和煅烧等过程制成的产品。在伴随人类生产和生活几千年的过程中，陶瓷已经成为不可或缺的一种材料，随着科学技术的发展，出现了很多新型陶瓷材料以及陶瓷制备新工艺，新兴的陶瓷材料已经不用或者很少用到黏土等传统陶瓷矿物原料，并且具有许多优异的性能，在现代工业中得到了广泛的应用。随着优质传统陶瓷原料的日益减少及国家对开采矿物原料造成环境污染和破坏等问题越来越关注，积极开发新陶瓷原料，研制新的陶瓷品种，降低陶瓷行业能源消耗等成为陶瓷企业的重要目标。

利用工业固体废物作为陶瓷原料进行产品烧制是陶瓷行业绿色化发展的一个重要方向，至今已经有几十年的发展历程。在陶瓷行业应用工业固体废物作为新的原料，必然对传统陶瓷产生影响。选用合适原料，通过理论和试验进行配方的设计是获得预期陶瓷制品的重要基础。

一般陶瓷坯体配方设计需要遵循的原则有：

（1）化学组成能满足制品的性能要求；

（2）了解各种原料对产品性质的影响；

（3）所用原料的性能与配比要满足生产工艺及制品最终物理性能的要求；

（4）选用储量丰富、来源可靠、质量稳定、价格便宜和运输方便的原料，保证产品的经济合理性。

对于陶瓷配方的设计，还可以借助相图进行分析，经过化学组分换算估计试样的主要晶相。除化学组分外，各种原料矿物相的不同也会对烧结性能产生影响，如黏土中含有的高岭石、蒙脱石和伊利石种类不同，对陶瓷坯体的成型与烧结都有影响，赤泥、钢渣、铜渣中含有的铁元素的矿相不同，烧成过程中铁元素发挥作用和在陶瓷中的赋存矿相也不尽相同。

利用固体废物制备陶瓷过程中，除了硅铝钙镁铁等主要元素影响外，还要注意其他杂质离子对烧结温度、有害组分挥发，以及陶瓷的颜色、重金属浸出等性能的影响。

8.2.3 陶瓷烧结机理

烧结是陶瓷制备工艺过程的关键阶段之一。烧结是一种利用热能使粉末坯体致密化的技术，烧结的基本驱动力是系统的表面能下降。

尽管人类使用陶瓷的历史已经有几千年，但近 100 年才开始对烧结现象进行研究，最早是从 20 世纪 20 年代有学者开始观察烧结现象，到 40 年代提出烧结的基础模型，截至目前，烧结理论的发展经历了以下三个阶段。

（1）烧结扩散理论基础的奠定，源于 1945 年和 1949 年双球模型和球-板模型的提出，导出了烧结过程烧结颈长大速率的动力学方程；

（2）致密化理论和烧结动力学理论的发展，如运用价电子稳定组态模型解释活化烧结的现象，压力烧结下的蠕变模型和烧结的统计理论等，深入研究了致密化过程，丰富了该过程的描述与评估；

（3）计算机模拟技术的应用及发展，提出了利用计算机模拟烧结的晶粒模型和尖锐界面模型，并可模拟压力-烧结图等，有助于进一步了解烧结过程本质。

陶瓷烧结是坯体在高温条件下粉体颗粒表面积减小、孔隙率降低、力学性能提高的致密化过程。根据烧结机理，可以划分为固相烧结和液相烧结两种类型。

固相烧结（Solid Phase Sintering，简写为 SPS）是没有液相参加，或液相量极少不起作用的烧结。固相烧结过程中主要发生晶粒中心互相靠近、晶粒长大、减小粉末压实的尺寸以及排出气孔等变化。固相烧结一般可分为三个阶段：初始阶段，主要表现为颗粒形状改变；中期阶段，主要表现为气孔形状改变；末期阶段，主要表现为气孔尺寸减小（图 8-1）。

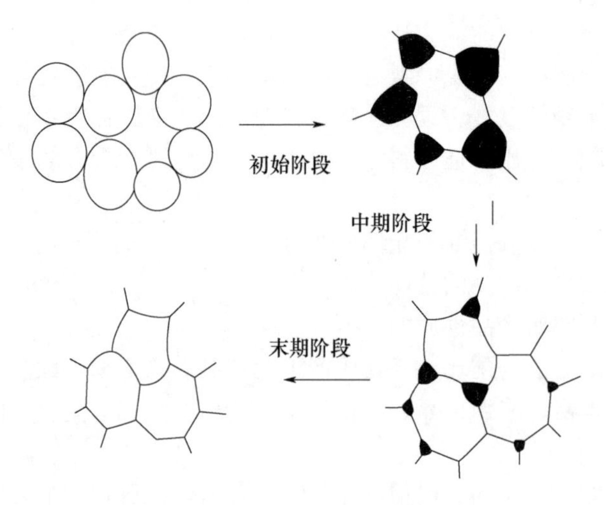

图 8-1　固相烧结的三个阶段

固相烧结的主要传质方式包括蒸发-凝聚传质和扩散传质，而扩散传质的类型有表面扩散、晶界扩散和体积扩散。

最早的陶瓷烧结模型是 Frenkel 在 1945 年提出的双球模型，如图 8-2 所示。Frenkel 假定烧结颗粒均为圆球，且半径相等，颗粒之间相互接触形成曲率半径为 ρ 的接触颈，在接触颈部形成负压，引起颗粒的黏性流动，填充颈部，颗粒接触面增大，坯体收缩。以颗粒接触面颈部半径 x 随时间变化表征烧结，导出了黏性流动机制作用下烧结颈长大速率的动力学方程。

$$\left(\frac{x}{a}\right)^2 = K \times \frac{\gamma a}{\eta} \times t \tag{8-1}$$

式中 x——接触颈半径；

t——烧结时间；

a——颗粒半径；

γ——表面张力；

η——黏度系数。

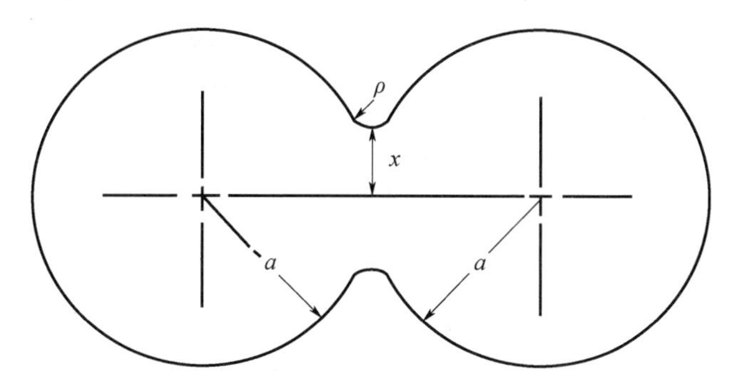

图 8-2 双球烧结模型示意图

随后，Kuczynski、Kingery 和 Coble 等利用圆球与平板的烧结模型，建立了烧结初期不同扩散机制作用下烧结颈生长方程，包括表面扩散、体积扩散、晶界扩散和蒸发凝聚等，奠定了烧结扩散理论的基础。

液相烧结（Liquid Phase Sintering，简写为 LPS）是指在烧结坯体包含多种粉末时，烧结温度至少高于其中一种粉末的熔融温度，从而在烧结过程中出现液相的烧结过程。烧结过程中烧结体内出现一定数量的液相后，其物质传递速率大大高于固相扩散传质过程，因此，液相烧结是强化烧结的一种有效方式。液相烧结的传质方式包括黏滞流动传质和溶解-沉淀传质。

大多数陶瓷材料都需经历液相烧结过程，液相烧结是陶瓷材料在烧结过程中发生致密化从而调控陶瓷材料微观结构、优化其力学性能的关键。液相烧结的致密化过程主要可以分为三个阶段：重排、溶解-析出、气孔消除，如图 8-3 和图 8-4 所示。

（1）重排：液相的生成与固相颗粒的重排阶段。随着部分矿物开始生成液相，固相随着液相的张力作用发生位移。颗粒间的孔隙逐渐被部分液相填充，颗粒重新排列，坯体更加致密。

（2）溶解-析出：固相的溶解和析出阶段。由于液相的存在，部分矿相会发生熔蚀，温度、颗粒形状和大小均影响熔蚀作用。熔蚀后的液相具有更好的传质条件，促进坯体中的固液反应，使大颗粒表面出现细小新晶体。物质通过液相传质，完成元素的迁移，与第一阶段相比，致密化速度减慢。

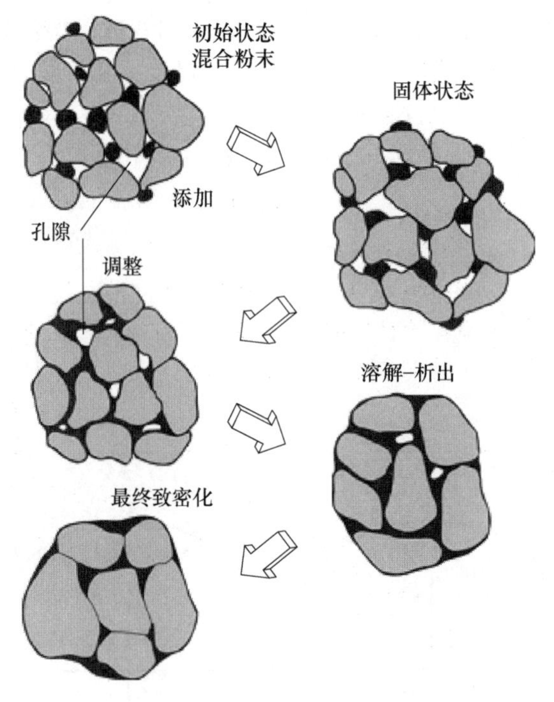

图 8-3　液相烧结过程示意图

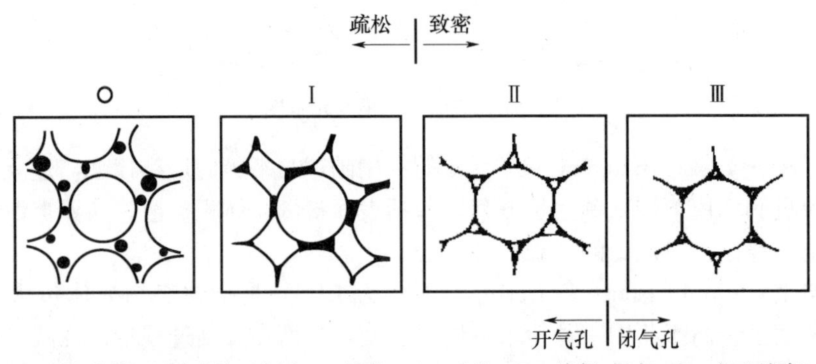

(a) 液相烧结不同阶段的示意图 (O：熔化；Ⅰ：重排；Ⅱ：溶解–析出；Ⅲ：气孔消除)

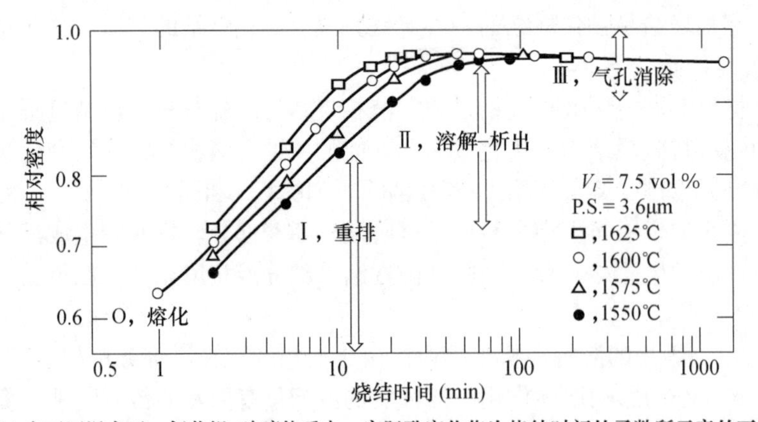

(b) 在不同温度下，氧化铝–玻璃体系中，实际致密化作为烧结时间的函数所示意的不同LPS阶段

图 8-4　液相烧结的阶段

（3）气孔消除：固相烧结阶段。经过两个阶段后，尤其是液相的填充，坯体中气孔排出，使坯体收缩，颗粒间的接触增加，固相反应促使颗粒发生黏结，逐渐形成固相骨架，此时致密化速度显著减慢。

其后很多科学家在此基础上进行了研究，随着计算机技术的发展，计算机也应用于陶瓷烧结过程的模拟。然而实际烧结过程比较复杂，通常由固相烧结和液相烧结共同作用，因此，尽管经过了众多学者近 100 年的研究探索，烧结理论不断完善，但目前还没有能够同时描述整个烧结过程的统一的烧结理论。

8.2.4　陶瓷烧成过程

“烧成”是指对陶瓷生坯进行高温热处理，使其发生一系列物理化学变化，最终形成具有一定的微观结构和晶相组成的陶瓷熟坯产品，展现出所要求的性能。

熟坯烧成的整个过程（图 8-5），按照烧制温度的高低以及时间的先后，大概可以划分为以下四个阶段。

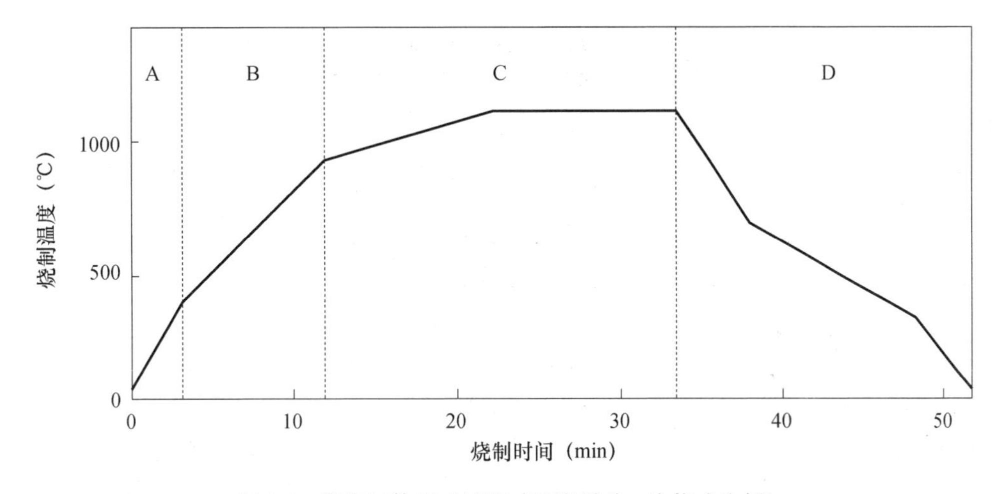

图 8-5　陶瓷坯体烧成过程（以瓷质砖一次烧成为例）

预热阶段，室温至 300℃（A）：主要是排除生坯中在干燥工段未能排除的残留水分，以及生坯在离开干燥工段后重新从大气环境中吸附的水分或在施釉过程中吸收的水分，不发生化学反应，同时，生坯原料中含有的挥发性有机物也在该阶段挥发排出。

低温烧成阶段，300～950℃（B）：是烧成过程中最主要的排气阶段，诸多物质都在该阶段氧化或分解，排出多种气体，使生坯的孔隙度显著增加。此外，该阶段中还有一定程度的晶型转变、液相形成等现象发生。

高温烧成阶段，950℃至最高温度（C）：是烧成过程中最主要的液相形成和晶型转变阶段，坯体的微观结构和晶相组成不断转变并优化，最终实现坯体的瓷化。此外，一些产气反应也在该阶段发生。选择合适的最高烧成温度对获得优良的坯体性能也非常关键。过低的烧成温度使得液相及莫来石晶相的生成量过少，从而导致坯体致密度和强度不足；过高的烧成温度使得液相生成量过多且黏度过低，从而使晶体被过多溶解、封闭气孔中的空气膨胀，容易导致坯体强度降低、孔隙度增加以及软化变形。

冷却阶段，最高温度至室温（D）：将高温烧成阶段获得的致密度高、晶型良好的坯体冷却固定成型。随着温度的降低，液相黏度迅速增大，使得晶体的析出与生长明显放慢，不过，在这一过程中仍有少量的莫来石及方石英从液相中析出。温度的进一步降低，使得液相因过冷而成为固态玻璃相，莫来石及石英等晶体则分散并固化于玻璃相中，共同构成孔隙度低、强度高、硬度大、光泽度好的瓷化坯体。

8.2.5　陶瓷的显微结构与性能

经过烧结后的陶瓷，通常由不同的晶相、玻璃相和气孔等构成其坯体显微结构。不同的瓷质，坯体中物相组成不同，各物相的数量也不同。陶瓷坯体的显微结构直接决定陶瓷的性能。

1. 晶相

瓷坯中存在的晶相，可以分为原料中带入的未反应原始矿物相和烧结过程中坯体内经过物理化学反应产生的晶相。这些晶体共同构成瓷坯的骨架。烧结过程中反应产生的晶相又可以分为原料在高温过程中自身经过物理化学变化而产生的物相，如传统陶瓷中黏土原料在高温下生成莫来石相，或原料相互之间进行反应新生成的物相，如在氧化铝烧结中加入微量 MgO，可在晶界生成镁铝尖晶石相，可促进氧化铝陶瓷的烧结。瓷坯中晶相种类及数量由坯体组成和烧成工艺决定，晶相是陶瓷材料基本性能的主导物相。

2. 玻璃相

玻璃相是陶瓷坯体中的低熔点组成物熔融或者组分之间形成低共熔物，在冷却过程形成的非晶态固体物质。玻璃相在瓷坯中形成连续相，将晶粒黏结在一起，填充颗粒间的空隙，促使坯体致密化，高黏度玻璃相还能抑制晶粒长大、防止晶型转变，从而获得合适大小的晶粒尺寸，并可提高坯体高温下抗变形能力，扩大烧结温度范围。玻璃相产生的温度和数量是陶瓷材料液相烧结过程致密化的关键因素。也有研究报道液相结构同样对致密化过程产生影响。玻璃相对于材料的性能也有重要影响，当液相成为陶瓷材料内部主要物相，起到支撑作用时，材料的性能下降。合适的液相量使得晶体相互紧密连接，形成致密材料，可以提高材料的性能。

3. 气相

气孔是气体在烧结过程中未排除完全而残留在瓷坯中形成的，包括生坯空隙中的原有气体和烧成过程中物相反应产生的气体。气孔与坯料组成及烧结工艺有密切关系。若坯料中含有较多的有机质、碳酸盐、硫酸盐等，在烧成过程中的氧化分解阶段，需要控制好升温速率，促使反应完全，以免高温下形成液相后，坯体中仍然发生剧烈分解反应，产生大量气体，导致致密化过程困难，从而严重影响陶瓷坯体的机械强度等性能。但研究多孔陶瓷时，气孔为主相，通常需要添加造孔剂，使坯体中形成气孔。

在普通陶瓷生产中，一般避免使用含铁元素多的矿物，特别是瓷质坯体中对氧化铁的含量要求严格。这是因为铁氧化物影响坯体的颜色。坯体内不同氧化铁含量在氧化气氛下煅烧后的呈色效果见表 8-5。

表 8-5 氧化气氛下 Fe_2O_3 含量对黏土煅烧后呈色的影响

Fe_2O_3含量（%）	氧化气氛下的呈色	适合于制造的陶瓷品种
<0.8	白色	细瓷、白炻瓷、细陶器
0.8	灰白色	一般细瓷、白炻瓷器
1.3	黄白色	普通瓷、炻瓷器
2.7	浅黄色	炻器、陶器
4.2	黄色	炻器、陶器
5.5	浅红色	炻器、陶器
8.5	紫红色	普通陶器、粗陶器
10.0	暗红色	粗陶器

有学者认为，黏土坯体烧结过程产生膨胀的原因之一就是 Fe_2O_3 的存在，氧化气氛下，在 1230～1270℃以前，Fe_2O_3 是稳定的，如果温度继续升高，则 Fe_2O_3 将按下式分解，放出气体，引起膨胀。

$$6Fe_2O_3 \longrightarrow 4Fe_3O_4 + O_2$$

$$2Fe_2O_3 \longrightarrow 4FeO + O_2$$

如在还原气氛下进行燃烧，部分 Fe_2O_3 被还原成为 FeO，则呈色一般为青、蓝灰到蓝黑色，同时降低黏土的耐火度。此时 Fe_2O_3 反应温度提前到约 1100℃完成。因此，铁氧化物含量较高的坯体更适合用于制备炻器或陶器。

8.2.6 建筑陶瓷的制备工艺

陶瓷制备的基本工序大致相同，可以概括为：粉体制备、坯体的成型、烧结。

粉体制备主要是指配料过程和粉碎过程。配料根据实际生产需要进行，粉碎过程有机械冲击式粉碎（破碎）、球磨粉碎、行星式研磨等方式。建筑陶瓷因为产量大，在工业上主要采用的是球磨破碎，生产中普遍采用的是间歇式球磨机。球磨方式有湿法和干法两种。湿法是在磨机中加入一定比例的研磨介质（通常是水），干法则不加研磨介质。湿法球磨主要靠研磨作用进行粉碎，得到的颗粒较细，粉尘小，出料时可以用管道运输；干法球磨主要靠研磨体的冲击和磨削作用进行粉碎，得到的颗粒较湿法粗。

坯体的成型方法很多，包括注浆成型法、可塑成型法、干压成型法、挤压成型法、等静压成型法。建筑陶瓷生产工艺主要为两类，一类是干压成型和等静压成型，另一类是挤压成型。

在陶瓷墙地砖的工业生产中，由于要求自动化程度高，效率要求高，主要采用的是干压成型法以及等静压成型法。地砖通常采用一次烧结，釉面砖通常采用二次烧结。墙地砖生产工艺如图 8-6 所示。

生产烧结制品时，由于压制法不能很好地得到合格坯体，通常采用挤压成型法。挤压成型生产工艺基本流程如图 8-7 所示。挤压成型工艺主要用于清水砖、劈离砖（也称劈开砖）的生产。

烧结过程一般是在工业窑炉中进行的，根据需要得到的烧结产品的性能，制定相应的烧结制度，包括烧结温度、气氛、压力等。为了满足建筑陶瓷产量大、对生产效率要求高的需要，大部分企业采用连续式窑炉进行烧结，应用较广的有隧道窑、辊道窑。

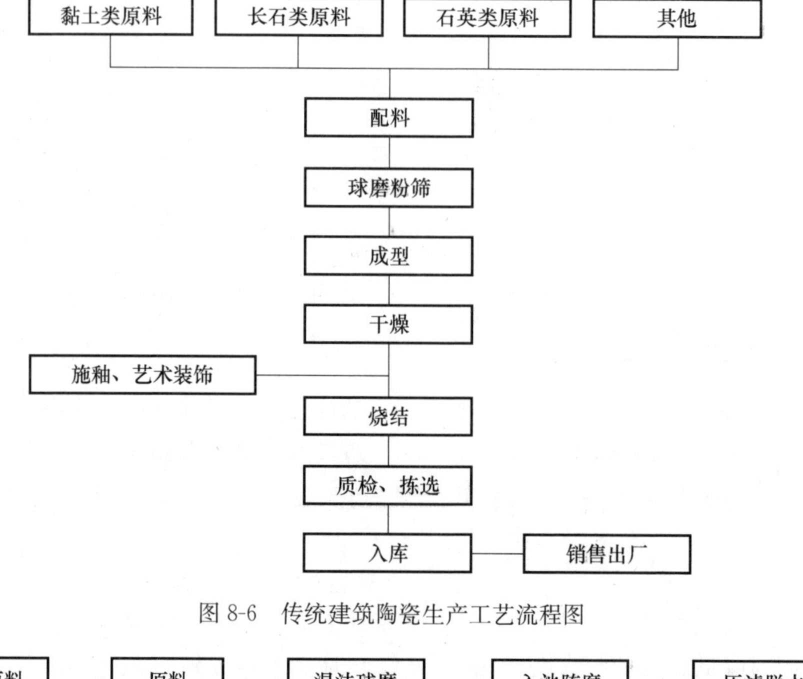

图 8-6 传统建筑陶瓷生产工艺流程图

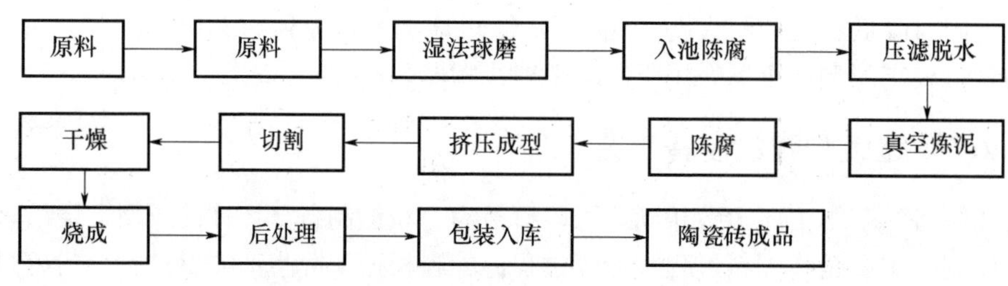

图 8-7 建筑陶瓷挤压成型生产工艺流程图

8.3 建筑陶瓷中的固废利用现状

因为传统陶瓷属于 SiO_2-Al_2O_3-K_2O-(Na_2O) 体系，适合含氧化硅和氧化铝的固体废物资源化利用，所以首先引起人们关注的是粉煤灰、煤矸石等高硅铝固废在陶瓷中应用，并逐渐发展到高钙高铁的冶金渣。利用固废的部分典型陶瓷体系见表 8-6。

随着工业的发展，各类的固废产生量和堆积量逐渐增加，除了粉煤灰、煤矸石等高硅铝固废之外，还有钢渣、高炉渣和有色金属冶炼渣等大宗固废等待处理消纳，人们把目光投向了建筑陶瓷行业。但这些渣具有高钙或者高铁的特点，并不能依赖成熟的 K_2O(Na_2O)-SiO_2-Al_2O_3体系处理这些冶炼渣，因此学者们开始尝试利用冶金渣制备非 K_2O(Na_2O)-SiO_2-Al_2O_3体系的陶瓷材料。

以 40%粉煤灰和 60%黏土质煤矸石为原料，在 900～1200℃之间烧结制备烧结砖，对样品性能分析发现，随着温度升高，试样的吸水率降低，烧结收缩增加，得到试样的主晶相为莫来石，并且莫来石相可以固溶部分铁元素，减少粉煤灰中氧化铁的不利影响。以高岭土质煤矸石为主要原料代替黏土，再加上长石、石英等配料，在 1180～1260℃

温度范围内烧成了陶瓷砖，其主要物相与普通陶瓷墙地砖的矿物相似，为玻璃相、石英和莫来石相。

表 8-6 利用固废的部分陶瓷体系及特点

	传统三元体系陶瓷	过渡体系陶瓷	钙长石质陶瓷	辉石质陶瓷
组成要求	(SiO_2+Al_2O_3+Na_2O/K_2O) >90%，CaO<3%，Fe_2O_3<1.5%	CaO<10%，Fe_2O_3<8.5%	(SiO_2+Al_2O_3+CaO) >90%，Al_2O_3>15%，SiO_2<60%	(SiO_2+CaO+MgO+Fe_2O_3) >90%，SiO_2<60%
主晶相	石英、莫来石	石英/莫来石、钙长石	钙长石、石英	辉石、钙长石
烧结温度	1180～1250℃	1120～1180℃	1100～1160℃	1150～1230℃
性能	30～60MPa	25～45MPa	30～60MPa	60～150MPa
技术成熟度	工业化生产	工业化生产	工业化试验	工业化试验
利用固废	—	高硅铝尾矿、高铝粉煤灰、煤矸石/矿物（硅灰石、透辉石等）	普通粉煤灰、高炉渣、大理石锯泥	钢渣、赤泥、铁合金渣、高钙铁尾矿

在传统陶瓷中逐渐加入一定量含钙或含镁的高硅高铝固废，能够起到类似于硅灰石、透辉石原料的作用，形成低温快烧陶瓷。低温快烧陶瓷主晶相仍然是石英和莫来石，但是存在少量低熔点矿相钙长石、堇青石等。当氧化钙含量继续增加，比如掺入大量的高炉渣，此时氧化钙组分与氧化硅和氧化铝组分形成大量钙长石并成为主晶相，陶瓷烧结温度降低。当更多含钙、含铁和含镁的冶金渣加入陶瓷中，此时形成辉石和钙长石为主晶相的陶瓷体系，其力学性能显著提高，但烧结温度也对应提高。

不同冶金渣之间的成分差异较大，比如铜渣中含有大量氧化硅和氧化铁，镍铁渣含有大量氧化镁，钒钛渣含有大量氧化钛，这些不同的成分又会形成不同于表 8-6 的陶瓷体系，并可能具有新的性能特点。正是由于冶金渣等固废的种类不同，成分差异性大，利用冶金渣制备材料的研究才需要持续进行。固废资源化利用的个性化特点正是这一领域需要不断创新发展的一个重要动力。

从总体上来看，利用冶金渣制备陶瓷材料（包括陶瓷砖、烧结砖和烧结陶粒）的优势在于：①适合潜在胶凝活性较低的冶金渣，或含有大量对水泥性能有害组分的冶金渣，如铜渣、赤泥或钢渣等。因为陶瓷材料，碱金属离子、一定量 CaO（MgO）、重金属离子本身是陶瓷必需的且有益的组分，陶瓷材料通过配方设计，能够在高温烧结过程中使游离氧化钙（氧化镁）、碱金属离子、重金属离子、惰性硅酸盐矿物等转变为有益组成：原始的 Na^+、K^+，f-CaO 和惰性的硅酸盐矿物与其他原料进行了反应，碱金属离子被固结，f-CaO 形成新的晶相而不再存在；重金属等参与反应被晶格固溶并稳定固结。②实现固废除水泥和混凝土外的另一个大宗利用途径。在我国，每年建筑陶瓷市场消纳 3 亿～4 亿吨原料，烧结砖瓦行业消纳 10 亿吨以上的原料，烧结陶粒行业则有百亿吨级的人造砂石骨料市场。

8.3.1 利用冶金渣制备辉石质陶瓷材料的思路

传统建筑陶瓷是黏土、长石、石英等为原料的 SiO_2-Al_2O_3-K_2O(Na_2O) 三元体系陶瓷，通常要求其原料中含有大量的 SiO_2 和 Al_2O_3，CaO、Fe_2O_3 和 MgO 含量通常小于 10%。而冶金渣含有大量 CaO、Fe_2O_3 或 MgO 等成分，因此对于传统陶瓷，如果大量掺入冶金渣，则其主要成分将不同于传统建筑陶瓷的高硅高铝成分（表 8-7）。研究发现，对于 SiO_2-CaO-Al_2O_3-Fe_2O_3-MgO 多元体系的固废陶瓷，当其成分点落到辉石和钙长石为主晶相的析晶区时，陶瓷能够获得较好的性能。由于钙长石（CaO-Al_2O_3-2SiO_2）理论组成 CaO 为 20.1%、Al_2O_3 为 36.7%、SiO_2 为 43.2%；辉石族矿物中的透辉石（$CaMgSi_2O_6$）理论组成 CaO 为 25.9%、MgO 为 18.5%，SiO_2 为 55.6%；钙铁辉石（$CaFeSi_2O_6$）理论组成 CaO 为 22.6%、FeO 为 29.0%、SiO_2 为 48.4%。这些以钙长石和辉石族矿物为主晶相的陶瓷使得组成上突破传统硅铝体系陶瓷对 CaO 和 Fe_2O_3 要求含量不能过高的限制成为可能。

如图 8-8 所示，以钢渣为例，钢渣化学组成中 CaO+Fe_2O_3+MgO 含量大于 68%，在传统陶瓷体系中，钢渣的掺量受到限制。以辉石和钙长石为主晶相的区域的成分中，氧化钙含量为 20%～25%，这使得钢渣等冶金渣的掺量能够从 10%增加到约 50%。

表 8-7　典型的冶金渣成分　　%

样品	SiO_2	Al_2O_3	Fe_2O_3	CaO	MgO	K_2O	Na_2O	SO_3	TiO_2	MnO	Cr_2O_3
钢渣	15.79	3.71	19.75	45.47	3.87	0.16	0.01	0.55	0.4	2.23	—
拜耳法赤泥	18.24	19.48	26.74	15.55	0.73	2.20	7.10	2.42	5.17	0.59	—
不锈钢钢渣	28.25	2.19	0.71	45.66	8.64	0.03	0.07	0.88	0.69	5.68	1.22
钒钛高炉渣	25.90	11.34	3.42	27.67	8.03	0.74	0.29	—	21.09	—	0.12
电炉镍渣	49.47	4.2	12.23	2.17	28.33	0.08	—	—	—	—	
铜渣	35.86	2.94	49.93	4.16	0.61	0.69	0.74	0.21	0.26	CuO 0.44	ZnO 2.85
铁尾矿	37.17	10.35	19.16	11.11	8.5	0.1	1.6	0.56	—		

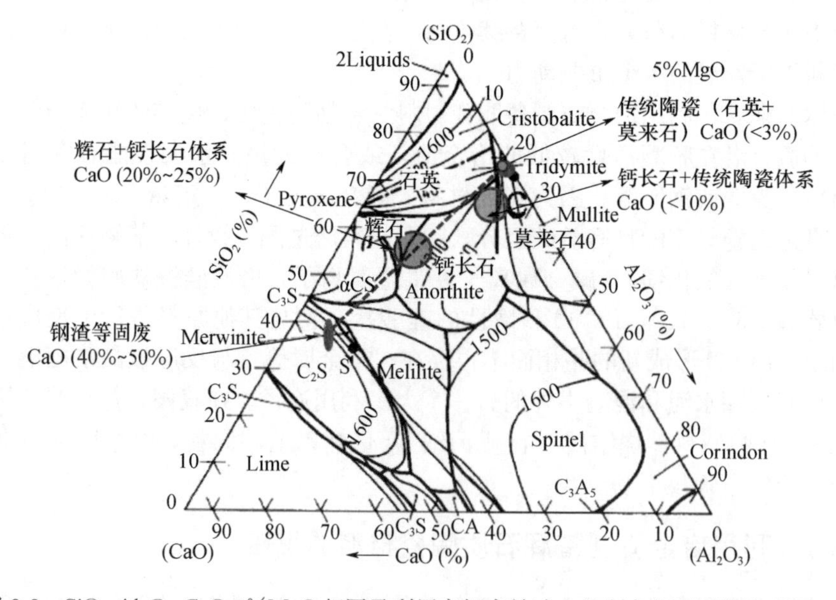

图 8-8　SiO_2-Al_2O_3-CaO-5%MgO 相图及利用高钙高铁冶金渣制备辉石质陶瓷的原理图

更加有利的是，辉石是一系列矿物的总称，在这类矿物中，存在 Ca^{2+}、Na^{+}、Mn^{2+}、Mg^{2+} 和 Fe^{2+}，Mg^{2+}、Fe^{2+}、Mn^{2+}、Ni^{2+}、Li^{+}、Al^{3+}、Fe^{3+}、Cr^{3+} 和 Ti^{3+}，以及 Si^{4+}、Al^{3+} 等不同位置不同离子间的广泛类质同象取代，因此这类矿物还能够固熔 Mn^{2+}、Ni^{2+}、Cr^{3+}、Ti^{3+} 等其他杂质离子，这使得将含有这些杂质离子的冶金渣制备成绿色环保的陶瓷制品成为可能。

8.3.2 钢渣在陶瓷材料中的利用

钢渣在陶瓷行业的应用研究还较少，在陶瓷中掺入 10%～20%的钢渣已能够工业化生产。钢渣掺量 30%～50%的大掺量制备烧结砖和陶瓷砖的研究已进入工业化试验阶段。大量掺入钢渣的陶瓷材料由于带入更多的 CaO、Fe_2O_3 和 MgO 等成分，因此以辉石和钙长石的辉石质陶瓷体系为主。

与传统三元陶瓷体系不同，钢渣辉石质陶瓷体系的烧结过程可以划分为：原料脱水及分解（<800℃）、初结晶（700～1100℃）和致密化与二次析晶（1100～1220℃）三个阶段。CaO 和 Fe_2O_3组分在辉石陶瓷体系烧结过程中起到了关键作用。不同烧结温度下的样品的 XRD 和 SEM 分析表明：CaO 在 700～1100℃时与黏土和滑石等原料的分解产物生成钙长石、透辉石等，促进样品在致密化过程之前完成了初结晶过程，生成的晶体在后续烧结过程中起到重要的骨架支撑作用；在>1150℃时，钙铁榴石等含铁组分形成液相促进了样品的快速致密化，并且由于液相的产生促进了二次析晶过程的进行，使得制品形成单一的辉石相，有助于力学性能的提升。

大量掺入钢渣后，铁元素在辉石陶瓷中起到促进致密化和增强晶相两方面的有益作用：在缺少碱金属离子的 SiO_2-CaO-Al_2O_3-MgO-Fe_2O_3 体系中，含铁组分具有助熔作用，促进液相形成和致密化进行。同时，部分铁离子在液相烧结阶段固溶进入透辉石相中，使得透辉石转化为性能更加优良的普通辉石相。但是铁元素含量过高不利于陶瓷烧结和性能提升。试验表明，小于 10%的 Fe_2O_3对于辉石体系钢渣陶瓷的烧结过程具有促进作用；含有 5%Fe_2O_3样品的抗折强度为 132.9MPa。

钢渣掺量为 40%，能够获得抗弯强度大于 100MPa 的陶瓷。辉石主晶相，特别是固溶了重金属的辉石是赋予了产品较高抗折强度的一个重要原因。利用辉石优异的耐磨性和耐腐蚀性等，可以利用钢渣陶瓷制备工程陶瓷材料。

钢渣陶瓷有优良的重金属的固结性能。将钢渣与污泥按不同比例混合，在 1050～1150℃区间进行烧结，也获得烧结性能良好的陶瓷，重金属离子获得固化。对不锈钢渣制备陶瓷的研究表明，重金属离子以形成固溶体而参与物相组成（如生成铬透辉石）等形式被固结；不锈钢钢渣（含 $Cr_2O_3$5.7%）掺量 45%的钢渣陶瓷重金属浸出（浸出铬、铅、镉含量为 25.17、0.01、0.01mg/kg，远远低于国家标准 100、20、5mg/kg 的要求）完全满足国家标准要求（图 8-9）。工业化试验中，掺入 40%转炉钢渣的陶瓷砖放射性内/外照射指数均为 0.1，远低于国家标准要求（分别为 0.9、1.2）。

8.3.3 赤泥在陶瓷材料中的利用

由于拜耳法赤泥中含有 10%左右的碱金属含量，超过 20%的氧化铁含量，因此拜耳法赤泥在陶瓷中主要以熔剂原料使用。意大利研究者将赤泥与黏土混合制备陶瓷坯体，添加的赤泥可作为熔剂，提高坯体中的玻璃相含量，从而提高烧结体的致密度和抗弯强度。在烧结温度950～1050℃下，坯体密度随赤泥的添加量增加而增加，烧结坯体气孔率随赤泥的增加而降低，赤泥添加量对坯体气孔直径的影响无规律性。利用赤泥为主要原料，辅以页岩及其他添加剂，在1000～1100℃温度范围内烧成。所制备的陶瓷清水砖中赤泥加入量为50%～70%，烧成样品的吸水率为23.33%～42.33%，气孔率为43.45%～70.86%，体积密度为1.66～2.07g/cm^3，强度为11.41～23.95MPa。

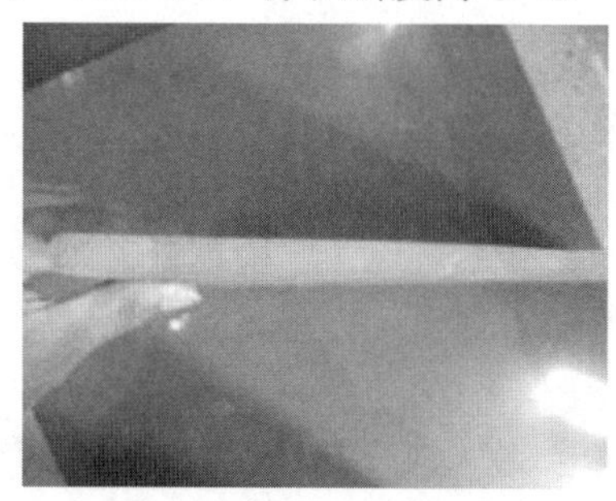

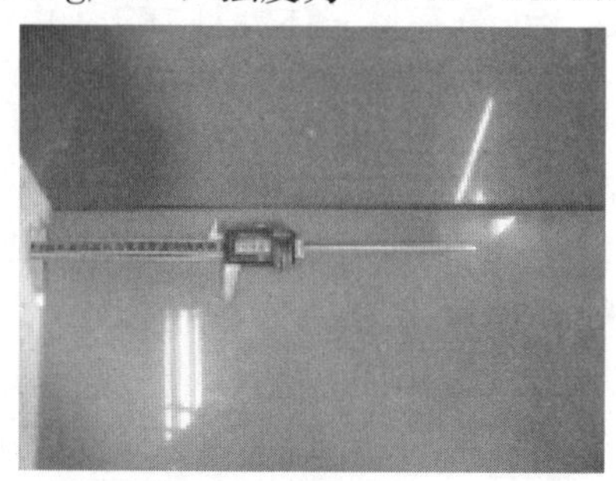

图8-9　600mm×600mm规格不锈钢钢渣瓷质砖［不锈钢钢渣（含Cr_2O_3 5.7%）掺量45%］

以赤泥、高炉镍铁渣为主要原料，制备了典型的辉石体系和钙长石体系赤泥陶瓷，对其烧结机理研究表明：与石英体系烧结过程新生成的方石英相不同，在这两个体系下存在的石英相为原料残余相；赤铁矿相在烧结过程中一直稳定存在，并起到骨架作用；钙长石相于800～1000℃开始生成；辉石相在辉石体系陶瓷中于1000～1100℃开始形成，部分由钙长石相转化而成，而在钙长石体系陶瓷中于1100～1200℃开始形成，主要由1000℃优先生成的钙镁黄长石相再次转化而成。

对赤泥陶瓷中钠离子的控制机理研究发现，钙长石相具有最强的固结Na^+能力，Na^+进入晶格形成稳定的固溶体；辉石相固结Na^+能力弱于钙长石相，但随着温度升高，两者固结Na^+能力均增强。试验中掺量50%赤泥的辉石-钙长石体系陶瓷试样，其Na^+浸出率为0.33%，Na^+浸出量为10.276mg/L，低于生活饮用水标准（200mg/L），且钙长石相较多的试样，其浸出率仅为0.23%。

利用赤泥制备陶瓷烧结砖的研究已经进入到工业化应用阶段。以赤泥为主要原料，掺入煤渣等热值原料及页岩等，工业化制备了赤泥内燃烧结砖。由于内燃砖的内燃温度仅1000℃左右，其烧结性能和固结钠离子性能较差。以赤泥为主要原料，加入黏土，生产出了高含量赤泥的外燃烧结景观砖。通过调节原料和赤泥掺量，在工业化隧道窑中制备了掺入50%～60%赤泥的陶瓷烧结砖，颜色为棕红色。产品经第三方测试表明，赤泥陶瓷烧结砖抗压强度平均值为89.2MPa，远高于国家标准（GB/T 5101—2017）的30MPa，且所取5块试样测试均无泛霜现象出现，抗冻性、耐酸性、耐碱性、放射性等性能均满足国家标准。此外，该试样的Ba、Cd、Cr、Cu、Mn、Pb、Zn重金属元素的浸出值均低于相对应的生活饮用水国家标准。

8.3.4　铜渣在陶瓷材料中的利用

与钢渣和赤泥不同，铜渣成分以氧化硅和氧化铁为主，含氧化钙和氧化镁的含量少。对于掺入铜渣掺量高的陶瓷，当铜渣掺量为50%时，将带入27.5%的Fe_2O_3以及

13%的 SiO_2，属于新型的高铁陶瓷体系。

由于铜渣中主要矿相为铁橄榄石相，在空气状态下的加热过程，也是其中主要硅酸盐矿相橄榄石硅铁分离的过程。当铜渣被加热至 700～900℃的时候，橄榄石的衍射峰减小并逐渐消失，而赤铁矿和石英逐渐增强；但继续升高温度超过 1100℃后，赤铁矿衍射峰逐渐减小，而磁铁矿峰开始增强。铜渣在陶瓷烧结过程中同样会因升温而被氧化，也将在陶瓷坯体中引入高价铁氧化物（磁铁矿或赤铁矿）和石英相。而石英熔点高，在高温烧结反应中仅有部分石英能熔解或参与反应，还存在部分未反应的石英颗粒。在冷却过程中，若降温过快，坯体中残余石英会因晶型转变的体积膨胀效应而使得坯体产生较大的内应力，从而产生微裂纹，甚至开裂，影响陶瓷产品的抗热震性和机械强度。避免大掺量铜渣中过剩石英的形成是大掺量铜渣陶瓷制备过程的一个关键因素。

国外研究者利用黏土、石英砂和铜渣制备出性能优异的陶瓷砖，铜渣最大掺入量为 40%，烧结温度为 1025℃，抗折强度能达到 57MPa，吸水率为 2%，硬度 750MPa，高温下 SiO_2 使得陶瓷基体膨胀，限制了铜渣最大掺入量为 40%。利用铜渣和不锈钢渣能够制备黑色瓷砖，制备的最佳工艺参数的黑色瓷砖的 Fe/Cr 摩尔比率是 2.0，1150℃的烧结温度下烧结 30min。黑色瓷砖的抗压强度等指标超过抛光砖的国家标准，有害元素的含量均在国家标准规定的限值内。

北京科技大学的研究表明，原料中铁元素的价态不同，对陶瓷性能的影响也不同。对比研究了赤泥高铁陶瓷和铜渣高铁陶瓷的结构和性能，获得了赤铁矿在高铁组分陶瓷中的不同作用机理：来源于原料中的原生赤铁矿相仅在陶瓷中起到晶粒细化作用，赤铁矿在烧结过程中为惰性，能够稳定存在。由铜渣中铁橄榄石在烧结过程中氧化分解形成的二次赤铁矿相具有较高的反应活性，这些赤铁矿颗粒间能够连接形成三维的赤铁矿骨架结构，在陶瓷基体中起到骨架支撑作用，显著增强其性能。在 Fe_2O_3 含量超过 40% 时的相近组成条件下，铜渣高铁陶瓷抗折强度均大于 53.70MPa，高于赤泥高铁陶瓷抗折强度 29.61MPa。

8.3.5　铁合金渣在陶瓷材料中的利用

铁合金渣种类多，大多含有高钙、高铁或高镁等组分，部分还有锰、铬等重金属元素。这些成分能够通过陶瓷材料设计，形成有益于陶瓷烧成的反应和矿相。

对冶金中间包覆渣和铬铁渣制备陶瓷的研究表明，尖晶石相具有最强的固结 Cr/Mn 离子能力，Cr/Mn 离子进入晶格形成稳定的固溶体。当硅钙基陶瓷中尖晶石相含量增加，Cr/Mn 浸出率下降；辉石相固结 Cr/Mn 离子能力弱于尖晶石相，而更利于提高试样的力学性能；在辉石相中，透辉石相具有较强的固结 Cr/Mn 离子能力。试验中以尖晶石为主要物相的陶瓷试样具有较低的 Cr/Mn 浸出率，分别为 0.05%和 0.43%。

对于高镁型的高碳铬铁渣和电炉镍铁渣更适用于制备高强的尖晶石结构陶瓷；对于高铝硅型的硅锰渣和高碳铬铁渣更适合制备抗热震性强的堇青石多孔陶瓷；铁合金渣的加入会降低陶瓷的烧制温度，而且各自的特色性能使得这两类功能陶瓷得以广泛的研究和应用。

以铬铁渣、氧化铝和二氧化硅粉末为原料，在不添加任何成孔剂的情况下，制备了多孔堇青石陶瓷，该陶瓷具有（47.26±1.01）MPa 抗弯强度，3.5×10^{-6}/℃的热膨胀，铬的浸出浓度也满足相应要求，铬铁渣中的氧化铁在高温下起到了成孔剂的作用。以铬铁渣和铝土矿为原料能够制备尖晶石刚玉陶瓷，在1320℃烧结时，尖晶石—刚玉陶瓷的抗折强度达到了177.7MPa；陶瓷固化铬元素效果优秀。利用高强度尖晶石—刚玉为主晶相的陶瓷体系，进一步制备了陶瓷支撑剂，最佳烧结温度为1320℃，在52MPa下破碎率为5.08%，表观密度为3.03g/cm^3。

利用铬铁废渣为Fe和Cr元素的致色前驱体制备了环境友好型黑色陶瓷釉，黑釉中发色晶体为Fe-Cr-Co型混合尖晶石，随着烧成温度的增加，黑釉中主晶相及色度值无明显变化，表现出较好的高温稳定性。

以电炉镍铁渣、高岭土为主料，碳酸钠为发泡剂，在1050～1150℃条件下烧制成镁橄榄石—尖晶石泡沫陶瓷，镍铁渣掺量可以达到50%。以镍铁渣为主要原料，采用高温烧结工艺制备镍铁渣多孔陶瓷时，最佳添加量分别为0.8%的SiC。在1100℃下烧结，镍渣含量达到50%时，样品的气孔结构紧凑、大小相近，约为1mm。此时，体积密度为241kg/m^3，抗折强度为0.6MPa，气孔率为87%。

利用60%碳铬渣与黏土等成分混合能够在1210℃制备出性能优异的陶粒，其表观密度为691kg/m^3，颗粒强度为6.82MPa，吸水率为3.33%。碳铬渣掺量对轻骨料的烧胀性能有着明显的影响。碳铬渣硬度大、强度高的特点对骨料的强度有很大作用，但由于碳铬渣烧结性能较差，碳铬渣掺量越大，则骨料烧胀性能越差。

通过合理配比，能够制备出力学性能优良的镍铁渣陶瓷。掺入高炉镍铁渣55%，并协同利用煤矸石、普通黏土，在1220℃下能够获得抗折强度为119.30MPa，吸水率1.00%，晶相为钙长石、尖晶石的陶瓷。利用电炉镍铁渣40%以及黏土等原料，能够获得抗压强度为132.8MPa，吸水率5.24%，晶相为辉石相、石英和堇青石的陶瓷材料。

8.4 利用冶金渣制备功能陶瓷

8.4.1 功能陶瓷的组成及特点

具有某种功能（光、电、磁、声、热、力学、生物、化学功能等）的精细陶瓷，称为功能陶瓷。功能陶瓷通常需要采用高度精选的原料，通过精密调配的化学组成和严格控制的制造工艺来进行陶瓷的合成，因而经过这些过程而制备的陶瓷也称为精细陶瓷。由于不同功能性陶瓷具备的特殊性能，这些功能性材料的发展前景很广阔。

8.4.2 功能陶瓷中的固废利用现状

由于功能陶瓷对组成要求能够精细控制，利用冶金渣制备功能陶瓷的研究并不多。但是，冶金渣本身具有高铁或含碳等特点，能够利用其制成多孔陶瓷和磁性陶瓷。

8.3.5中介绍了利用铁合金渣制备多孔陶瓷材料。利用高炉渣、钢渣和赤泥等也能够分别制备出多孔材料。以高炉渣和废玻璃为原料，添加少量发泡剂碳酸钙、稳定剂磷酸钠、烧结助剂硼酸钠，制备了原料配比不同的多孔玻璃陶瓷。以页岩、含钛高炉渣为主要原料，碳化硅为发泡剂，在不同的烧成工艺制度下制备发泡陶瓷，得到发泡陶瓷的主晶相为斜长石相、石英相和辉石相。

以钢渣为主要原料，掺加黏土、叶蜡石、长石等陶瓷原料，采用颗粒堆积与添加造孔剂法在1150～1165℃烧结制备了钢渣基陶瓷多孔吸声材料。多孔吸声材料的孔隙率在60%以上，抗压性能为7.0～10.0MPa，平均吸声系数在0.42以上。

利用铜渣制备以磁铁矿为主晶相的功能性陶瓷的研究表明，煤粉、沥青粉、煤矸石等改质剂能够抑制铜渣陶瓷在空气气氛下烧结时的氧化过程，有利于磁铁矿相的产生。铜渣混合添加0.5%沥青粉与5%煤矸石两种改质剂的样品在1180℃烧结后，其磁铁矿衍射峰相对强度增强，相应的饱和磁感应强度Ms增加至16.34emu/g，剩余磁化强度Mr为2.65emu/g。

9 微晶玻璃类材料

9.1 微晶玻璃及矿渣微晶玻璃的基本概念

微晶玻璃（glass-ceramic）又称玻璃陶瓷，是将特定组成的基础玻璃，在加热过程中通过控制晶化而制得的一类含有大量微晶相及玻璃相的多晶固体材料。通常，微晶玻璃是不透明体，由50%～95%（体积分数）的晶相和残余玻璃相组成。微晶玻璃的性质与玻璃和陶瓷都不同，其性质主要决定于微晶相种类、晶相含量、显微结构、晶粒尺寸及热处理制度。

9.1.1 微晶玻璃分类

早在18世纪法国化学家鲁米汝尔就提出用玻璃制备多晶材料的设想，但直到20世纪50年代，美国康宁公司经过大量的研究，才实现了由玻璃变为多晶陶瓷的设想，随后，市场上出现了由这种多晶材料制成的制品。在亚洲，日本对微晶玻璃的开发与研制最早，日本的硝子株式会社于1974年采用烧结法制备出了性能优异的微晶玻璃并进行了工业生产，这种新型的制备方法扩充了微晶玻璃的组成可选范围，并且使微晶玻璃的品种变得更加丰富。

微晶玻璃的分类方法很多。按原料可分为技术微晶玻璃（用一般玻璃原料）和矿渣微晶玻璃（用工业废渣为原料）；按外观可分为透明微晶玻璃和不透明微晶玻璃；按微晶化原理可分为光敏微晶玻璃（利用紫外线照射而成的微晶玻璃）和热敏微晶玻璃（通过热处理形成的微晶玻璃）；按性能可分为耐高温、耐热冲击、高强度、耐磨、易机械加工、低膨胀、低介电损耗、强磁性等微晶玻璃；按基础玻璃化学组成可分为硅酸盐、铝硅酸盐、硼酸盐及磷酸盐等微晶玻璃。表9-1列出了常用微晶玻璃按基础玻璃化学组成的分类及其主晶相和主要特性。

表9-1 常用微晶玻璃分类

基础玻璃系列	基础玻璃	主晶相	主要特性
硅酸盐玻璃	Li_2O-SiO_2	二硅酸锂	同金属封着性好
	Na_2O-CaO-MgO-SiO_2	氟锰闪石	易熔融
	Na_2O-Nb_2O_3-SiO_2	$NaNbO_3$	强介电性、透明
	PbO-TiO_2-SiO_2	$PbTiO_3$（钛酸铅）	强介电性
	Li_2O-MnO-Fe_2O_3-SiO_2	$MnFe_2O_4$	强磁性
	F-K_2O-MgO-SiO_2	四硅酸云母	易机械加工

续表

基础玻璃系列	基础玻璃	主晶相	主要特性
铝硅酸盐玻璃	Li_2O（少）-Al_2O_3-SiO_2 Li_2O（少）-Al_2O_3-SiO_2 Li_2O（少）-Al_2O_3（多）-SiO_2	β-锂辉石 β-石英 β-锂辉石＋莫来石	白色不透明 透明 白色不透明、耐腐蚀 （以上：低膨胀、耐高温、耐热冲击）
	Li_2O-Al_2O_3-SiO_2-P_2O Li_2O-Al_2O_3-SiO_2-B_2O_3 Li_2O-MgO-Al_2O_3-SiO_2	β-石英 β-锂辉石	低膨胀
	Li_2O（多）-Al_2O_3（少）-SiO_2 Na_2O-Al_2O_3-SiO_2 Na_2O-BaO-Al_2O_3-SiO_2	二硅酸锂 霞石 霞石＋钡长石	高膨胀、涂层后获高强度
	Li_2O-MgO-Al_2O_3-SiO_2 Li_2O-ZnO-Al_2O_3-SiO_2 Li_2O（多）-Al_2O_3-SiO_2	β-锂辉石 硅酸锌 一硅酸锂、二硅酸锂	易熔、透明、低膨胀高强度 易熔、高强度 可光照、蚀刻
	MgO-Al_2O_3-SiO_2 BaO-Al_2O_3-SiO_2 BaO-Al_2O_3-SiO_2-TiO_2 PbO-Al_2O_3-SiO_2-TiO_2 Na_2O-Nb_2O_5-Al_2O_3-SiO_2 PbO-Nb_2O_5-Al_2O_3-SiO_2	堇青石 六方硅铝钡石 钡长石、金红石 $PbTiO_3$（钛酸铅） $PbNb_2O_7$ $NaNbO_3$	低电介损耗耐热、高周波绝缘性好 耐热、低膨胀强介电性、高强度 强介电性
	ZnO-Al_2O_3-SiO_2 ZnO-MgO-Al_2O_3-SiO_2 BaO-Al_2O_3-SiO_2	钙黄长石 尖晶石 莫来石	透明耐热、低膨胀
	CaO-Al_2O_3-SiO_2（矿渣） MgO-BaO-Al_2O_3-CaO-TiO_2-CeO_2	β-硅辉石、钙长石 铁硅钇铈石	耐腐蚀耐磨 耐酸、硬度高、抗冲击、耐磨
	CaO-MgO-Al_2O_3-SiO_2 F-K_2O-MgO-Al_2O_3-SiO_2	透辉石、钙黄长石 氟金云母	易机械加工
硼酸盐玻璃、硼硅酸盐玻璃	B_2O_3-BaO-Fe_2O_3 ZnO-SiO_2-B_2O_3 PbO-ZnO-B_2O_3-SiO_2	$BaO \cdot 6Fe_2O_3$ 硅锌矿 β-$2PbO \cdot B_2O_3$、α-$2PbO \cdot B_2O_3$	强磁性 耐腐蚀、低膨胀、封着性好 高膨胀封接料

微晶玻璃中晶相的种类、晶粒的大小和数量、残余玻璃相的特性等，决定了其性能。基于玻璃的原始组成及热处理工艺的不同，微晶玻璃可以被赋予多种多样的性能，如可调节的热膨胀系数、机械强度高、硬度大、耐磨性好、软化温度高、在高温下仍保持较高的机械强度、电绝缘性能优良、介电损耗小、介电常数稳定、与相同力学性能金属材料相比密度更小，但结构致密，不透水、不透气等。这些特性使得其可作为结构和功能材料广泛地应用于国防、能源、化工、冶金、汽车、机械、建筑、医学等领域。

9.1.2 矿渣微晶玻璃及其发展历程

大量的工业固体废物是铝硅酸盐废渣，其以氧化硅、氧化铝、氧化钙、氧化镁和氧化铁等为主要成分，在这样的背景下，利用这些废渣制备铝硅酸盐微晶玻璃的研究就应运而生了。在利用废渣制备微晶玻璃的历史过程中，由于最先使用的废渣是冶金过程中的炼铁排放的矿渣，因此通常将利用废渣的铝硅酸盐微晶玻璃都统称为矿渣微晶玻璃。

矿渣微晶玻璃常用的有 $CaO\text{-}Al_2O_3\text{-}SiO_2$（CAS）、$CaO\text{-}MgO\text{-}Al_2O_3\text{-}SiO_2$（CMAS）等体系。研究较多的主要原料为钢铁冶炼渣、有色冶炼渣，粉煤灰、尾矿、煤矸石、磷渣、城市垃圾熔融处理废渣等各类铝硅酸盐类固体废物。矿渣微晶玻璃外观类似大理石、花岗岩，具有优良的耐磨、耐腐蚀性，机械强度显著高于天然石材。

20 世纪 50 年代末 60 年代初期，苏联、欧美等地工业化生产蓬勃发展，各种尾矿废渣排放量也以惊人的速度增加。这些发达国家的科学家、特别是苏联科学家在以矿渣为主要原料制备微晶玻璃方面开展了许多研究工作，对矿渣微晶玻璃的基础理论与工艺技术进行了探索。20 世纪 60 年代初期至末期，材料科学家主要对矿渣微晶玻璃的半工业性生产和工业性生产试验进行研究。1971 年，世界上第一条矿渣微晶玻璃生产线在苏联建成投产。很快，苏联进一步推动其工业化成果，矿渣微晶玻璃迅猛发展。据报道，苏联 1971 年矿渣微晶玻璃板材的产量为 2～3 万吨，1973 年的年产量为 8 万吨，1975 年的年产量猛增至 150 万吨，为苏联创造了巨大的经济效益，广泛应用于工业与民用建筑等方面。20 世纪 80 年代，苏联开始研究直接利用高温冶金熔渣制备微晶玻璃，研制了多个热态改质设备和中试生产线，中试产品并应用于工业耐磨耐腐蚀材料、建筑装饰陶瓷和道路混凝土等领域。在苏联矿渣微晶玻璃产业化取得巨大经济效益推动下，欧美各国也都相应地开展了矿渣微晶玻璃的研究与开发工作。

在我国，矿渣微晶玻璃研究起始于 20 世纪 70 年代末，随后科研机构与地方企业合作开展了一些矿渣微晶玻璃的探索，开展了关于微晶玻璃制备方法工艺、成核析晶机理等一系列研究。直到 20 世纪 80 年代末至 90 年代初才在全国大范围推广应用。特别是近十多年来，随着社会对工业节能减排需求的增加，我国利用热态熔渣直接制备微晶玻璃的研究逐渐发展起来并成为研究热点。现阶段，我国高校、科研院所、企业等先后开展了应用工业固废制备微晶玻璃的研究和应用，建成了利用高炉矿渣、花岗岩尾矿、铜尾矿等制备微晶玻璃的生产线。由于矿渣原料中杂质和成分波动，微晶玻璃市场多样化需求等因素，矿渣微晶玻璃生产线未能工业化运行。利用尾矿制备微晶玻璃建筑装饰材料、高强耐磨微晶铸石材料等少量生产线成功获得工业化实施。

9.1.3 矿渣微晶玻璃的典型组成及特点

矿渣微晶玻璃多数属于 $CaO\text{-}(MgO)\text{-}Al_2O_3\text{-}SiO_2$ 系统，主晶相多为方石英、硅灰石、透辉石、钙长石、黄长石、橄榄石、枪晶石等。按结晶过程中析出的主晶相种类，矿渣微晶玻璃可分为以下几类。

1. 硅灰石矿渣微晶玻璃（主晶相为硅灰石）

硅灰石（$\beta\text{-}CaSiO_3$）具有典型的链状结构，抗弯强度、抗压强度较高，热膨胀系数较低。$CaO-Al_2O_3-SiO_2$是硅灰石类微晶玻璃的基本系统。硅灰石类微晶玻璃最有效的晶核剂是硫化物和氟化物，通过改变硫化物的种类和数量可以制备黑色和浅色的矿渣微晶玻璃。从硅灰石化学式可知，该系统基础玻璃CaO含量对玻璃制备和制品性能有很重要的影响，CaO含量高、MgO含量低有利于晶化时形成硅灰石。适合的基础玻璃组成范围为（%）：12～20CaO、4～10Al_2O_3、55～65SiO_2、4～10Na_2O+K_2O、1～5B_2O_3、2～10BaO、2～10ZnO。硅灰石微晶玻璃的机械力学性能，耐磨、耐腐蚀性能都比较优越，可以应用于化学或机械工业，也可以作为建筑板材。

2. 辉石类微晶玻璃（主晶相为透辉石或辉石类固溶体）

透辉石（CaMg［Si_2O_6］）及其固溶体是以［Si_2O_6］$^{4-}$为结构单元的一维无限长链硅酸盐晶体，以透辉石为主晶相的微晶玻璃具有良好的耐磨性、耐冲击性和化学稳定性。基础玻璃系统有$CaO-MgO-Al_2O_3-SiO_2$系统、$CaO-MgO-SiO_2$系统、$CaO-Al_2O_3-SiO_2$系统等。辉石类矿渣微晶玻璃比较有效的晶核剂是TiO_2、Fe_3O_4（或Fe_2O_3）、ZrO_2、氟化物、硫化物（多为FeS）等，也常用复合晶核剂如Cr_2O_3和Fe_2O_3、Cr_2O_3和ZrO_2、ZnO和氟化物、TiO_2和氟化物等。复合晶核剂可有效促进基础玻璃整体晶化，成核机理多为分相成核。辉石类晶体晶化能力较强，其趋向于全面的固溶结晶的性质使得多种阳离子能够轻易地构成晶格，因此可用于合成辉石类微晶玻璃的钢渣插入较多。而辉石类晶体中的Mg^{2+}易被Fe^{2+}、Mn^{2+}等取代而形成透辉石、钙铁辉石、钙锰辉石的固溶体。但具有辉石固溶体的微晶玻璃的性质依然优秀，只是会对XRD晶相分析带来一定的困难。

3. 镁橄榄石类微晶玻璃

镁橄榄石具有较强的耐酸碱腐蚀性，良好的电绝缘性，较高的机械硬度和由中等到较低热膨胀系数等优越性能，基础玻璃多为$MgO-Al_2O_3-SiO_2$系统，基础玻璃成分范围为（%）：45～68SiO_2、14～15Al_2O_3、8～16MgO、2～6ZnO、10～22Na_2O，成型温度低于$CaO-Al_2O_3-SiO_2$系统，适合工业大规模生产，产品的耐酸碱性、抗弯强度、硬度、抗冻性等均比天然大理石和花岗岩要优秀。

4. 黄长石类矿渣微晶玻璃

钙镁黄长石也是矿渣微晶玻璃中多见的晶相，特别是黄长石类晶相更易出现。但有文献报道，黄长石族矿物机械性能不佳，不适合作为微晶玻璃的主晶相。

5. 复合晶相矿渣微晶玻璃

由于工业固废成分的复杂性，因此不易制出单一晶相的微晶玻璃。已报道的文献中，除了某一类矿物的固溶体外，矿渣微晶玻璃的晶相可以有多种矿物组合，含量最多的晶相称为主晶相，其余为副晶相。比较多见的晶相组合有（主晶相在前，副晶相在后，下同）：透辉石＋硅灰石、辉石＋钙长石、辉石固溶体、辉石＋方石英、透辉石＋钠长石，等等。矿渣微晶玻璃的主要性质仍然由主晶相确定，但某些特殊情况下的性质由副晶相确定。

9.1.4 矿渣微晶玻璃的典型应用领域

矿渣微晶玻璃是以冶金渣等为主要原料，添加其他矿物原料或工业固体废物制成的具有高附加值的新型结构材料，主要用于以下领域。

（1）建筑材料：与天然石材相比，矿渣微晶玻璃机械强度高、化学稳定性好、耐磨性高，可以生产各种颜色、各种规格的微晶玻璃，因此可广泛用作高档建筑装饰材料，如内外墙装饰材料、高档地面砖和屋顶材料等，这也是当前矿渣微晶玻璃的主要应用。目前，矿渣微晶玻璃已被应用于世界各国机场、地铁、宾馆酒楼、别墅及其他高档建筑的外墙及室内装饰，如北京人民大会堂广东厅、首都国际机场进出港大厅、外交部签证大厅、中国建设银行总行、广州市公园前地铁站、上海东方明珠广场演播厅、福州环球广场裙楼、天津海洋宾馆和重庆电讯大楼等建筑。此外，矿渣微晶玻璃不含任何放射性物质，而天然石材一般都含有微量放射线物质，这就在矿渣微晶玻璃与天然石材的竞争中增加了一份筹码。

但是，随着陶瓷行业釉面技术和表面仿石技术的进步，陶瓷砖的外观可以做到与微晶玻璃媲美，同时陶瓷砖具有更低的制造成本，这使得微晶玻璃在建筑行业的应用逐渐减少、萎缩，这成为现阶段制约微晶玻璃技术广泛应用的重要因素。

矿渣微晶玻璃与天然石材和瓷砖的性能比较见表 9-2。

表 9-2　矿渣微晶玻璃与花岗岩、大理石和瓷质砖性能比较

性能指标	矿渣微晶玻璃	大理石	瓷质砖	花岗岩
密度×10^3（kg/m^3）	2.4～3.2	2.6～2.7	2.3～2.4	2.5～2.7
抗弯强度（MPa）	40～300	13～15	24～30	15～38
抗压强度（MPa）	400～900	110～290	25～40	120～370
莫氏硬度	6～8	3～5	6.5	5.5
吸水率（%）	<1	≤0.3	≤0.5	0.5～0.8

（2）机械工业：矿渣微晶玻璃的机械强度比普通玻璃高出许多倍，也比大多数陶瓷材料高，抗弯强度和硬度很高，耐磨性好。矿渣微晶玻璃能获得极其光滑的表面，故其摩擦系数低，适合做轴承。利用其强度高和耐磨性好，可取代其他材料用来制造料槽、管道、球磨机内衬以及研磨体等，使用寿命可显著提高，还可用于制造工作在腐蚀性介质或强磨损介质下的机械零件。

（3）化学工业：矿渣微晶玻璃的耐磨和抗化学腐蚀性能优异，可用于制造输送腐蚀性液体的管道、阀门、泵等，还可用作反应器、电解池及搅拌器内衬。在控制污染和新能源应用领域也有相应的用途，如微晶玻璃可用于消除喷射式燃烧器中以及汽车尾气中的碳氢化合物，或在硫化钠电池中用作密封剂。

（4）核工业：随着核动力工业的发展，传统的材料已不能适应温度、压力以及辐射能量的一些严格条件，这就出现了微晶玻璃的一些潜在应用。由于矿渣微晶玻璃使用的大部分原料资源丰富、比较廉价，因此更具有吸引力。例如，微晶玻璃可用于制造反应堆密封剂，微晶玻璃还可作为核废料储存介质。

（5）在其他材料上的应用：利用钢渣可制成多孔泡沫微晶玻璃，由于其具有质轻、高机械强度、良好隔声效果等特点，因此可作为催化剂载体、填充材料和结构材料使用。

9.2　微晶玻璃的基础理论

玻璃是具有无规则结构的非晶固体，从热力学角度看，它是亚稳态的，在一定的条件下可完成结晶过程形成多晶材料。但从动力学角度看，玻璃熔体在快速冷却过程中，黏度的迅速增大抑制了晶核的形成和长大，使它来不及转变为晶态。因此，在玻璃组分中加入适当的晶核剂，以便在热处理过程中，诱导成核和促进晶体生长，从而析出大量均匀的微晶体。微晶玻璃的组成有极大的选择范围，而且组成变化、晶核剂种类差异、分相的程度变化、热处理制度变化，都可使微晶玻璃在性能上存在较大差别。

玻璃结晶或析晶形成微晶玻璃是一种非均相转变，因此包括两个阶段，即成核阶段和生长阶段。在成核阶段，通常在母玻璃的优选位置形成小而稳定体积的产物。一旦稳定的核形成，晶体生长阶段就开始了。生长包括原子/分子从玻璃中穿过玻璃-晶体界面进入晶体的运动。这个过程的驱动力是体积或化学自由能的差异。

从矿相演变过程来看，微晶玻璃晶化，就是将基础玻璃通过仔细制定的热处理制度，使在均匀玻璃相中晶体成核和长大。它不同于呈无定形态或非晶态的玻璃材料，也不同于多晶陶瓷材料。

微晶玻璃与陶瓷的不同之处是：玻璃微晶化过程中的晶相是从单一均匀玻璃相或以产生相分离的区域，通过成核和晶体生长而产生的致密材料；而陶瓷中的矿相包括原料中引入的原矿物晶相以及新生晶相，还包括烧结过程中形成的少量玻璃黏结相。因此，陶瓷烧结过程的物相反应和晶相变化更为复杂，晶体种类也较微晶玻璃多。

微晶玻璃与玻璃的不同之处在于微晶玻璃是微晶体和残余玻璃组成的复合材料，而玻璃则是非晶态或无定形体。

并不是所有玻璃都可以制备形成微晶玻璃。基础玻璃的成分是特定的：某些玻璃比较稳定，很难晶化，不适合制造微晶玻璃，比如普通的窗玻璃；反之，另一些容易结晶的玻璃由于其晶化过程不易控制也不适于制造微晶玻璃。热处理对于生产合格产品及可再生产品具有决定性的作用，针对不同的玻璃成分，热处理过程一般不同。

9.2.1　玻璃诱导析晶热力学

9.2.1.1　晶体成核

1. 晶体成核机理

根据成核的机理不同，成核过程可分为均匀成核和非均匀成核。均匀成核是在宏观均匀的玻璃中，在没有外来物参与下，与相界、结构缺陷等无关的成核过程，又称本征成核或自发成核。非均匀成核是依靠相界、晶界或基质的结构缺陷等不均匀部位而成核的过程，又称非本征成核。

其中，相界一般包括：

(1) 容器壁、气泡、杂质颗粒或添加物等与基质之间的界面；

(2) 由于分相而产生的界面；

(3) 空气与基质的界面（即表面）等。

在生产实际中常见的是非均匀成核，而均匀成核一般不易出现。

2. 核化速率

晶核的形成是一个新相产生的过程，需要消耗一定的能量才能形成固液相面。

设形成的晶核为圆球形，其半径为 r，则体系总的自由能的变化：

$$\Delta G=V\cdot\Delta G_v+A\sigma=\frac{4}{3}\pi r^3\Delta G_v+4\pi r^2\sigma \tag{9-1}$$

式中 ΔG_v——相变过程中单位体积吉布斯自由能变化量，一般情况下 $\Delta G_v<0$；

σ——新相与熔体之间的界面自由能（或称表面张力），一般情况下 $\sigma>0$。

由热力学可知

$$\Delta G_v=-\frac{\Delta H\ (T_f-T)}{T_f}=-\frac{\Delta H\Delta T}{T_f} \tag{9-2}$$

式中 T_f——熔体温度，可视为熔体熔点。

在均匀成核时，处于过冷态的玻璃熔体，由于热运动引起组成上和结构上的起伏，一部分熔体转变成新晶相，导致体积自由能（ΔG_v）下降。晶核半径越大，体积自由能减少越多。但是在新相产生的同时，新生相和液相之间有新界面形成，造成界面自由能（ΔG_s）的增加，对成核造成势垒。晶核半径越大，表面积越大，界面自由能越大。

当系统处于过冷状态时，$\Delta T>0$，但 $\Delta H<0$（结晶潜热释放），因此 $\Delta G_v<0$，即式（9-1）的第一项为负值。由于 σ 必为正值，因此 ΔG 为正值或负值取决于式（9-1）中第一和第二两项绝对值的相对大小，而这两项都是 r 的函数。将 ΔG 对 r 作图，得图 9-1。不难发现，ΔG 有一个极值，设此时的晶核半径为 r^*。

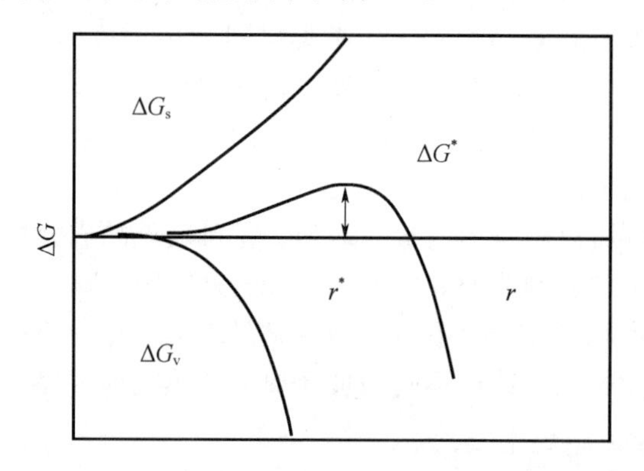

图 9-1 晶核半径与 ΔG 的关系

令 $\frac{d\Delta G}{dr}=0$，求 r^*，得

$$r^*=-\frac{2\sigma}{\Delta G_v} \tag{9-3}$$

由图 9-1 可知，只有当 $r>r^*$ 时，晶核的长大会使 ΔG 降低，这时新相才有可能稳定成长。这种可能稳定成长的新相区域称为晶核。当 $r=r^*$ 时，晶核可能长大也可能重新熔解。这种未长大成核的原子团通常称为晶胚。当 $r<r^*$ 时，原子团继续生长的概率极小。可见，r^* 就是一定温度下成核的临界半径。

将式（9-2）代入式（9-3）可得

$$r^*=\frac{2\sigma T_f}{\Delta H\Delta T} \tag{9-4}$$

可以看出，当 $\Delta T=0$ 时，$r^*\to\infty$，说明在 T_f 温度下不能形成稳定晶核，而 ΔT 增加时，ΔG_v 加大，r^* 减小，意味着形核概率增加。但当过冷度达到某一数值之后，过冷熔体的黏度剧增，使得单位时间到达临界晶核表面上的原子数减少，核化速率又降低。

将式（9-4）的临界半径值代入式（9-1），即得临界半径晶核形成时体系的自由能

变化 ΔG^*：

$$\Delta G^*=\frac{16\pi\sigma^3}{3\Delta G_v^2}=\frac{1}{3}\sigma A^* \tag{9-5}$$

式中，A^* 为 $r=r^*$ 时的晶核表面积。ΔG^* 表示形成临界晶核时体系总的吉布斯自由能变化量，也表示成核所需作的功（成核功），其值等于临界晶核界面自由能的 1/3。换言之，核化过程可看作激活过程，核化所需的临界功 ΔG^* 就是激活过程的激活能或活化能。

对于非均匀成核，晶核剂或二液相导致的界面自由能小于晶核的界面自由能，从而使熔体中的不均匀处形成临界晶核所需要的功较小，因此杂质的存在有利于晶核的形成。

通过计算，非均匀成核时相应于临界半径 r^* 时的 ΔG_n^* 为：

$$\Delta G_n^*=\frac{16\pi\sigma^3}{3\Delta G_v^2}\times\frac{(2+\cos\theta)(1-\cos\theta)^2}{4}=\Delta G^*\frac{(2+\cos\theta)(1-\cos\theta)^2}{4} \tag{9-6}$$

通常情况下，θ 角（湿润角）在 0～180°之间，即 $\Delta G_n^*<\Delta G^*$。因此，非均匀成核比均匀成核易于发生。进一步可推知，在同一熔体中 θ 角越小的晶核剂越有利于晶核的形成。

3. 成核剂

良好的成核剂应具备如下性能：

（1）在玻璃熔融、成型温度下，应具有良好的溶解性，在热处理时应具有极小的溶解性，并能降低玻璃的成核活化能；

（2）成核剂质点的扩散活化能要尽量小，使之在玻璃中易于扩散；

（3）成核剂组分和初晶相之间的界面张力越小，它们之间的晶格常数之差越小（不超过 15%），成核越容易。

微晶玻璃的成核剂可分为贵金属和氧化物两大类：

（1）贵金属成核剂：Au、Ag、Cu、Pt 和 Rh 等，这类贵金属作为成核剂在玻璃液中呈离子状态，吸收电子后转变为原子态，由于它们在玻璃中的溶解度较小，则易析出胶体，变成玻璃析晶的成核剂。胶粒大小一般为 8～10nm。

（2）氧化物成核剂：TiO_2、ZrO_2、P_2O_5、Cr_2O_3、V_2O_5、NiO、Fe_2O_3 等，它们易溶于硅酸液玻璃，不溶于 SiO_2，其配位数较高并且阳离子的场强较大，容易在热处理过程中，从硅酸盐网络中分出，导致分相、结晶。

9.2.1.2 晶体生长

当稳定的晶核形成之后，在一定过冷度的条件下，晶体的生长速率取决于原子熔体中向晶核界面扩散和反方向扩散之差。由于晶体生长过程中要克服的热力学势垒比均匀成核和非均匀成核小很多，因此晶核在较小过冷度下即可晶化，而核化却必须在较大的过冷度下进行。虽然较大的过冷度有利于晶核的形成，但较大的过冷度使熔体黏度增大。黏度增大有利于质点的有序排列，但不利于扩散，故不利于晶体的长大。因此存在一个合适的过冷度范围，在此范围内核化和晶化均能较好地进行。实验证明，黏度在 10^4～10^5 Pa·s 范围内最易结晶。

一般情况下，晶相从已存在的晶核粒子表面形成并长大，分相往往是第一步。

玻璃分相析晶有两个理论：一种是亚稳区分相核化和晶化机理，另一种是不稳分相机理。通常前者和以晶核剂为中心生长出的新相呈液滴状，大小和间隔杂乱，彼此分立，与母相的界限清晰；而不稳分相形成的新相呈丝状，间距和尺寸比较规则，彼此有高度的连通性，而且新相与母相界限模糊。

晶体的生长形貌，将随着杂质离子等存在和外界条件的改变而有很大的差别。它们可能一维优先发育后长成纤维状、针状、长柱状等，或呈二维发育成为片状、板状，在稳定环境下，才呈三维生长，成为粒状、块状。晶化的自发倾向必然受到晶化环境和形态特征的限制和影响。

9.2.2 玻璃诱导析晶动力学

上面讨论了饱和系统中临界晶核发生和生长的条件。但要使玻璃析出数量众多和尺寸均匀的微晶体转变成微晶玻璃，上述条件只是必要条件，却非充分条件，还必须考虑单位时间内和单位体积中晶核的形成数目——核化速率和晶化速率。硅酸盐熔体的结晶能力可以通过核化速率和晶化速率这两个动力学概念来表征。晶核的形成表征新相的产生，而晶体生长是新相（或其转化物）的进一步扩展。

9.2.2.1 核化速率

核化速率一方面与核化几率有关：

$$w=A\exp\left(-\frac{\Delta G^{*}}{KT}\right) \tag{9-7}$$

另一方面也和介质的黏度有关（原子扩散几率因子）。黏度和温度的关系可表示为：

$$\mu=B\exp\left(-\frac{Q}{KT}\right) \tag{9-8}$$

式中 A、B——比例常数；

Q——原子越过液、固相界面的扩散激活能；

K——玻尔兹曼常数；

T——热力学温度。

通常又把 $\exp\left(-\frac{\Delta G^{*}}{KT}\right)$称为成核功因子，$\exp\left(-\frac{Q}{KT}\right)$称为原子扩散几率因子。

在此基础上核化速率应为：

$$N=C\exp\left(-\frac{\Delta G^{*}}{KT}\right)\left(-\frac{Q}{KT}\right) \tag{9-9}$$

式中 C——比例常数。

显然，式中前一项包含热力学势垒，后一项包含动力学势垒。

随着温度的降低，也就是过冷度的增大，第二指数项增大，核化速率提高；但温度的降低，过冷度增大，系统黏度增加，使得第一项减小，核化速率降低。因此，可推知在核化速率-温度曲线上定有峰值，必然存在特定的温度区间以获得较高的核化速率。

9.2.2.2 晶化速率

当稳定的晶核形成之后，在适当的过冷度和过饱和度条件下，熔体中的原子向分相界面迁移，到达适当的生长位置，晶体长大。晶体的生长模式多种多样，无论是哪种形式，决定晶体生长的均为以下两个因素：

（1）无规则玻璃结构重排为周期性晶格结构的速率；

（2）相变过程中热量在晶体-玻璃界面流出的速率。

晶化速率（晶体生长速率）取决于物质扩散到晶核表面的速率和物质加入晶体结构的速率，而界面的性质对于结晶的状态和动力学有决定性的影响。

晶化速率将取决于生长时的温度（T）和过冷度（ΔT）：在分相后的硅酸盐熔体中，晶体组分粒子要脱离液相，就必须进行有一定位移量的扩散才能达到晶体表面，这个过程需要活化能。活化能与温度有关，因此可以推出，在过冷度较小的情况下，晶化速率可近似认为是随着过冷度的变化而变化，显然晶化速率随着过冷度的增加而增大；但在大过冷度的情况下，需要考虑另外的因素。

根据化学动力学理论，在过冷度较大时，晶化速率 u 由下式表示：

$$u=va_0\left[1-\exp\left(-\frac{\Delta G}{KT}\right)\right] \tag{9-10}$$

式中 u——晶体单位面积的生长速率，即晶化速率；

v——液固界面质点迁移的频率因子；

a_0——界面层厚度，约等于分子直径；

ΔG——液体与固体自由能之差（即晶化过程自由焓的变化）。

当过程接近于平衡态时（即 $T\approx T_f$），$\Delta G\leqslant KT$，此时晶化速率与温度梯度推动力（可认为是过冷度 ΔT）成正比，即 $u\propto\Delta T$。但当过程较大地偏离平衡态（ΔT 较大）时，$\Delta G\geqslant KT$，式（9-10）中的$\left[1-\exp\left(-\frac{\Delta G}{KT}\right)\right]$项接近于 1，即 $u\rightarrow va_0$。

以上分析说明了原子通过固液相面的扩散速度对晶化速率的影响。从液相转变为晶相过程中单位体积内物质自由能变大，且过冷度较大时，熔体黏度很高，不能仅考虑过冷度对晶化速率的影响，原子通过界面的扩散速度也限制晶化速率。此时，晶化速率随（$-1/T$）呈指数函数变化。

此时，晶化速率与过冷度的关系类似于核化速度与过冷度的关系，也存在特定温度下的晶化速率最值。

晶化速率对晶形、晶体大小和纯度都有一定的影响：

（1）快速生长的晶体易生成细长、极度弯曲的片状或针状晶核、树枝状晶体，所有这些形态都较大地偏移了平衡形态。而缓慢生长的晶体可生长成完美、近乎平衡的形态。

（2）快速生长的晶体往往比较小，因为快速结晶时容易产生大量的晶核。由于有大量的结晶中心，因此结晶作用可以很快完成，但晶体体积比较小。当极速生长时，可以使熔体来不及做有规律排列而形成玻璃。相反，如果结晶作用缓慢进行，则晶核数较少，溶质向少数晶核上黏附，尽管生长缓慢，但晶体可以长得很大。

（3）快速生长的晶体，往往包裹有很多杂质或母液夹层，晶体的纯净度较差。相反，缓慢生长的晶体比较纯净。

9.2.2.3 核化速率、晶化速率与温度的关系

以熔体温度变化对核化速率、晶化速率作图，所得曲线如图 9-2 所示。

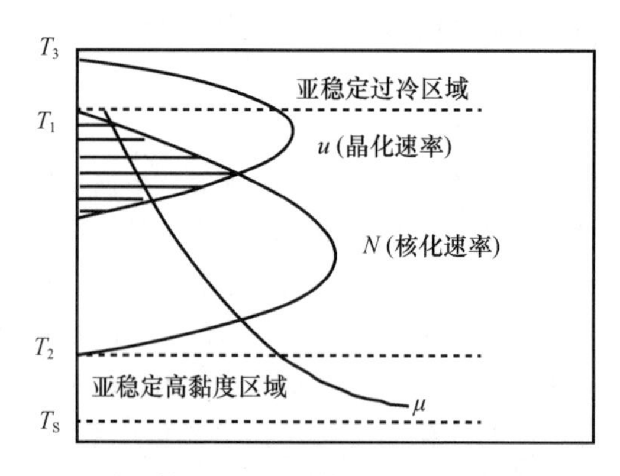

图 9-2　过冷液体中，核化速率、晶化速率与温度的关系

从图 9-2 可以看出：

(1) 过冷度过大或过小都不利于核化与晶化，只有在一定过冷度下才能达到理想的核化、晶化速率的峰值，即 N_{max}和 u_{max}。从理论上可用 N 和 u 分别对 T 求偏导，并令偏导数等于 0 求得速率峰值的过冷度。但由于 N 和 u 计算式不同，因此核化速率和晶化速率两曲线峰值往往不重叠，且核化速率峰值一般小于晶化速率峰值。

(2) 核化速率与晶化速率两曲线的温度重叠区通常称为“析晶区”。在这个温度区间内，两个速率通常都有一个较大的数值，因而最有利于析晶。

(3) 图中两侧阴影区是亚稳区（T_S 为室温）。亚稳区指在此温度区间内理论上应该析出晶体，而实际上无法析晶的区域。T_3 点对应的温度为初始析晶温度，接近熔融温度 T_f。此时，过冷度 T_f-T_3，$\Delta T\rightarrow 0$ 而 $r^*\rightarrow\infty$，此时很难核化。若此时熔体内含有晶核剂，仍可能在晶核剂上晶化，因此晶化速率在高温亚稳区内不为零，但晶化速率曲线始于 T_f 点附近。低温亚稳区内过冷度很大，流体黏度也较大，晶相的组分离子难以移动而无法核化及晶化，因此在此区域中熔体无法析晶而只能形成过冷液体或玻璃体。

(4) 核化速率与晶化速率两曲线峰值的大小、相对位置（即析晶区大小）、亚稳区的宽窄等都是由熔体系统本身性质决定的，而这些因素又直接影响析晶过程及制品的性质。若析晶区较宽则可以通过控制过冷度来获得数量和粒径不等的晶体：当 ΔT 较大时，可控制熔体在核化速率较高的温度下析晶，获得大量粒径很小的细晶；当 ΔT 较小时，可控制熔体在晶化速率较高的温度下析晶，获得数量较少但粒径较大的粗晶。若析晶区较小（甚至没有），说明该熔体不易析晶，容易形成玻璃。若要使这类熔体在一定过冷度下析晶，可以通过加入晶核剂使核化速率曲线向高温端平移，以产生较大的析晶区。晶核剂的加入可促进非均匀成核作用，降低核化势垒。

(5) 在熔体自然冷却的情况下，由于核化速率峰值温度通常低于晶化速率峰值温度，当熔体冷却到晶化速率峰值温度时，由于此时核化速率很低，晶核数量少，无法大量晶化；但当温度降到核化速率峰值时，晶化速率反而很小，又无法晶化，因此熔体一般倾向于形成玻璃。但如果对玻璃采取特殊的热处理制度，使其先核化后晶化，就可能制出微晶玻璃。

9.2.2.4　影响析晶能力的因素

在某些熔体系统中，在熔体冷却时即已发生析晶，而在另外熔体系统中，需要重新加热才能析晶。影响熔体析晶能力的因素大致有以下几个。

（1）熔体的化学组成

不同组成的熔体其析晶本领各异，析晶机理也有所不同。从相平衡观点出发，熔体系统的化学组成越简单，当熔体冷却到液相线温度时，化合物各组成部分相互碰撞排列成一定晶格的概率越大，这种熔体也越容易析晶。同理，相应于相图中一定化合物组成的玻璃也较易析晶。当熔体化学组成点位于相图中的相界线上，特别是在低共熔点上时，因系统要同时析出两种以上的晶体，在核化初期几种核化过程会相互干扰，从而降低玻璃的析晶能力。因此，从降低熔制温度和防止退火过程中析晶的角度出发，玻璃的组分应采用多组分并且其组成点应尽量选择在相界线上或共熔点附近。

（2）熔体的结构

从熔体结构分析，还应考虑熔体中不同质点间的排列状态及其相互作用的化学键强度和性质。一般认为两个方面因素对熔体的析晶能力有重要影响：

① 熔体结构网络的断裂程度，网络断裂越多，熔体越易于析晶。

② 熔体中含有的网络变性体及中间体氧化物：电场强度较大的网络变性体离子由于其对硅氧四面体的配位要求，以增加近程有序范围，容易产生局部积聚现象，因此含有电场强度较大的网络变性体离子如 Li^{+}、Mg^{2+}、Zr^{4+} 等的熔体均易于析晶。

在研究微晶玻璃配方时需要全面考虑这两个因素。当熔体中碱金属氧化物含量高时，因素①对析晶起主要作用；当碱金属氧化物含量较少时，因素②影响较大。

（3）界面情况

虽然晶态比玻璃态更稳定，具有更低的自由焓，但是由过冷熔体变为晶态的相变过程却不会自发进行。如要使这个过程得以进行，必须消耗一定的能量以克服由亚稳玻璃态转变为稳定的晶态所需越过的势垒。从这个观点看，析晶最易发生在相分界面上。因此存在相分界面是熔体析晶的必要条件。

（4）外加剂

微量外加剂（如晶核剂、杂质等）会促进晶体生长，因为外加剂在熔体中的不规则性可以促进分相，杂质还会增加界面处的流动，促进晶格快速定向。

9.2.3 微晶玻璃的制备工艺

微晶玻璃种类繁多，生产工艺多样化，归纳起来主要有熔融法、烧结法和溶胶-凝胶法三大类。对于矿渣微晶玻璃而言，制备技术以前两种为主。

9.2.3.1 熔融法制备微晶玻璃

熔融法制备微晶玻璃是研究中最早使用的方法。其工艺流程为：将含有晶核剂的原料混合均匀，在 1300～1600℃高温下熔制，待玻璃液均化后高温成型，经退火后在一定的热处理制度下进行核化、晶化，以制得晶粒细小、结构均匀、致密的微晶玻璃。

熔融法的主要优点如下：

（1）可采用任何一种玻璃成型方法，如压制、浇铸、吹制、拉制等，适合自动化操作和制备形状复杂的制品；

（2）制品无气孔，致密度高；

（3）基础玻璃组成范围较宽，可利用多种工业固体废物。

但是熔融法也存在一些弊端：

（1）熔制温度高，能耗大；

（2）热处理制度要求很高，在实际生产中操控困难；

（3）晶化温度高，时间长，在实际生产中难以实现。

在制备出均匀稳定的基础玻璃之后，对其进行热处理，以进行核化、晶化过程。热处理是微晶玻璃生产的关键工序。微晶玻璃的结构取决于热处理的温度制度。传统的热处理工艺（图 9-3），处理过程分为两个阶段，因为晶核形成温度和晶粒长大温度是在不同范围内的，一般晶粒长大温度要比形核温度高 150～200℃。这就要求在不同的温度范围内进行核化处理和晶化处理，分别对晶粒的析出和长大进行控制。因此，这种工艺也被称为两步热处理工艺。

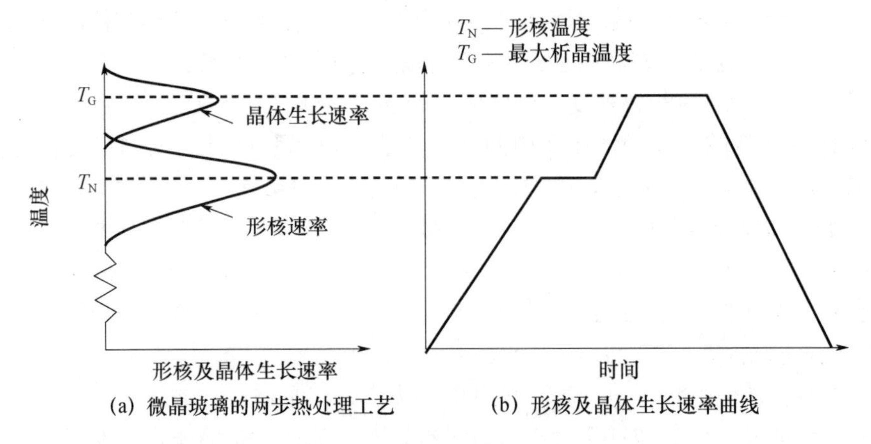

图 9-3　传统的热处理工艺图

图 9-4 所示为熔融法制备矿渣微晶玻璃的工艺图。其主要工艺是在矿渣中加入一定量晶核剂，于 1400～1600 ℃熔化，均化后将玻璃熔体成形，通过图 9-3（a）的热处理工艺进行核化和晶化制成成品。

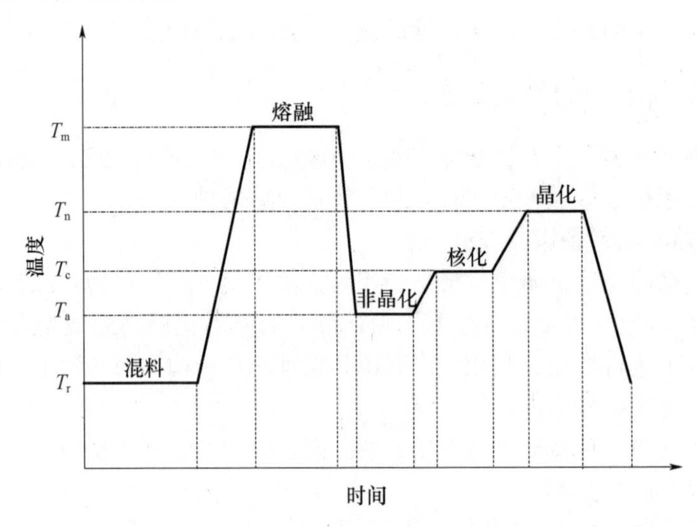

图 9-4　矿渣微晶玻璃的工艺图

T_r—室温；T_a—非晶化（玻璃化）温度；T_c—析晶温度；T_n—成核温度；T_m—熔融温度

后有研究发现，选择合适的晶核剂时，形核温度 T_N 和晶化 T_G（图 9-4）趋同致 T_{NG}（图 9-5），在该温度下保温时完成晶粒的析出和长大过程，故称为一步热处理工艺。

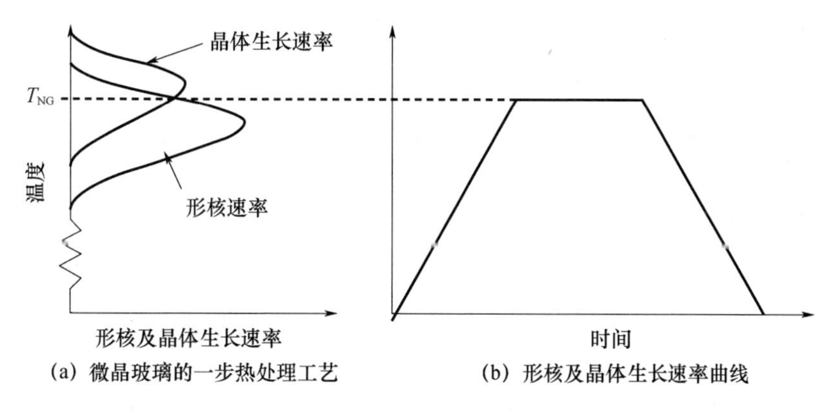

图 9-5　一步热处理工艺图

随着对微晶玻璃的研究不断发展，其制备过程也出现了新的工艺。为了节约能源，提高微晶玻璃生产效率，英国帝国理工大学提出了冷却一步法（Petrurgic 方法），如图 9-6 所示。对于成核区间和析晶区间具有重叠区的熔体，将高温熔融的玻璃液直接随炉冷却至成核-析晶重叠区，并在此温度区间保温，使其一步法同时成核析晶，从而获得晶相可控析出的微晶玻璃。

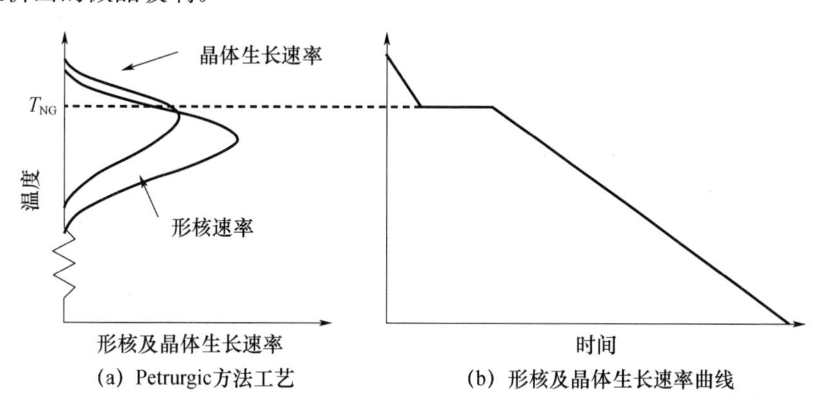

图 9-6　Petrurgic 方法工艺图

此方法对熔体的理化性质要求较高，主要适用于一些成核温度较高的熔体。特别是对于基础玻璃软化点较低，在较低的温度下，没有办法达到成核和析晶要求的熔体，则可通过冷却一步法，让基础玻璃在软化状态下控制析晶，这样易于元素扩散，更有利于析晶。

熔体的核化和晶化过程是否具有重叠的温度区域是其能否采用 Petrurgic 方法的关键。研究表明，适合传统一步法处理的熔体，也适合 Petrurgic 方法，这两种方法所制备的微晶玻璃，具有类似的结构和性能。但是该方法也有缺点，选择的模具和微晶玻璃的热膨胀率要匹配，若差别过大将无法取出样品，必须破坏模具，从而造成浪费。

9.2.3.2 烧结法

烧结法也称粉末冶金法。熔融玻璃经澄清、均化和水淬得到玻璃粉末，然后模压成型，最后烧结得到微晶玻璃。烧结法工艺流程为：原料处理→配料→混合→熔化→水淬→烘干→破碎→筛分→模压成形→烧结→晶化→退火→研磨抛光→检验入库。该工艺于 1960 年提出，并于 20 世纪 70 年代在日本实现工业化。

烧结法的优点为：

（1）解决熔融法存在的熔融和成型不可分、高温成型难以控制以及须加晶核剂的问题，便于工业生产。烧结法可以采用传统陶瓷生产的低温成型方法制备出各种形状的制品。

（2）该法制备微晶玻璃不需要经过玻璃形成阶段，适合极高温熔制且难以玻璃化的微晶玻璃的制备，主要集中在钙铝硅、锂铝硅、铅硼锌等系统中，镁铝硅微晶玻璃也有一部分是利用烧结法制备。

（3）通常不需要添加晶核剂，这是由于水淬或粉碎后的玻璃粉比表面积很大，比用熔融法制成的基础玻璃更易整体晶化，可以利用粉体的表面晶化倾向来提高材料晶化程度。

（4）该方法工艺参数易控、机械化和自动化程度高、投资少、生产效率高、价格便宜。

但是相对于熔融法而言，烧结法也存在一些弊端：

（1）存在产品致密化层薄（2mm 左右）、密度低、易变形，能耗高等缺点；

（2）产品中存在气泡，影响外观质量。

9.2.3.3 溶胶-凝胶法

溶胶-凝胶法的工艺过程是将玻璃组成的元素金属有机物作为先驱体，经过水解形成凝胶，然后烘干得到玻璃粉末并成型，并在较低的温度下烧结，从而得到微晶玻璃，是低温合成材料的一种新工艺。

通过溶胶-凝胶法制备的材料均匀性可达到纳米及分子级水平，可用于制备均质高纯材料；制备温度低，能有效防止组分挥发、减少污染。但是，该方法的制备成本高、周期长、制品易变形。

9.3 铸石及其制备

9.3.1 铸石及其制备原理

铸石的研究始于 18 世纪的西欧，1913 年在法国巴黎附近建成了第一座玄武岩铸石厂。经过近一个世纪的发展，铸石行业经受住了时间的考验。我国铸石的研制和投产始于 20 世纪 50 年代中后期。生产和应用在 20 世纪 70 年代有较大的发展。

铸石是一种经加工而成的硅酸盐结晶材料，通常采用天然岩石（如玄武岩、辉绿岩）或工业废渣为主要原料，经配料、熔融、浇铸、热处理等工序制成的晶体排列规整、质地坚硬，具有优异的抗压、抗折、抗冲击性能，且耐磨、抗腐蚀的无机非金属材料。铸石具有一般金属材料所达不到的耐磨性能和耐化学腐蚀性。其耐磨性能比合金钢材、普通钢材、铸铁高几倍、十几倍，有的甚至高四五十倍。除氢氟酸和过热磷酸外，其耐酸、碱度几乎接近百分之百。此外，铸石还有良好的介电性和较高的机械强度，广泛应用于冶金、火电、矿山、化工、建材等部门。

铸石生产，一般采用十分丰富的本地廉价原料，如玄武岩等。原料经过破碎后，适当加入（或不加）辅助料进行配料，然后投入温度为 1400～1500℃的炉中熔化。熔化设备主要有两种类型：一种是冲天炉，以焦炭为燃料，配料与焦炭按 1：2 比例分层投入熔炉；另一种为池窑，燃料为重油、天然气、煤气等，配料在高温池中熔化。熔出的岩浆熔体经过澄清均化，在 1300 ℃左右即可用重力浇铸生产板材，也可离心浇铸生产管材。高温熔渣经过成型后，需要经过严格的控制结晶，并进一步退火处理，才能形成最终成品。传统铸石生产的主要工艺流程如图 9-7 所示。

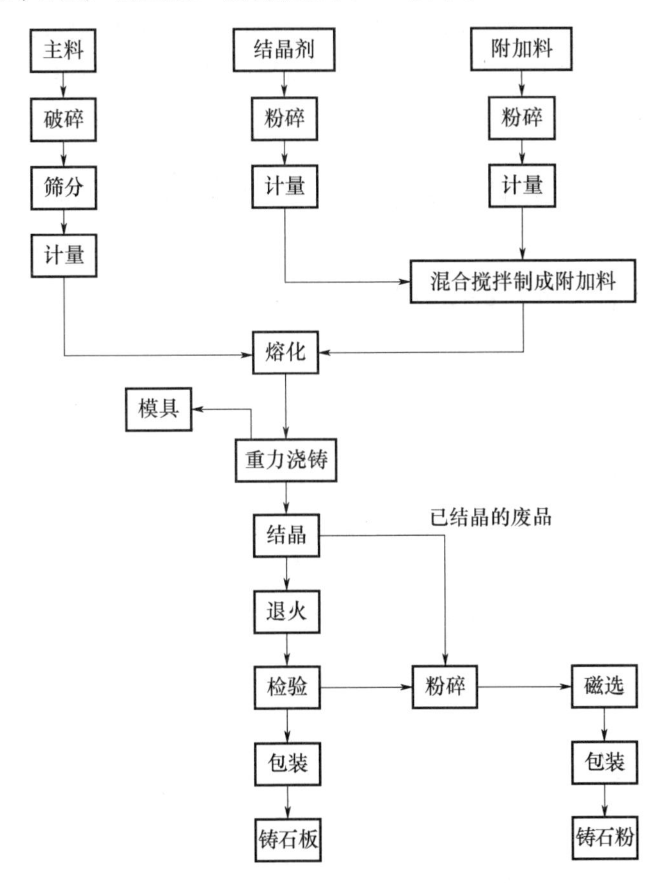

图 9-7 铸石生产工艺流程

9.3.2 铸石制备特点及与微晶玻璃工艺的相似性

铸石的生产方法类似于天然花岗岩的形成过程。花岗岩是一种由火山爆发的熔岩在受到相当的压力的熔融状态下隆起至地壳表层，岩浆不喷出地面，而在地底下慢慢冷却凝固后形成的构造岩，是一种深层酸性火成岩，属于岩浆岩（火成岩）。

生产铸石的主要原料是自然界分布十分广泛的玄武岩和辉绿岩。它们都是基性岩浆岩，化学成分相对稳定，变化范围比较小（%）：45～52 SiO_2、0～3 TiO_2、12～19 Al_2O_3、

2～19 Fe_2O_3+FeO、3～14 MgO、7～13 CaO、2～4 Na_2O+K_2O。作为主要原料的岩石成分也就决定了铸石的成分范围。基性岩浆岩，尤其是玄武岩，具有分布广而主要成分相对稳定的特点，这与它们是较为均一的上地幔部分熔融形成的岩浆岩有关。

基性岩浆岩是由岩浆熔体经冷凝结晶作用形成的产物，只是形成与降温相对缓慢，接近平衡态结晶，结构较粗，矿物种类较多，有辉石、斜长石、橄榄石等。铸石则形成于有一个快速降温处理过程的体系，远离平衡态结晶，结构较细，矿物种类较少，一般为微晶辉石。可以说，铸石制品的生产是天然岩石形成过程在人工控制条件下的再现。

铸石和微晶玻璃都是采用特定的工艺、经高温烧结而成。并且，微晶玻璃和铸石的原料组成都能够形成辉石等矿物为主晶相的组成，制备微晶玻璃的工艺完全可以应用到铸石上。从工艺上来看，Petrurgic 方法制备微晶玻璃工艺，与铸石制备工艺相同。因此，如果利用冶金熔渣直接制备铸石，那么就能实现直接利用熔渣的“渣”和“热”，不仅节省熔渣熔融能耗，减少二氧化碳排放，还能降低成本，提高经济效益，具有很大的应用前景。

9.4 利用冶金固废制备微晶玻璃和铸石

9.4.1 利用冶金渣制备微晶玻璃

已有多种矿渣微晶玻璃的成功案例。利用钢渣在 1500℃ 熔融，在 720℃ 成核，883℃晶化，获得了以透辉石为主晶相的微晶玻璃。利用铜渣为主要原料，将铜渣熔融提铁后，使用二次熔渣制备出了晶相为钙长石，次晶相为镁黄长石的微晶玻璃。使用铬渣制备微晶玻璃，析出主晶相为透辉石，次晶相为铬铁石；进一步检测铬渣微晶玻璃的铬元素浸出情况，发现铬离子的浸出量远远小于国家标准。以钢渣含量为 47.5%的混合粉料，添加 TiO_2为晶核剂，制备出了主晶相为钙铁透辉石的钢渣微晶玻璃，性能优异。用镍渣和粉煤灰为主要原料制备了 CMAS 系统微晶玻璃，并探究了热处理中温度与时间对微晶玻璃性能的影响。

对微晶玻璃的研究证明，成分组成对成品影响很大。利用镍渣与粉煤灰制备了微晶玻璃，并探究了不同的碱金属氧化物对于微晶玻璃的影响，发现 Li_2O 对析晶温度影响最大，后使用离心浇铸的方法成功制备出微晶玻璃复合管。探究 Fe_2O_3在 CMAS 系统微晶玻璃中的作用，结果表明，随着 Fe_2O_3含量的增加，析晶温度先减小后增加，且使得微晶玻璃中晶体含量增加。在 10%Al_2O_3含量的高炉渣-尾矿-粉煤灰微晶玻璃中，设计了不同的钙硅质量比，结果表明，随着钙硅质量比的增加，微晶玻璃析晶温度降低，主晶相呈现了从透辉石到普通辉石再变为镁黄长石变化趋势，析晶方式由整体析晶转变为表面析晶，在钙硅质量比为 0.4 时获得以透辉石为主晶相且性能优异的微晶玻璃。

由于不同种类的废渣所含有的化学成分不同，因此如果恰当使用，可以起到互补的效果，从而达到生产微晶玻璃的成分要求，进而生产出复合渣微晶玻璃。在不添加纯化学试剂时利用两种褐煤灰、石英砂、镍铁渣、钢渣及两种玻璃废料作为原料，使用其中两种或三种作为主要原料来制备微晶玻璃，通过比较发现，加入砂子会使晶相易析出钙长石，而加入玻璃则有利于钙质钠长石的析出，且通过 XRD 比较发现，加入玻璃成分会使主晶相衍射峰强度下降，抑制析晶，同时比较不同热处理制度下微晶玻璃主晶相含量后发现，以钢渣制备的微晶玻璃析晶，受温度影响较小。在不添加其他纯化学物质的条件下，使用镍铁渣及粉煤灰两种固体废物制备出了性能优良的微晶玻璃。

晶核剂也是影响微晶玻璃性能的重要因素。对 TiO_2、ZrO_2、P_2O_5作为晶核剂于高炉矿渣制备微晶玻璃性的影响关系研究表明，添加晶核剂后，基础玻璃的 DTA 图像上放热峰由两个较浅的放热峰变为一个尖锐的放热峰，由 SEM 图像分析可知，添加 TiO_2、Zr_2O_5的基础玻璃在升高热处理温度时析晶由表面析晶转变为体积析晶，但是添加 P_2O_5的基础玻璃却没有明显的改善，且其微观结构以玻璃相为主，晶相含量低，表明其未起到晶核剂的作用。研究 TiO_2、Cr_2O_3、CaF_2在高炉矿渣制备的微晶玻璃中的作用，其通过 DTA、XRD 及偏光显微镜等方法进行分析、比较发现，四种晶核剂均可提升玻璃的析晶能力，TiO_2、Cr_2O_3的效果优于 CaF_2，能够使玻璃均匀成核，且微观结构呈现出细密的纹理。用熔融法以高炉渣为主要原料辅以石英等天然矿物制备出了微晶玻璃，发现渣的引入量超过 50%时玻璃熔制过程中有浮渣生成，基础玻璃不易晶化，机械性能变差，但引入晶核剂后，其机械性能和抗化学腐蚀性能得到提高。研究 Cr_2O_3对矿渣微晶玻璃结构和性能的影响表明，在 Cr_2O_3添量为 0.5%时可以降低析晶温度，促进辉石相的析出，但是添量超过 1.5%时，会导致第二相的析出，使得辉石晶粒粗大。在镍渣微晶玻璃中引入 TiO_2、Cr_2O_3作为晶核剂，研究表明，添加晶核剂后析出晶相为辉石，而不添加时则为透辉石，且添加复合晶核剂的样品最容易析晶。

9.4.2　利用冶金渣制备铸石

原则上讲，凡是化学成分与铸石制品比较接近的矿物都可以作为生产铸石的原料。铸石制品的生产成本主要取决于能耗、晶核剂用量和成品率高低。随着生产技术的发展，高产量低成本的要求，使得采用单一原料生产铸石的工艺日益受到人们的重视。采用单一原料生产，在工艺合理和选料适当的条件下，由于省去了昂贵的晶核剂和其他附加料，产量大，工艺稳定，因此经济效益较好。

研究表明，钢渣、磷渣、含钛高炉渣、硅锰渣、镍铁渣等多种冶金渣可以制备为铸石。目前，国内很多种冶金渣已被成功制备成铸石。以含钛高炉渣及矿山铁尾矿为原料，可以利用高炉渣排渣时的高温熔融改性制备微晶铸石，经过 851 ℃形核，931 ℃析晶，制备主要晶相为透辉石、辉石，且其耐酸度、耐碱度、抗折强度等性能均达到相应国家标准的微晶铸石产品。用 75%磷渣掺加 25%的辅助原料，经热配料、混熔、浇铸成型、晶化退火后制得主晶相为 β-硅灰石的微晶铸石，其抗折强度为 37.17MPa，耐碱性为 0.02%，耐酸性为 0.42%。用硅锰渣和电厂煤渣比例 10∶3 进行熔融后，在 1320 ℃浇铸，在空气中迅速冷却到 900 ℃以上并保温，然后 750 ℃退火，制备了主晶相为辉石、显微硬度达 600 Hv 的铸石。

10 利用高温冶金熔渣制备建筑材料

1450～1650℃的冶金熔渣的高温余热被认为是钢铁冶金工业未被利用的最大的二次能源。高炉渣和钢渣是冶金工业中最常见，也是排放量最大的两种熔渣，其他高温熔渣还包括铁合金渣、火法冶炼铜渣、铅渣等。研究发现，每产生1亿吨高炉渣，熔渣热量为6×10^6 t标准煤；每产生1亿吨钢渣（包括转炉渣和电炉渣），熔渣热量为6×10^6 t标准煤。按照利用熔渣3000万吨/年，每吨熔渣蕴含60kg标准煤的热量计算，当直接利用熔渣制备材料，熔渣利用率占90%时，将节省6×10^6 t标准煤，即年减排CO_2超过400万吨。因此，利用熔渣及其余热是冶金行业在“双碳”背景下的重要技术方向，开展这一方向的技术研究和成果应用意义重大并迫在眉睫。

10.1 利用熔渣制备建筑材料的工艺及类别

利用高温冶金熔渣的热量可以分为两类技术，即“热”“渣”分别利用和“热”“渣”耦合利用技术，如图10-1所示。

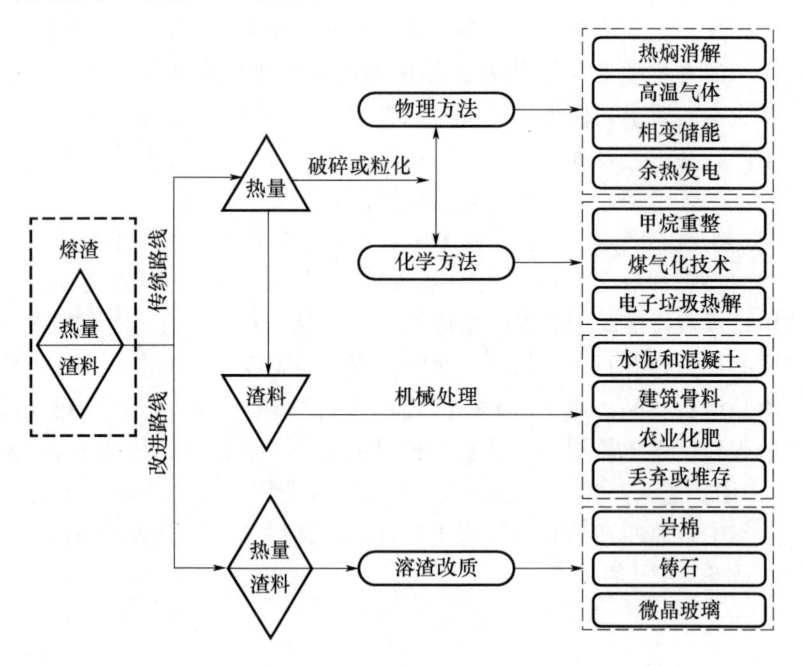

图10-1 渣热利用传统路线与改进路线流程对比图

“热”“渣”分别利用的技术即传统的技术路线：首先将熔渣进行干法粒化，再将粒化过程和粒化后的冶金渣颗粒余热进行回收利用，冷却后的冶金渣排出后，再进行资源化利用。这一技术路线的介绍见前文“2.2.4.1 回收热能”一节。

“热”“渣”耦合利用技术是改进的技术路线：通过在热态条件下调整熔渣的组成和结构，使得熔渣能够直接制备成为高附加值材料的一种新方法，比如将钢渣热态调质后制备活性或安定性改善的改质钢渣，将高炉渣制备为矿棉、铸石或微晶玻璃等。该技术类似于利用铁水制备钢水的原理，将铁水直接热装用于炼钢，将铁水的高温余热用于更高附加值的钢水制备，避免了将铸铁重新熔化的热能。与传统技术路线相比，由于熔渣中的余热被作为内热直接用于材料制备，避免了冷渣重新熔化的热量，从而显著提高了熔渣余“热”利用的热效率，同时提高了“渣”资源化利用的附加值

熔渣“热”和“渣”耦合利用制备高附加值材料的过程又可以称为熔渣“热态调质”或“熔渣改性”（英文为“Hot Slag Modification”）过程，国外也称为“Hot Stage Engineering”或者“Liquid Slag Treatment”。根据目标产品不同，将熔渣改质分为粗调改质和细调改质两种方式。如果能够仅利用熔渣显热来熔解少量冷态改质剂，那么可以在熔渣排渣过程添加改质剂，利用熔渣排入渣包的冲击力完成熔渣的改质和改质熔渣的均化。但缺点是受熔渣显热熔解能力限制，熔渣组分的调整范围小，调质渣的附加值较低，主要应用于提升渣的质量，比如改善安定性、粉化、重金属滤出、胶凝活性低和易磨性差等。这类方法并没有增加熔渣的利用途径，而是改善了原有冶金渣用于水泥、混凝土、筑路等领域的利用效果。以钢渣为例（图 10-2），利用粗调改质可以将钢渣改质为性能改善的砂石骨料、水泥混合材或者混凝土掺和料。

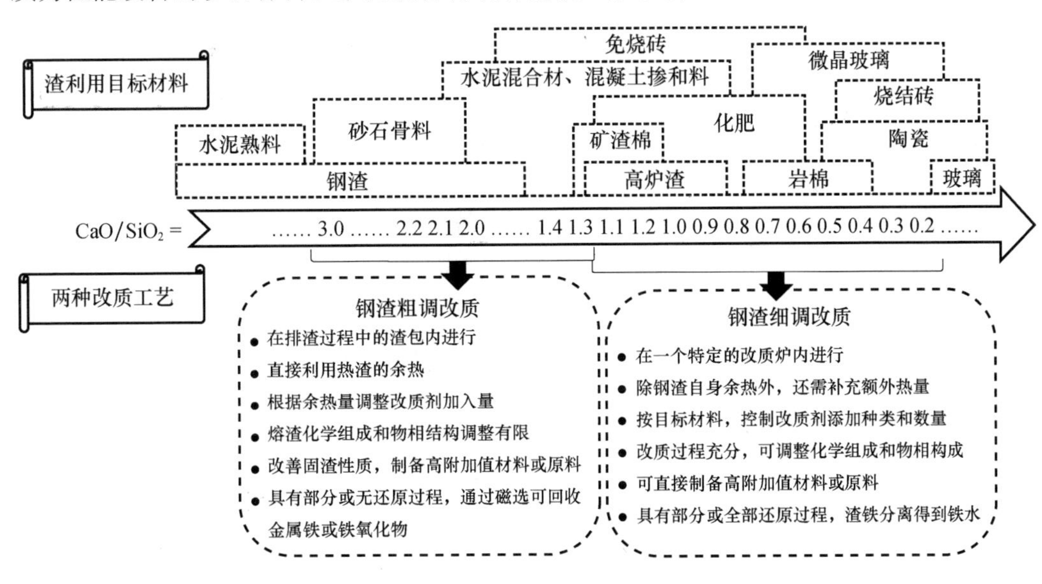

图 10-2　钢渣粗调和、细调改质及目标材料碱度变化

细调改质目的是将熔渣通过热态调质后，直接转化为高附加值材料，如微晶玻璃、矿棉、肥料等。细调改质中熔渣与目标材料的成分差异更大，需要添加 10%以上的改质剂，同时微晶玻璃、矿棉等制备对成分均匀性要求严格，因此需要使用电炉等作为额外的改质设备，对熔渣和掺入的改质剂进行混匀的过程补热，并根据目标材料需要控制改质熔渣质量，包括改质熔渣的成分、均匀性和温度等。

10.2 熔渣的粗调改质

熔渣粗调改质的目的是在尽量低成本条件下调整熔渣组成或结构，以提高其性能。这通常需要在排渣过程或渣包中预先加入改质剂，无须外界补热，直接利用熔渣余热熔解改质剂，实现冶金渣质量的提升。目前，主要针对钢渣开展了大量研究，包括避免其粉化、改善安定性、提高活性、固结重金属、提高易磨性等，也对高炉渣和铁合金渣开展了少量研究，包括提升其胶凝活性、强化重金属离子固结等。

10.2.1 粉化问题的改善

一些冶金渣（如钢渣、精炼渣）的成分位于硅酸二钙（C_2S）析晶区，在析晶后的冷却过程中会发生 β-C_2S 到 γ-C_2S 的转变，使体积膨胀，在渣中形成高内应力，并最终导致炉渣崩解，这一过程称为粉化。这不仅会产生粉尘问题，而且会使其在建筑应用中的使用变得复杂。

向熔渣中添加硼酸盐基改质剂是一种有效方法，如图 10-3 所示。研究表明，添加 0.04%的 B_2O_3 足以避免粉化，且由于改质剂添加量少，熔渣自身的热量足以将其充分熔化。因其有效性和简单性，硼酸盐稳定钢渣在几个工业实践中得到了应用，产生了可用作建筑应用骨料的钢渣产品。

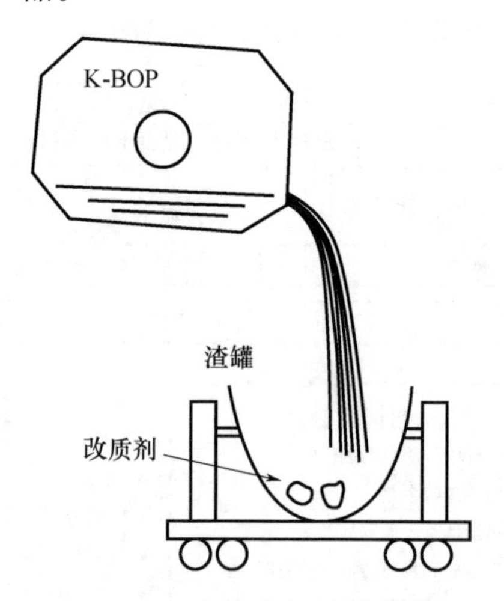

图 10-3 粗调改质抑制钢渣崩解

此外，还可以通过降低熔渣二元碱度至低于 1.42 来避免产生粉化问题。研究表明，粉煤灰、废玻璃、有色渣和铁橄榄石渣等因二氧化硅含量较高，可以被用作改性剂直接加入到熔融钢渣中，使改质后的钢渣碱度降低，从而避免在冷却过程中析出 C_2S。

10.2.2 安定性的改善

水泥中如含有过量的 f-CaO、f-MgO，在凝结硬化时后会发生不均匀的体积变化，出现龟裂、弯曲、松脆和崩溃等不安定现象，即所谓的安定性不良，会降低建筑物质量，甚至引起严重的工程事故。

在熔渣阶段源头改变其组成对减少 f-CaO 或 f-MgO 的量更有效，并已成功应用于工业。该工艺最早由德国蒂森克虏伯钢铁公司报道并实施，目前已经在多家钢铁企业应用。图 10-4 的左图是该工艺的流程，即将氧气和料仓中的砂子喷入渣包内的熔渣中，实现熔渣的改质；右图是该工艺的原理，该工艺不仅利用了熔渣的显热，还利用了氧气与熔渣中 2 价铁氧化成 3 价铁放出的反应热，同时这些热量足够熔解喷入的硅砂，使得钢渣中 f-CaO 和 f-MgO 被硅砂中石英反应固化为硅酸钙、铁酸钙和硅酸镁等稳定矿物。目前，该工艺已经在欧洲多家钢铁厂实施，改质后钢渣实现了广泛应用，尤其是在航道建设和道路工程领域应用较多。

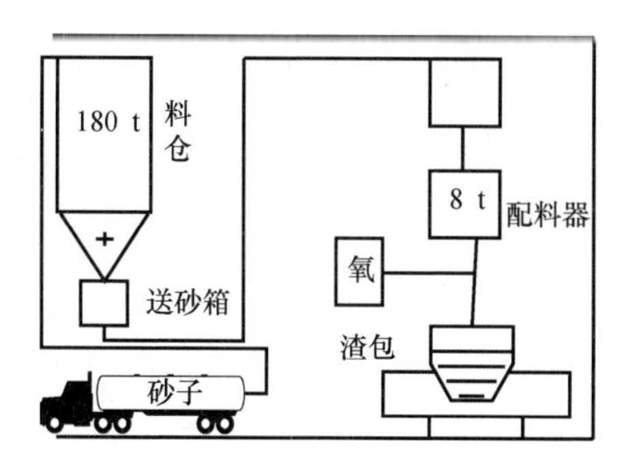

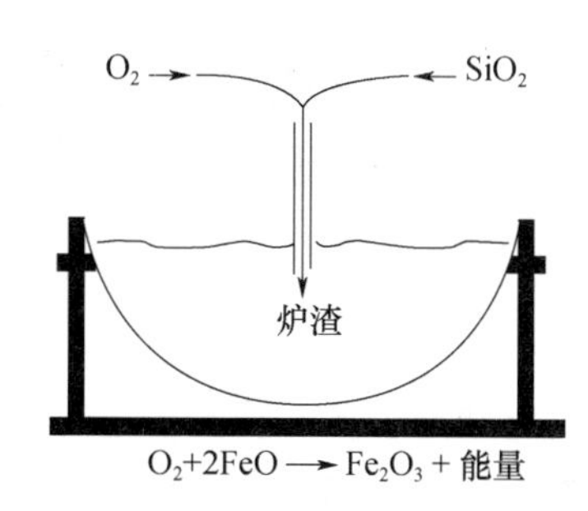

图 10-4　硅砂和空气注入熔渣改质

可见，这一方法的优点是：从源头上解决了 f-CaO、f-MgO 导致安定性不良的问题，还可以改善熔渣粉化等性能，而且工艺简单，成本低。但是缺点也很显著，改质渣中的含铁组分因氧化而失去磁性，渣铁和铁精粉不能够回收。

高炉渣也可用作改性剂，以降低钢渣中 f-CaO 的含量。将高炉渣（C/S＝1.17）直接添加到热转炉渣（C/S＝2.95）中，f-CaO 转化为 Ca_2SiO_4 或 Ca_3SiO_4。当转炉渣与高炉渣的质量比为 5∶1 时，改性后的炉渣随着体积的增加而趋于稳定，转炉原渣的f-CaO 由 5%以上减少到 1.7%以下。

在实际生产中，如果能够将两种熔渣混兑，也是一种避免冷渣熔解热量不够的有效办法。但是，熔渣混兑方法也受到场地、安全、节奏匹配等问题制约，目前还没有见到工业化应用的报道。

对电炉钢渣排渣过程进行改质是一条改善其安定性的简单有效途径。相对转炉渣，电炉熔渣无须溅渣护炉，碱度低，排渣温度高，并且为连续排渣，因此电炉熔渣更适合熔态调质，无须外界补热或吹入氧气。北京科技大学利用理论计算和现场试验验证表明，以河砂作为改质剂，将电炉熔渣改质的工艺中，河砂掺量的理论最佳区间为 11%～19%，此时熔渣显热的利用效率高，改质效果好。

通过工业化试验发现（图 10-5），直接利用电炉钢渣熔渣的显热，可以完全熔化 12.69%掺量的河砂，熔渣改质后具有较好的流动性。钢渣改质前后的碱度从 2.4 变为 1.6 和 1.62，钢渣中的 f-CaO 百分含量从 5.14%下降为 1.02%和 0.76%，改质后钢渣可作为水泥混合材或者骨料。

10.2.3　胶凝活性的改善

矿渣（即高炉渣）胶凝活性高低是决定其在水泥或混凝土领域利用效果的关键因

素。水淬高炉矿渣颗粒为玻璃相结构，具有很高的潜在胶凝活性，已广泛应用于水泥和混凝土领域。钢渣由于其高碱度，在凝固过程中会结晶，部分晶体具有水硬性，如 C_2S 和 C_3S，其胶凝活性较低。

(a) 现场熔渣改质　(b) 改质渣罐运输　(c) 改质渣倾倒

图 10-5　工业化试验过程

矿渣具有较高含量的玻璃相是其活性较高的先决条件，但具有高玻璃相的物质，胶凝活性并不一定高，比如平板玻璃的胶凝活性就较低。因为玻璃和玻璃的结构、组成不同，其活性的高低也不相同。同样的玻璃体，CaO、MgO 或 Al_2O_3 含量越多，反应活性越高。矿渣的这种性质可以由质量系数 $K=(CaO+MgO+Al_2O_3)/(SiO_2+MnO+TiO_2)$ 来衡量，系数大则活性高。

在熔融高炉渣中加入高 CaO、MgO 或 Al_2O_3 的物料，就能够调整其成分并进一步提高其活性。德国 FEhS 研究所进行的试验表明，能够成功地将石灰添加到主渣沟（炉渣和铁水）中（图 10-6）。在渣沟出铁和渣期间，通过气动方式注入石灰，主渣沟中铁水和熔渣的余热使石灰完全溶解在熔渣中。改性矿渣二元碱度比由 1.1 提高到了 1.4，这使得由改性矿渣制备的水泥抗压强度增加了约 25%。

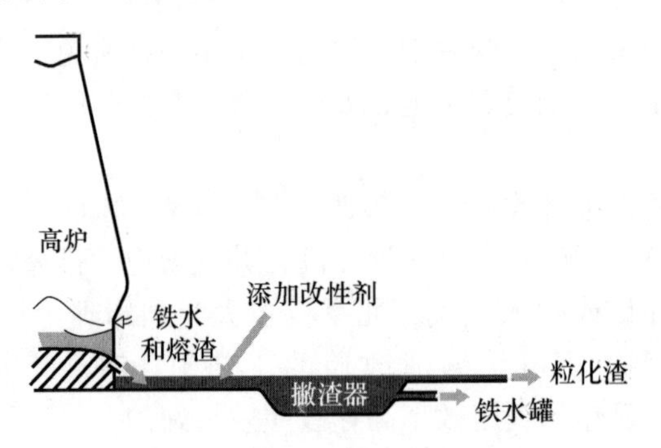

图 10-6　高炉炉渣改性示意图

至于钢渣改性，大多数研究集中于增加具有胶凝反应活性的晶体数量。在炼钢厂进行的中试试验表明，在渣包中预先加入含量 20%的电炉钢渣和炉渣作为改质剂，熔化的转炉渣从转炉排放到渣包中混熔。试验中改性炉渣的 f-CaO 含量从 9%降低到 1.96%；其胶凝活性显著提高，28d 抗压强度从 7MPa 增至 41MPa。与原渣相比，改性渣中形成了新相 C_6AF_2，但 C_2F 消失，这主要有助于提高其反应性。也有研究将含有碎废黏土砖、玻璃碎玻璃、焦炭、矿化剂和稳定剂的改性剂混合并吹入中间包的熔渣中对熔渣进行改性，以增加其早强矿物（如 C_4AF、C_3A 和 C_3S）含量，减少游离石灰和 f-MgO 的数量。

但是这些方法未能工业化实施，主要是钢渣性质及冶炼工艺特点导致的。钢渣属于短渣，其黏度受到温度下降而显著增加。熔融转炉钢渣排渣时，大多经过了溅渣护炉，本身流动性就差，再与冷态改质剂接触，黏度迅速增加，使物料之间无法进一步反应。如果要提高体系的流动性，就需要外界补热，这使得工艺复杂程度大大提高，成本显著增加。

10.2.4 重金属固结性能的改善

重金属元素，如电炉钢渣中的 Cr、V 和 Ba 元素需要固化形成不溶性矿物，才能满足熔渣利用过程中环境法规的限制。尖晶石相是固结铬的有效矿相。通过向热熔渣中添加尖晶石成型剂，能够形成具有高结合能力的尖晶石 $\mathrm{Me_{I}O \cdot Me_{II2}O_3}$（其中，$\mathrm{Me_I}$ 为 Mg^{2+}、Fe^{2+}，$\mathrm{Me_{II}}$ 为 Fe^{3+}、Al^{3+}、Cr^{3+}），从而能够稳定固结 Cr 元素。该中试规模的改性试验如图 10-7 所示：在第一个转移钢包内装满了作为参考的熔渣，在第二个转移钢包出钢时，添加了尖晶石成型剂。试验最终表明，能够生产出具有足够环保性能的改性电弧炉炉渣。此外，由于碱度 C/S 小于 1.5，改性后的电弧炉炉渣体积稳定。

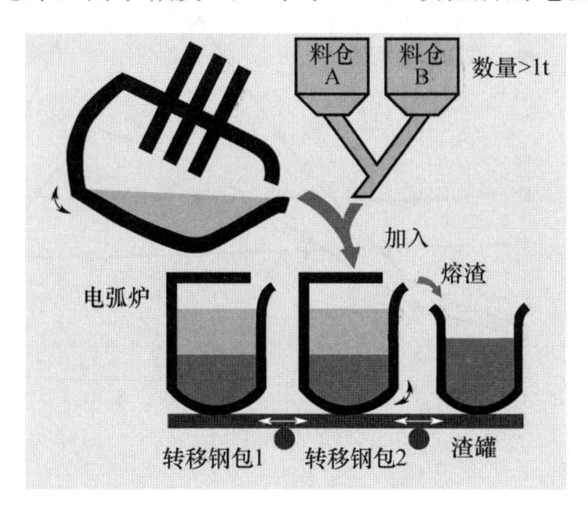

图 10-7 电弧炉钢渣出钢实践

10.2.5 提高铁质组分磁选效率

在电炉渣中铁质组分难以磁选的一个主要原因是存在较多的非磁性含三价铁的矿物，其中部分三价铁以铁酸钙的形式存在。如果能够将非磁性的含铁矿物转化为磁性的含铁矿物，这将会显著提高电炉渣的磁选效率。大量研究发现对电炉渣改质能够提高磁性含铁矿物的数量，其改质机理如下：

第一步：$SiO_2 + Ca_2Fe_2O_5 = Ca_2SiO_4 + Fe_2O_3$

第二步：$Fe_2O_3 + FeO = Fe_3O_4$

$Fe_2O_3 + MgO = MgFe_2O_4$

$Fe_2O_3 + MnO = MnFe_2O_4$

由于氧化钙在硅酸盐中的结合能力强于在铁酸盐中的结合能力，因此在熔融电炉渣中加入含氧化硅的原料后，熔渣在析晶过程中氧化钙会首先与硅酸根离子结合析晶，形成硅酸二钙，避免了非磁性的铁酸钙的析出。剩余的铁离子会进一步与二价的 Mg^{2+}、Fe^{2+} 和 Mn^{2+} 结合，形成磁性的尖晶石矿物，包括磁铁矿、锰铁尖晶石等，避免了弱磁性的 RO 相的生成。由于 Fe、Mn、Cr 等有价元素能够结合形成强磁性矿物，因此改质后的电炉渣不仅具有较高的磁选率，回收了更多的有价元素，而且磁选尾渣中减少了 Mn、Cr 等重金属元素的含量，有利于磁选尾渣的后续资源化利用。

以河砂为改质剂，改质电炉渣碱度对其铁回收效果影响的试验表明，随着河砂掺量增加，改质渣碱度从 2.02 降低为 1.19，在熔渣空冷情况下，其铁回收率呈现先缓慢升高后迅速降低的趋势，如图 10-8 所示。在碱度为 1.30（河砂加入量为 20%）时，磁选物质的产率和含铁组分回收率达到最大值，分别为 40.75%和 69.71%，铁品位提高到 43.74%。在改质电炉渣碱度从 1.6 降到 1.3 的过程中，形成了大量含有 Mn、Cr 等金属离子的磁性尖晶石矿物，有利于更多重金属元素的回收。当改质电炉渣碱度小于 1.3 时，改质电炉渣中强磁性矿相逐渐转变为弱磁性的含铝尖晶石矿物，同时改质电炉渣玻璃相增加，其含铁组分回收率显著降低。

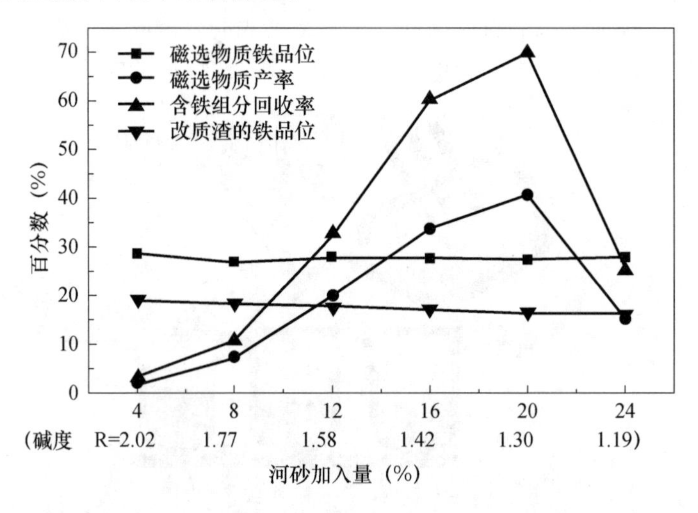

图 10-8　空冷条件下不同改质电炉渣的磁选效果

前述对重金属固结的研究表明，Cr、Mn 等重金属固结效果最好的矿物正是尖晶石类矿物，因此，即使部分重金属残留在磁选尾渣中，如果以尖晶石结构的形式存在，那么也因重金属稳定固结而能够安全应用于筑路等砂石骨料领域。据此，针对不锈钢钢渣中 Mn、Cr 等重金属的源头调控是一个重要的研究方向。

10.3　熔渣的细调改质

由于细调改质比粗调改质复杂，应用这种技术的关键不仅是开发改进技术，而且要生产出有市场需求的高附加值产品。与砂和水泥混合材的价格分别在 80 元/t 和 200 元/t 左右不同，微晶玻璃（铸石人造石材）、矿棉和化肥具有接近或超过 1000 元/t 的更高附加值，因此在细调改质中有可能获得较好的经济性。

10.3.1 熔渣调质制备微晶玻璃

微晶玻璃或铸石材料作为一种机械性能优于传统玻璃和陶瓷的特殊材料，可利用大宗工业固体废物制成，为冶金渣的商业化利用提供了一条高附加值的途径。乌克兰和英国在 20 世纪 60 年代后期开始使用熔融高炉渣制备微晶玻璃。

传统熔渣微晶玻璃的组成要求碱度约为 0.5。由于冶金渣碱度高，其中高炉渣二元碱度（CaO 和 SiO_2的质量比）为 1.0～1.3，钢渣为 2.0～3.0，因此熔渣改质中需要加入高硅高铝物料等作为改质剂调整其组成与结构，以满足微晶玻璃对组分的要求。如果微晶玻璃的碱度较高，则能够加入的冶金熔渣量会增加，这就可以利用更多的熔渣及其余热。因此，近年来开展了对由熔渣制备高碱度（0.6～0.9）微晶玻璃的大量研究。

调整和控制熔渣成分及温度的改质设备是实现该技术的关键，并且已经进行了许多研究。苏联设计了一台日产能力为 250t 的熔融炉，采用浸没燃烧技术对热冶金炉渣进行连续改质。在改质过程中，如图 10-9 所示，中间包中的熔渣通过中间漏斗倒入炉渣接收器，改性剂通过熔体液面下方的开口装入转炉内。转炉用气氧枪加热，其烟气用于加热接收器内的热炉渣。

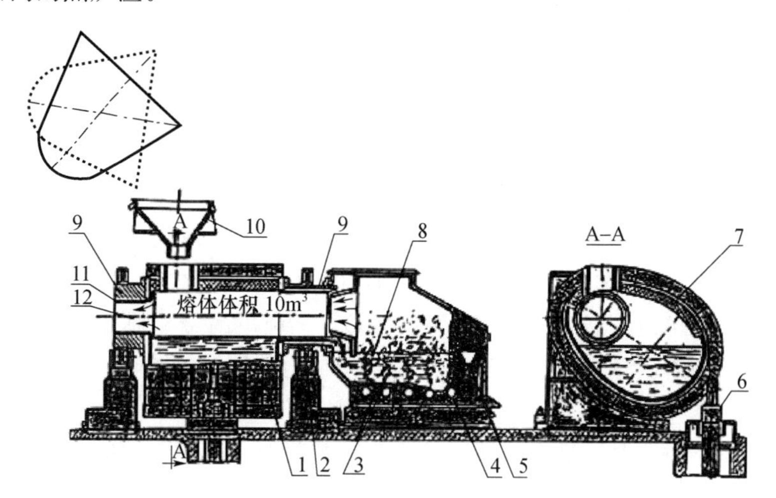

图 10-9 用于对熔渣进行再处理并制备微晶玻璃的熔炼转炉

1—渣接收器；2—支撑辊；3—转炉；4—喷枪开口；5—出水孔；6—液压千斤顶；7—耐火材料；8—装料；9—接收器耳轴；10—中间漏斗；11—熔体衬里；12—烟道气

由于钢渣的碱度较高，钢渣转化为微晶玻璃比高炉渣困难得多。大多数研究人员都是在不回收残留铁成分的情况下，从钢渣中提取微晶玻璃。但是，北京科技大学团队采用新的工艺（图 10-10）并进行了中试试验：首先，通过碳热还原调节炉渣成分，减少炉渣中氧化铁的含量，同时加入含硅、氧化铝的改性剂（粉煤灰或尾矿），降低微晶玻璃的黏度和碱度；其次，对熔渣和铁的混合物进行水淬，并对水淬渣进行磁选，回收还原的部分铁组分；最后，用烧结法将水淬渣转化为微晶玻璃。在还原过程中，应根据微晶玻璃的要求控制渣中铁的赋存状态。通常少于 3％的 Fe^{3+} 或低于 4.5％的 Fe^{2+} 对微晶玻璃的性能有很好的影响，这种改性工艺也应用于各类含铁高的熔渣中，如镍渣、铜渣或铅渣。

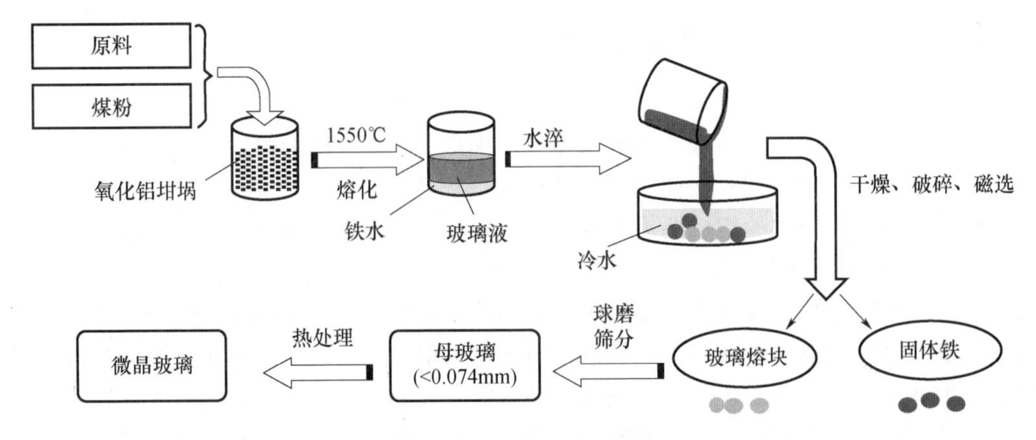

图 10-10　熔融钢渣改性回收铁并制备微晶玻璃示意图

不过，相关研究仍然需要解决一系列的问题，如熔态改质设备、改质工艺、耐火材料寿命、在线熔渣质量控制等方面，目前仍然没有熔渣制备微晶玻璃的工业化生产报道。

10.3.2　熔渣调质制备矿棉

矿棉是一种以玄武岩或冶金渣为主要原料，经熔化、高速离心或喷吹等工艺制成的棉丝状无机纤维材料，具有导热系数小、吸声性能好、化学稳定性强、不燃烧、耐腐蚀等特点，被广泛应用于建筑业、工业、农业等领域。矿棉作为一种理想的保温隔热材料，具有广阔的市场前景。

矿棉分为传统岩棉与矿渣岩棉。传统岩棉主要由玄武岩制备，成本高昂。研究表明，使用热态熔渣可节省熔化原料所需的 80%的热量，因此，矿渣岩棉在市场上具有很强的竞争力，与传统岩棉相比，能耗仅为 30%。利用冶金渣制备矿渣岩棉，取代岩棉的市场份额，在解决环境问题与实现废渣高附加值再利用的同时，也将给岩棉行业带来巨大的转机。

矿渣岩棉的制备与微晶玻璃类似，首先也需要进行调质使熔渣组分满足制备岩棉的要求。制取矿棉的原料应符合以下要求：

（1）化学组成均匀一致。

（2）含有的酸性氧化物和碱性氧化物比例适当，当其被加热成流动液态时，在较大的黏度变化范围内不易产生析晶现象；矿渣能在 1400～1450℃范围内熔化且具有很小的黏度，黏度控制在 1～3Pa・s 时符合拉丝成棉要求。矿棉原料化学组成的设计应满足以下 3 项要求：①矿棉原料的熔化温度不应超过 1450℃；②在纤维形成的温度范围内的熔体，应该具有较小的黏度和温度-黏度降落梯度；③制成的纤维应该细长，化学稳定性强。

可以用以下 3 个经验指标来衡量矿棉原料成分设计是否合理，即酸度系数 M_k、黏度系数 M_η 和氢离子浓度指数 pH，其中，$M_k=(SiO_2+Al_2O_3)/(MgO+CaO)$，是衡量矿渣是否能够作为制备矿棉纤维原料最重要的参数，一般矿棉原料的酸度系数 M_k 在 1.2～1.4 的范围内时熔渣较容易制成矿棉纤维。岩棉或矿棉标准也对酸度系数有要求，新的岩棉制品标准《建筑外墙外保温用岩棉制品》（GB/T 25975—2018）要求酸度系数不应小于1.8。这适合高氧化硅、低氧化钙和氧化镁含量的废渣，比如铁合金渣。矿棉的酸度系数较低时，适合采用高炉渣等制备。

在20世纪中期，日本就已经开始研发利用高炉产出的液态热熔渣直接生产矿棉的技术，并成功实现了工业化。该矿物棉生产工艺由用于熔融高炉渣保温电炉、调整成分的电炉以及两条矿棉制品生产线组成，其中一条生产线将纤维制成小块的粒状棉；另一条生产线将纤维成形并硬化为板状的成品。该矿棉厂位于钢铁厂内，通过热装料直接使用1400℃左右的高温高炉渣为原料。从高炉排出的熔渣直接流入60t的渣罐内，通过铁路运送到矿物棉厂，再分几次供给电炉。将约1400℃的熔渣装入电炉，升温至1500℃以上，进行成分调质等处理，然后用离心力将熔体甩制凝固成纤维化的玻璃质人造矿棉，平均直径3～5μm。最后，进一步根据需要制备成粒状棉或者矿棉保温板。其工艺流程如图10-11所示。

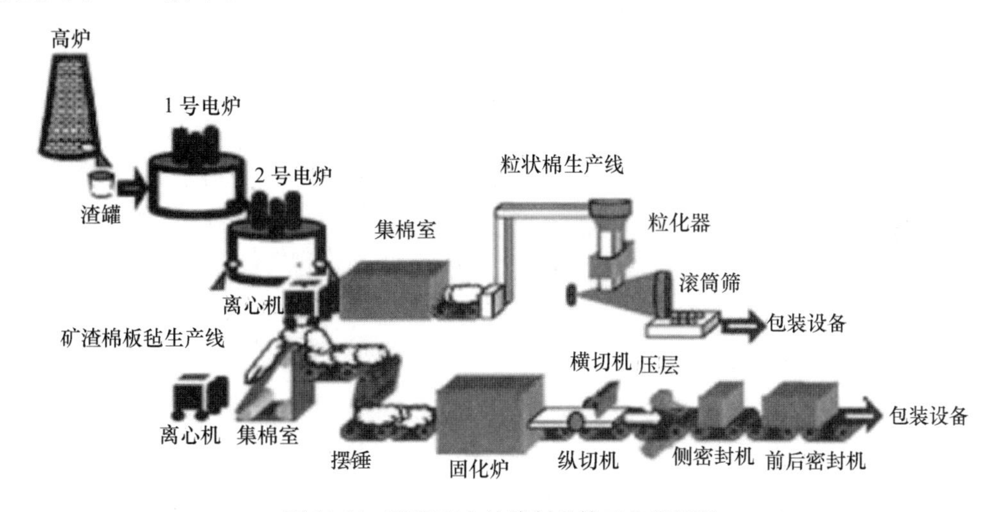

图10-11 BFS双电炉熔制矿棉工艺流程图

我国企业利用锰铁渣、硅锰渣制备矿棉和岩棉已经获得成功，并实现了产业化运行。由于铁合金企业熔渣排渣点离岩棉车间近，它们采用的工艺是单电炉保温调质的方法，即将热熔渣运送并倒入电炉中，在倒入熔渣的同时混入高硅铝的改质剂，改善熔渣性质，然后采用传统岩棉离心甩丝工艺制棉。

10.3.3 熔渣调质制备肥料

为了增加肥料中有益元素的含量并提高钢渣利用率，有必要对钢渣进行改性。采用熔渣改性法制备了两种以热钢渣为原料的肥料：一种是磷肥，另一种是硅酸钾肥。

钢渣制取的磷肥是一种含钙、镁、磷酸盐的复合肥。磷肥的研究大多集中在冷钢渣上，尤其是P_2O_5含量大于10%的钢渣。但如果P_2O_5存在于惰性晶体中，则植物不易获得。FEhS研究所通过在转炉热炉渣中加入磷酸盐灰来制造托马斯炉渣。经过混合和热消化处理，可生产含磷较多的磷肥。此外，灰烬中所含的磷（植物无法利用）由于转变成钙磷硅酸盐而变得可用。

钢渣能在植物根系释放的弱柠檬酸中缓慢溶解，是一种理想的缓释肥料原料，在农业生产中普遍使用，利用率高。钢渣中的钾作为肥料是不足的。虽然钾长石和碳酸钾是一种常见且廉价的钾来源，但是它们很少与钢渣直接混合，因为长石中的钾不溶于水，碳酸盐中钾释放缓慢，但在水中迅速溶解。为此，研究了用热钢渣制备缓释硅酸钾肥料，并以钾长石或碳酸钾为改性剂的方法。选取铁水脱硅过程中产生的钢渣为主要原料，其 SiO_2 和 CaO 含量高，在 1600℃左右从转炉中排出。工业化试验如图 10-12 所示。从上方的料斗向钢包中连续加入碳酸钾，同时注入氮气与钢水混合。结果表明，改性渣具有 93％K_2O 和 75％SiO_2 的缓释性能，是一种优良的肥料。

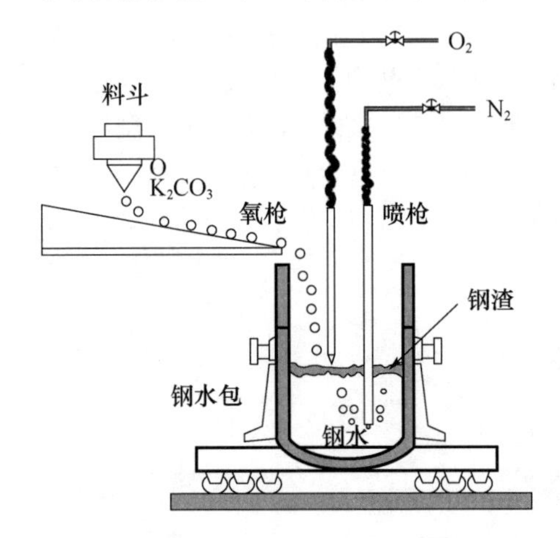

图 10-12　炼钢渣生产硅酸钾肥

11　其他材料

11.1　耐火材料

11.1.1　耐火材料的定义及特点

耐火材料指具有抵抗高温作用以及高温下不产生物理化学作用的无机非金属材料。一般认为耐火材料的耐火度不低于1580℃，耐火度是指耐火材料锥形体试样在没有荷重情况下，抵抗高温作用而不软化熔倒的摄氏温度。但广义上认为只要高温下依然保持使用性能的材料就叫耐火材料。

耐火材料广泛应用于钢铁、水泥、陶瓷、玻璃、化工、有色等高温工业相关领域。从我国耐火材料需求结构看，钢铁行业占总量的65%左右，水泥、陶瓷、化工、玻璃、有色金属行业的耐火材料占比分别为10%、5%、4%、7%和3%左右。

耐火材料一般是用在热工设备的内衬，位于高温环境及其要保护的不耐高温结构之间，一侧与设备内部的高温环境直接接触，另一侧与冷却壁等传热结构或者支撑结构紧密结合，不仅构成高温环境正常工作的空间，而且起到保护外层结构免受高温破坏和化学侵蚀的作用。比如，用作炼铁炉、炼钢炉、热处理炉、铅锌熔化炉、盐浴炉等高温炉的炉衬，或者高炉出铁沟、出钢槽、锡槽等高温熔体流槽的内衬，以及盛钢桶等盛高温金属熔液的各种容器的衬里。

耐火材料一般具有以下几个特点：

（1）耐火材料通常属于多相系，不同相之间的线膨胀系数往往不同，这会引起应力而导致微裂纹产生；耐火制品（砖）从烧成温度冷却时产生的应力也是微裂纹的来源。另外，使用过程中形成的应力亦能在表面引起高的应力而产生微裂纹，但不会导致耐火材料最终的断裂。

（2）耐火材料通常都采用多级配料，具有粗颗粒、中颗粒和细粉广泛的粒度范围，因而存在许多孔隙，这些孔隙往往会成为断裂的起点。

（3）耐火材料在制造时由于成型所产生的残存气孔导致的微裂纹，不可能在烧成以及使用过程中消除。

（4）耐火材料在使用过程中因热震所产生的热应力以及机械应力将会显著地超过它们的机械强度。

上述特点都说明，耐火材料中通常存在比较多的气孔，而且其尺寸也较大，例如高铝砖尺寸为0.78～2.5mm，镁质砖尺寸为0.4～0.6mm，而采用3mm镁砂粒料生产的MgO-C砖尺寸则为0.7～1.6mm。

11.1.2 耐火材料的制备工艺流程

无论是定形还是不定形耐火材料，其开始的主要原料都是使用粉体并根据其产品形态通过一定工艺制造而得，其共同的重要工艺是粉体处理。定形耐火材料中的成型工艺、烧结型定形耐火材料（烧结耐火砖等）中的烧结工艺是十分重要的。耐火材料制造工艺中所使用的设备、装置要适应于各工艺条件。

耐火材料的原料（合成产品）制造工艺和耐火材料成品相比是多样的，具有代表性的工艺是类似于水泥制造的高温粉体处理工艺。烧结砖的制造工艺流程如图 11-1 所示，免烧砖和不定形耐火材料的制造工艺是此工艺的简略化。

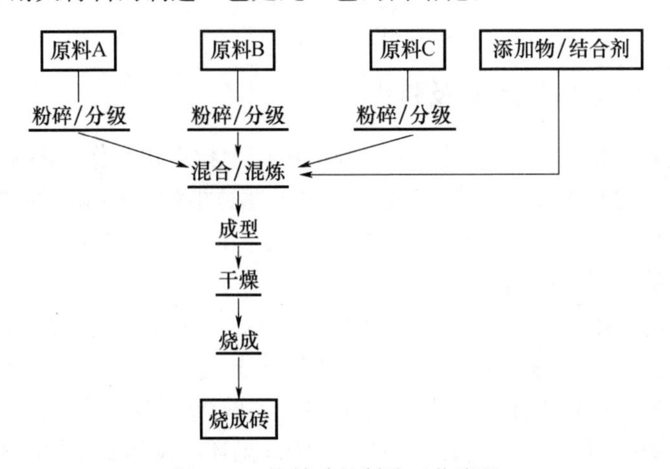

图 11-1 烧结砖的制造工艺流程

11.1.3 废弃耐火材料的循环利用

冶金行业使用的耐火材料（以下简称“耐材”）数量大，种类多，根据废弃耐火材料的组成不同，其利用方法也不尽相同，主要的废弃耐火材料的利用途径有以下几种：

1. 镁碳耐材

镁碳类耐火材料由于抗渣铁侵蚀能力强、耐热震性和高温抗折强度高等优点，在转炉、电炉、精炼炉、钢包等处广泛应用。在钢厂产生的废弃耐火材料中，镁碳类占近六成。对废弃镁碳耐材的利用主要有四个方向。

（1）制备冶金辅料

作为冶金企业循环经济的重要途经，将废弃耐材回收并制备冶金辅料得到快速发展。国内有将废弃镁碳砖和部分添加剂结合制成多功能镁球，全量或部分代替白云石作为造渣辅料，实际结果表明，使用镁球代替白云石效果显著，并且在溅渣护炉过程中挂渣效果更好，能降低吨钢成本。无须考虑其理化指标的变化对再生耐火材料性能产生影响。

（2）制备再生镁碳砖

宝钢公司以钢包渣线的废弃镁碳砖为原料，经过一系列处理后与其他原料一同制得再生镁碳砖，效果与使用新镁碳砖相近。

（3）制备中间包干式料

中间包镁质干式震动料的主要原料为电熔镁砂，广钢、马钢等进行了利用再生镁碳料制备中间包干式料技术的研究。利用废弃镁碳砖部分替代中档镁砂制备了再生中间包干式料，研究结果表明，整形和未整形的废弃镁碳砖颗粒均可用于中间包干式料，且使用整形颗粒时，综合性能更好。

（4）制备钢包喷补料

有钢铁厂将钢包渣线处拆卸下来的镁碳砖经过处理后作为钢包喷补料，再生喷补料喷补附着率好，喷涂层致密、固化速度快，说明再生喷补料可替代现用喷补料。

2. 石墨耐材

有研究发现，铁水对氧化铝天然石墨基质的渗透损毁是有限的，因此将其和新的耐火材料混合制备耐材，结果表明，在合适的添加量内试样显示出较好的使用性能。也有研究发现，废旧石墨坩埚只需要剥除其内外附着的熔渣，可将其粉碎来充当烧结黏土使用，由于废旧石墨坩埚中含有一定量的石墨，并且其还经过高温反复烘烧，因此收缩性小，废旧石墨材料不仅与烧结黏土有同样的效能，还可减少石墨用量。

3. 镁铬耐材

镁铬砖耐火度高，高温强度大，抗碱性渣侵蚀性强，抗热震稳定性优良，并且对酸性渣有一定的适应性及热导率，性价比合理，因此被广泛应用在电炉炉顶、炉外精炼炉以及各种有色金属冶炼炉等冶金工业。镁铬砖的主要成分为 MgO 和 Cr_2O_3，在使用时其中的部分 Cr^{3+} 转化为了 Cr^{6+}，废镁铬砖如果不经处理就直接排放到环境中，会造成环境污染和地下水污染，同时会对人体造成危害。

废镁铬砖的主要矿物成分为方镁石和尖晶石固溶体，废镁铬砖经过处理后可替代镁砂原料引入镁质浇注料中。研究结果表明：随着废镁铬砖加入量的增加，试样的烘干、高温和中温耐压强度、抗折强度、体积密度均逐渐增大。当废弃镁铬砖的加入量合适时，其性能指标接近未加入废镁铬砖试样。

4. 镁钙砖

镁钙砖主要晶相为方镁石，次晶相为硅酸三钙，其气孔率低，荷重软化温度高，抗碱性渣性能良好，因此被广泛应用于炼钢侧吹转炉风眼处和吹氧转炉上等部位。有学者以废镁钙砖和镁钙砂为原料，以石蜡为结合剂，制备出再生镁钙砖，在合适的添加量下，其性能和镁钙砖的性能相当。

5. 废弃滑板砖

滑板砖是滑动水口的核心组成部分，是直接控制钢水、决定滑动水口功能的部件，是一种具有重要功能的耐火材料。废弃滑板砖处理之后，可将其作为新滑板砖的原材料，所生产出来的滑板砖和新的滑板砖是一样的。有学者用废弃的 Al_2O_3-MgO-C 滑板砖和其他材料研制出具有较高的强度、良好的抗渣性和抗氧化性的免烧 Al_2O_3-SiC-C 砖。

6. 废弃鱼雷罐砖

鱼雷罐砖具有耐铁水和熔渣侵蚀、抗冲刷能力强、抗热震性好、抗氧化性能好等特点，主要用于鱼雷车铁水罐各部位内衬。有学者用废鱼雷罐衬砖配加其他材料制备出了满足性能要求的新鱼雷罐衬砖。

7. 废弃黏土砖

将废弃黏土砖通过拣选、破碎、筛分、除铁、均化等综合再生技术处理后可得到不同粒度的黏土颗粒料，以其为骨料，可以再生制备不同浇注料，包括以一级矾土为细粉、以矾土水泥或固体水玻璃为结合剂等研制的高强浇注料，耐酸喷涂料和中/重质喷涂料。

8. 废高铝砖的回收处理

将废弃的高铝砖进行加工使其变成细粉，作为原料来生产耐火泥，剩余的颗粒料可用于可塑料的生产，例如在钢包盖当中所使用到的浇注料，在各种修补当中所需要应用到的可塑料等。

11.1.4 冶金固废制备耐火材料的现状

部分冶金固废中含有大量的 SiO_2、Al_2O_3、MgO、CaO 等耐火材料的构成成分，因此，以冶金固废为主要原料制备耐火材料的研究逐渐增加，这对实现冶金固废的资源开发与增值利用、降低耐火材料的生产成本，有着十分重要的社会现实意义。目前，应用于耐火材料研究的固废包括赤泥、铝灰、钢渣等，但真正投入工业实际应用的并不多，仍需对冶金固废应用于耐火材料的工艺进行深入的探索研究，以使冶金固废成为新的资源被应用，不仅减少固废的堆放，而且减少冶金固废对环境的污染，从而产生显著的生态效益。

利用冶金固废制备成的耐火材料主要包括碱性耐火喷涂料和碱性耐火砖两种，这是由于冶金固废中大部分碱含量较高导致的。

11.1.4.1 碱性耐火喷涂料

钢渣中 CaO 含量较高，适宜作为碱性耐火材料的原材料。并且，钢渣的高温烧结性能研究表明，钢渣经 1000℃煅烧后具有较好的力学性能，且转变是不可逆的，因此可满足耐火材料的基础性能。钢渣的高温物化性质与耐火材料具有很好的契合性，若利用其作为耐火材料的原料，不但能够降低耐火材料的生产成本，而且可为钢渣的资源化利用开辟新途径。但由于纯钢渣本身强度很低，需加入其他耐火原料以提高耐火喷涂料的应用性能。有研究以钢渣尾渣和镁砂为主要原料，以硅酸钠作为结合剂，以硅微粉作为外加剂，完善了钢渣基耐火喷涂料的制备工艺。将不同粒径颗粒混合，加入一定添加剂与水混合并成型，在一定条件下养护，在规定周期后做性能检测，得出最佳工艺条件为硅酸钠 7%、硅微粉 4%～6%，此时产品具有较好的力学性能，并可作为一般的碱性耐火喷涂料使用。

11.1.4.2 碱性耐火砖

氧化铝厂产生的铝渣和铝灰中都含有大量的 Al_2O_3，有研究通过对铝渣进行煅烧，研究了不同温度下晶相结构的转变，试验表明要获得 α-Al_2O_3，煅烧温度应高于 1300℃，这种煅烧温度下形成的 α-Al_2O_3熔点高、硬度大、性能稳定，可作为陶瓷材料、耐火材料的主要原料。用铝渣和铝灰制备耐火材料的机理主要是利用铝在高温下会与其他元素形成高温性能优良的固相，比如莫来石、刚玉、尖晶石等复合相。对于铝厂废渣在耐火材料方面的应用比较典型的案例是施振克等利用铝厂废渣制备莫来石耐火材料，并制得了莫来石含量高达 88.1%的莫来石砖。中铝集团采用赤泥和粉煤灰为原料制备耐火保温材料，产品中赤泥和粉煤灰的用量占比可在 50%以上，并且与一般耐火材料相比可节省能耗五分之二至五分之三。

此外，钢渣经过粉碎研磨后，与硅砂、黏结剂混合并压制成型，再经干燥煅烧后也可以得到炉衬用耐火砖。

冶金固废在耐火材料中的利用可以显著降低耐火材料的成本，是经济环保的技术手段。但是，也应该考虑冶金固废中复杂的化学成分对耐火材料高温性能稳定性的影响，并且探索冶金固废中有效耐火成分的活性激发理论，从而推动冶金固废在耐火材料中的应用研究。

11.2 肥　料

11.2.1 锰肥

11.2.1.1 锰肥的定义及特点

锰肥是指具有锰标明量，施用于缺锰土壤以补充植物中锰养分的肥料。它属于锌、硼、钼、锰、铁、铜六种常见微量元素肥料之一。因为作物对这些元素需要量极小，植物体内锰的含量随作物种类及环境条件不同差异很大，可低至痕迹，也可高到1000mg/kg以上，一般在10～300mg/kg之间，因而被称为微量元素，但却是公认的作物生长发育必不可少的元素。

许多冶金固废中含有锰元素，对于锰含量高的固废往往采用锰的提取对其进行回收利用，但是对于锰含量低的固废，这种方法并没有实际经济性。因为含锰矿相在锰含量低的固废中以细小团聚体的形式不均匀分布，所以会导致提取困难且效益少。然而，植物对于锰的需求量恰恰很低，并且锰元素又是植物不可缺少的元素。因此，含锰冶金固废在农业锰肥中的应用研究逐渐得到了人们的关注，对于缺锰植物，可以通过施加锰肥以补充植物中的锰养分。传统锰肥主要以矿石和化石燃料为基础进行制备，面对不可再生资源日益紧缺的现状，节约且循环利用资源是我们必须遵循的原则，因而将含锰冶金固废用于锰肥的制备是一条可行的途径。

国外对锰渣制肥的研究起步较早，早在1954年，日本就用锰渣、CaO、$Ca(OH)_2$和$CaCO_3$制得硅酸钙肥，其对植物生长和土壤肥力都具有良好效果，并于1995年得到日本政府的正式批准。20世纪90年代，国内也逐渐开始研究电解锰渣肥料。目前，已被研究应用于锰肥生产的冶金固废主要有电解锰渣、锰系铁合金炉渣等。

11.2.1.2 锰肥的制备工艺流程

利用电解锰渣生产锰肥的工艺流程如图11-2所示。固废锰肥的工艺流程一般包括原料预处理、成分调节和成型三部分。

(1) 原料预处理是将原料磨细、烘干，使原料状态利于后续制备加工。成分调节是很关键的一步，其原理是，通过向含锰固废中加入活化剂、添加剂经混合反应后得到成分可应用于植物种植的锰肥。

(2) 加入活化剂和添加剂的目的包括两点：一是为了调节锰肥的pH，使其达到农作物生长所适宜的酸碱度；二是为了通过化学反应将含锰固废中难溶性的矿质元素转化为能被农作物吸收利用的可溶性盐成分，以提供有效的营养元素，并且降低固废中的有害成分含量。有些研究也会采取高温煅烧、微波消解等方法为制备过程中的化学反应提供适宜的反应条件。

(3) 肥料成型是通过成型工艺将粉状锰肥加工成较大颗粒，有的也可不经成型直接以粉状施用于土壤。

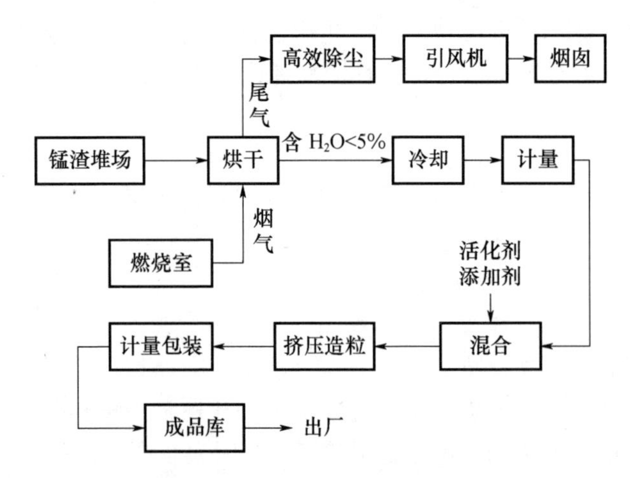

图 11-2 利用电解锰渣生产粒状锰肥的工艺流程框图

11.2.1.3 含锰冶金固废在锰肥中的利用现状

电解锰渣是目前应用于锰肥研究中最普遍的冶金固废，电解锰渣中含有许多种植物生长所需的矿质营养元素，见表 11-1。电解锰渣中除了锰元素以外，还含有大量的黏土，一定量的碳素有机质，农作物生长所需的氮、磷、钾等大量元素，以及钙、镁、硫、铁、硼、硅、硒等中量和微量元素。有研究分析，该残渣中含有水溶性锰（主要由 $MnSO_4$ 组成）和枸溶性锰（由氧化锰 MnO 和 $MnSO_4$ 组成）。用微波消解处理后，其水溶性锰含量可达 1.51%，枸溶性锰含量可达 5.01%。水溶性锰作为稻、麦、果树用肥，具有速效性而无长效性；枸溶性（即柠檬酸可溶性）锰不仅可作为锰质肥料，而且是很好的土壤改良剂，并具有长效性。

表 11-1 电解锰渣的矿质营养含量表

元素	含量（g/kg）	元素	含量（g/kg）	元素	含量	元素	含量
氮	9.5～14	硫	80～110	碳	80g/kg	铜	50～54mg/kg
磷	5.7～6.3	有效硅	4.6	黏土	450g/kg	钴	42～64mg/kg
钾	0.4～0.6	锰	30	锌	75～112g/kg	硒	31～33mg/kg
钙	50	铁	23	硼	114～116g/kg	锗	0.22mg/kg
镁	30	有机质	50～70	钼	11～12g/kg	pH	6.6g/kg

此外，电解锰渣和土壤有很好的相容性。土壤的形成是岩石受物理、化学因素的风化崩坏分解以及生物活动等影响形成的。而电解锰渣是电解金属锰工业中采矿、粉碎、制液、电解等生产过程所形成的废弃物，它与土壤形成有些相似处，前者以宇宙自然因素为主动力，成土时间漫长，后者靠人为的工业动力，成土时间短。电解锰渣与农业生产土壤相比，在农学性方面有很多相似之处，但一些矿质元素含量高于农业土壤。将电解锰渣进行田土消化处理，能与土壤很好地相互融合，为农业土壤增添了矿质营养元素，这样既消化处理了电解锰渣，解决了环境污染问题，又促进了农业生产。

锰系铁合金炉渣是钢铁厂排出的炉渣，通常炼铁炉炉渣含锰 1%～2%，平炉炉渣含锰 4%～6%，碱性转炉炉渣含锰 2%～4%。锰系铁合金炉渣还含有农作物所需要的多种微量元素，如 Mn、Si、Ca、Cu、Fe 等，这些元素是农家肥和化肥的良好补充营养元素。特别是在制成化肥施用于农田后，可以改良土壤，提高土壤的生物活性，促进农作物的高产、稳产。

利用锰系铁合金炉渣生产锰肥的工艺简便易行，将冶炼锰铁过程中排出的高温炉渣水淬骤冷、烘干后，符合要求的锰系铁合金炉渣破碎成合格粒度（一般在 0.122～0.078mm（120～180 目））装袋即可，炉渣锰肥含锰多在 7%左右。

目前，已经有许多研究证实了用含锰冶金固废制备的锰肥的适用性。湖南、江苏、安徽、山西、陕西、江西等地区都进行过冶金固废锰肥施用于土壤的试验研究，种植物包括小麦、玉米、水稻、棉花、花生、烟草、甘薯、油菜等。试验证明，在农田中施用冶金固废锰肥，对改善土壤肥力、增加产量、提高农作物品质具有明显的作用，是一种投入少、增产效益显著的肥料。锰工业废渣宜作为基肥，最好与有机肥一起沤制，或与有机肥、生理酸性肥料混合施用，以防止锰在土壤中转化为高价锰，失去应有的肥效。

另外，将冶金固废应用于农业，关于农产品的安全问题肯定是不得不考虑的因素。有研究将冶金固废锰肥施用于农作物种植土壤，经检测得出，农产品中的镉、砷、铅等有害元素均在国家食品卫生标准以下，而有益元素硒的含量被检测到增加，提高了农产品品质。还有研究将新型电解锰渣肥料与有机肥、过磷酸钙等传统肥料比较，新型电解锰渣肥料增产效果明显，较硫酸锰、氧化锰等质优价廉，是缺锰地区值得推广的锰肥新品种。从目前公开的试验结果中，未发现冶金固废锰肥对农产品的严重危害作用，但是对于一项成熟的固废肥料研究，农产品的安全问题是不可缺少的研究环节。

冶金固废锰肥具有美好的利用前景。电解锰渣、锰系铁合金炉渣等含锰冶金固废排放量大，而且这些类冶金废渣目前尚未充分利用，将其废物利用，可减轻其对环境的污染并提高资源利用率。但是，我国对冶金固废锰肥的应用还未实现普遍化。冶金固废锰肥对土壤、农作物的长期稳定性和安全性值得深入研究，以促进固废锰肥的推广利用。

11.2.2　其他肥料

11.2.2.1　固废用作肥料的原理及工艺

在农业生产中，任何一种元素的缺少都会影响作物的正常生长发育。化肥极大地丰富了农业生产系统中的养分供应，为生产更多人类所需的蛋白、能量、矿物质提供了基础。化肥提高了土壤肥力，是耕地质量和粮食安全的基本保障。由于钢铁渣中含有 Si、Ca、Fe、Mn、P 等大量对农作物有益的元素，同时除个别采用特殊矿冶炼的高炉渣和特钢冶炼钢渣外，在高炉渣和钢渣内含有的有害重金属杂质及放射性元素含量均符合国家农业应用标准要求，因此非常适于农业生产，对于改良土壤、满足农作物营养需求等方面十分有益。

工艺基本都是采用自然风干炉渣—球磨—过筛—干燥工艺流程。鞍钢矿渣开发公司将水淬渣沥水，自然风干，然后进入破碎机进行破碎和筛选除杂，再进入球磨机球磨，过筛，最后包装即得到商品硅肥。

加工钢渣磷肥的基本工艺是将块状的含磷渣经过一段时间的自然堆放风化后，大块磷渣首先用落锤破碎至 200mm 左右，用磁盘初选，粗碎的磷渣送入颚式破碎机，破碎至 50mm 左右，然后经电磁皮带磁选，送入对辊破碎机中破碎至 20mm 左右，并经电磁分离滚筒再次磁选，经球磨机磨碎，最后用斗式提升机送至成品仓库。

11.2.2.2 利用冶金固废制备肥料的现状

（1）利用钢渣生产缓释性钾肥，是近年来资源化利用钢渣的一种新兴技术。其生产工艺为在炼钢铁水进行脱硅处理时，将碳酸钾（K_2CO_3）连续加入铁水包内，再向包内吹入的氮气的搅动下融入炉渣中，铁水脱硅处理后的炉渣经冷却后磨成粉状肥料。所合成的无机钾肥中 K_2O 质量分数可在 20%以上，这种肥料难溶于水，而可以溶于柠檬酸等弱酸中，是一种具有缓慢释放特性的肥料。日本肥料与种子研究协会调查表明，施用此种肥料的稻米和甘蓝、菠菜等粮食和蔬菜产量要优于其他种类的肥料。

（2）生产钢渣磷肥。磷能加强光合作用和碳水化合物的合成与转运，能促进蛋白质合成，利于体内硝酸的还原与利用，增强豆科作物的固氮量，促进脂肪代谢，还能增强作物的抗旱、抗寒能力。当采用中高磷铁水炼钢时，在不加萤石造渣条件下所得到的钢渣可以用于制备钢渣磷肥。

钢渣磷肥的生产原理为在炼钢过程中把造渣剂石灰加入铁水中进行造渣，使钢水中绝大部分磷被氧化成五氧化二磷，并与石灰结合成含磷酸四钙的炉渣。当炉渣中五氧化二磷含量达到一定程度时，其他杂质如镁、锰、硅等进入炉渣，于是浮在钢水上面的炉渣就是钢渣磷肥的半成品。钢渣中的磷几乎不溶于水，但很容易被农作物吸收，并且具有较好的枸溶性，可在植物根际的弱酸环境下溶解而被植物吸收，因而钢渣磷肥是一种枸溶性肥料。

（3）生产硅肥。硅视为第四大植物营养元素，它有提高其抗病虫害，提高作物的光合作用，提高根系活性和增强抗倒伏、抗病虫能力。高炉渣和含 SiO_2 超过 15%的钢渣经磨细到 0.250mm 以下即可作为硅肥用于水稻田。水淬高炉渣的主要矿物相因急冷远程呈现类硅酸二钙结构，当有外力或外界化学反应介入易于使 SiO_4^{4-} 游离，与 OH^- 结合形成原硅酸（有效硅）。但水淬高炉渣近程呈现长石结构，需对其进行调质，使其结构发生转变使其成为易于解离的、易于反应的类钙硅石（单链状）结构或硅酸二钙（岛状）结构。硅肥的加工过程为把水渣磨细，细度为 80～100 目；添入适用硅元素活化剂；搅拌混合后装袋（或搅拌混合造粒后装袋）。钢铁渣中的硅是呈枸溶性的，枸溶率可在 80%以上，根据有关栽培试验，在施用钢铁渣合成的硅肥的水稻生产中取得了增产 12.5%～15.5%的效果。

11.3 土壤改良剂

11.3.1 土壤改良剂的定义及特点

11.3.1.1 土壤改良剂的定义

土壤改良剂指能够改良土壤的物理、化学和生物特性，调节土壤中的水、肥、气、热，使土壤变得更适宜植物生长的物料，既可以是天然材料也可以是人工合成材料。由于一些冶金固废具有孔隙率高、疏松的结构特征，并含有大量的矿物元素，而且往往具有一定的酸碱性，因此其可以用于土壤改良剂以改善土壤的结构、补充土壤中的养分、调节土壤的酸碱及化学性质，冶金固废应用于土壤改良剂已受到很多研究者关注。

11.3.1.2　冶金固废应用于土壤改良剂的特点

1. 可作为冶金固废的终端消纳方法

从处理冶金固废的角度来说，相较于其他的冶金固废再利用手段，将冶金固废应用于土壤改良剂是一种有希望实现冶金固废终端资源化利用的方法，即将固废永久"安置在那儿"且不对环境、人类产生不利影响。如果将冶金固废用于土壤改良剂，其可与土壤融合为一个长期稳定的生态系统。对于一项较为完善的冶金固废改良土壤技术，其中的冶金固废不仅可以实现与土壤的相互融合，而且能改善土壤范围内的生态环境，真正实现冶金固废的终端资源化利用。

2. 工艺简单，成本低

从土壤改良剂的角度来说，与其他土壤改良剂相比，冶金固废土壤改良剂突出的特点是原料来源广、成本低，因为我国的冶金工业分布广泛，而且冶金固废排放量巨大。并且，冶金固废土壤改良剂的制备工艺简单。

3. 有一定的限制性

目前，大多冶金固废在农业中的利用率并不高，炼钢炉渣在不同行业的利用率因国家而异，炼钢炉渣在大部分国家的利用率并不低（日本和韩国都超过了98.0%，美国为84.4%，欧洲为87.0%），但是用于农业的都只占一小部分或没有（农业利用率均小于4.0%）。其中，影响冶金固废在农业/土壤改良剂中的限制性因素主要有两点：

（1）冶金固废本身复杂的特性会对研究带来困难，会阻碍相关研究进展。冶金固废中不仅含有大量有益于植物生长的元素，而且含有多种有害成分。土壤为处于食物链底层的植物提供养分，若改良剂带入土壤中的有害成分过多，将会造成有害成分在食物链中的不断积累，最终都会集中流向处于食物链顶端的人类，对人类的生命造成威胁，图11-3即显示了将钢铁废渣施用于农田的潜在效应。因此，对于冶金固废土壤改良剂的长期环境安全性研究必不可少，同时也会给研究带来一定的困难。

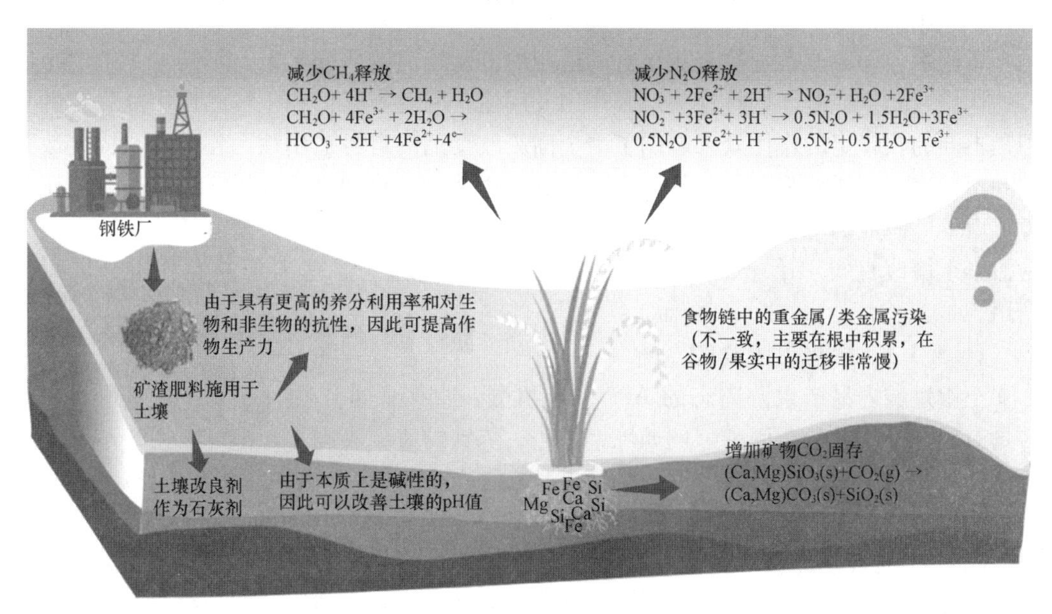

图11-3　农田使用钢铁废渣的潜在影响

此外，有研究表明，固废相比于人工制取的高分子改良剂，其中起改良作用的有效成分在土壤中的溶解度较低，因而在有些试验中，会出现固废改良剂对土壤的化学性质改良效果不明显的情况，但也有研究表明，使用有机改良剂可能有助于提高其溶解度，从而提高其中和土壤酸度的有效性，例如农家粪肥、家禽粪便等。

（2）缺少相关固废土壤改良剂的检测指标标准以及国家安全标准。冶金固废土壤改良剂的环境安全性需要用长期的研究数据来证明，并且因为土壤改良剂施用的环境是一个开放性环境，对于固废土壤改良剂的研究还要结合多种指标综合评判其环境安全性，比如土壤中有害元素含量、土壤 pH、植物生长状况、植物体内有害元素含量、土壤微生物群落动态变化等，但又没有完善的相关标准。因此，冶金固废在农业/土壤改良剂中的利用率很低。

11.3.2　土壤改良剂的制备工艺流程

冶金固废土壤改良剂的制备流程及使用方法操作都比较简单。制备过程一般都需要先对冶金固废中的化学成分尤其是有毒有害成分进行测试分析，并根据土壤中有害成分含量的国家标准选择是否对冶金固废进行成分微调。然后，对粒径较大的冶金固废原料进行研磨、筛分，使其粒径小于一定值，多篇文献研究中确认的定值是小于 2mm，从而得到可以均匀分散于土壤中的粉末状土壤改良剂。冶金固废土壤改良剂在使用时只需要将其和土壤及其他组分进行充分混合即可，然后就可以进行植株盆栽或者试验培养、环境安全性试验等研究。

11.3.3　土壤改良剂的利用现状

目前，研究者们对冶金固废应用于土壤改良中的研究越来越广泛深入。了解各类冶金固废土壤改良剂的适用性和作用机理有利于我们对它们进行正确的使用和深入的探索研究。

不同冶金固废改良剂都有其自身的适用性。从当前的研究来看，不同种类的冶金固废的性质之间存在差异，特性决定其作用及用途，因此，它们在土壤改良中能发挥的作用是不同的，特定的作用效果影响了冶金固废改良剂的自身适用性，各种冶金固废改良剂并不是适用于所有类型土壤的，应根据其适用性对改良剂进行选择。按照改良作用分类，由他们制成的土壤改良剂主要包括三大类：酸化土壤改良类、盐碱地土壤改良类和受污染土壤改良类。冶金固废土壤改良剂的作用机理主要是离子交换和重金属沉淀作用。

11.3.3.1　酸化土壤改良

土壤过酸容易产生游离态的 Al^{3+} 和有机酸，直接危害作物，需要中和其酸性。许多具有较高碱度的冶金固废，例如炼钢炉渣、炼铁炉渣、赤泥等，都可以用于酸化土壤改良。其作用机理是碱性冶金固废中的 Ca^{2+} 、Na^{+} 等碱性阳离子可以置换 H_2SO_4 等酸性可溶物中的 H^{+}，碱性固废中的 OH^{-} 就会和 H^{+} 生成水，从而达到调酸的目的。

印度 TATA 集团旗下的 Nilanchal 耐火材料有限公司生产了一种名为 Growell 的土壤改良剂，这种肥料由铁渣组成，富含钙、磷和其他元素。该产品已通过印度农业和化肥协会联合部的认证。在酸性土壤中应用它可以增加 25%以上的产量。

11.3.3.2 盐碱地土壤改良

碱性土壤中可溶盐分达一定数量后，会直接影响种子的正常发芽和作物的正常生长。含碳酸钠较多的碱化土壤，对作物更有毒害作用。近年来，烟气脱硫石膏已经广泛使用于土壤改良，并且与其他方法相比，其成本低廉，反应迅速，因此也被认为是盐碱土壤的有效改良剂。其原理是石膏能够提供 Ca^{2+} 来替代胶体阳离子交换位点上的可交换 Na^{+}，经过离子交换主要作用来改善土壤的化学、物理和生物学特性。许多研究表明，烟气脱硫石膏具有很好的盐碱土壤修复潜力，且不会引起污染。

11.3.3.3 受污染土壤改良

随着现代化经济快速发展，资源需求消耗量逐渐增多，同时也伴随产生大量工业、农业和生活类废弃物，由于归置处理难度大、科学技术有限、废弃物产生量大，无法实现对其全部无缝对接消纳，因此，成分复杂的废弃物会对土壤等环境因素造成最主要的污染。对受污染土壤的修复也是迫在眉睫的问题。赤泥在污染土壤的修复研究中也展现了较好的改良效果。赤泥中的斜方铁矿和赤铁矿提供了参与重金属沉淀反应的铁、铝化合物，并且高碱度起到调节改良剂中电荷的作用，为离子交换作用创造了条件，此外，赤泥的颗粒细小，可以均匀分散在土壤中发挥它的效果。由于赤泥本身成分复杂，含有多种重金属和高碱度，因此要将赤泥预处理后才能施用于土壤中。目前研究较多的是赤泥对土壤中砷的固化研究，研究证实赤泥中的铁成分可以与土壤中的有毒砷离子结合形成内球络合物，从而实现砷的固化。由于固废产生的工艺条件、源头物料、固废的预处理方式以及土壤改良技术的不同，同种固废应用于土壤改良的作用效果也有差别。一些研究也发现，在施用了赤泥土壤改良剂的土壤中发现了超标的砷含量。因此，在使用固废土壤改良剂的过程中一定要避免土壤受到二次污染。

11.4 环境治理材料

11.4.1 吸附 CO_2 材料

11.4.1.1 固废吸附 CO_2 的原理及工艺

随着人们对资源短缺、温室效应问题的重视，作为废气排放的 CO_2 的捕获、固定、利用及再生资源化问题引起世界各国，特别是排放量较大的工业国家的普遍关注，有关 CO_2 的应用及研究也不断深入。尤其是在目前大力倡导低碳经济和“双碳目标”的背景下，从烟气中捕获 CO_2 研究已经成为热点问题之一。

钢渣是冶金生产中产生的一类大宗工业固废，排放量超过 1 亿吨。钢渣粉渣中含有较高的钙基物质，即 Ca_2SiO_4(C_2S)、Ca_3SiO_5(C_3S)、Ca_3AlO_6(C_3A)、CaO 等，这些钙基物质可与 CO_2 直接反应生成碳酸盐或复盐，具有一定的碳捕获潜力。同时，还存在一定量 MgO，也可用于碳捕获，通过碳酸化反应固定 CO_2 气体。碳酸化是指将温室气体 CO_2 以碳酸盐（如 $CaCO_3$、$MgCO_3$）的固体形式永久储存，不仅可以解决钢渣的污染，而且可在一定程度上缓解 CO_2 所引起的温室效应。

钢渣湿法捕获二氧化碳工艺属于气、液、固三相反应，由于钢渣中的主要活性组分为 CaO、MgO、SiO_2、Al_2O_3、FeO 等，因此钢渣湿法碳捕获过程中发生：

（1）水的离解，分解成 H^+ 和 OH^-。

（2）CO_2通过气相主体、传过气-液界面的扩散、溶解，H_2CO_3发生电离的过程导致 pH 下降 2～3 个单位，生成 CO_3^{2-} 和 HCO_3^-。

（3）钢渣固废配制矿浆的过程中，主要活性组分 C_3S、C_2S、C_3A、CaO 和 MgO 发生水化反应，电离出 Ca^{2+} 和 Mg^{2+}。$CO_3{}^2$ 和 Ca^{2+}、Mg^{2+} 直接发生化学反应生成难溶于水的 $CaCO_3$ 和 $MgCO_3$，同时 $CaCO_3$ 和 $MgCO_3$ 沉淀于未水化浆液颗粒的表面，并填充于较大固体孔隙之中；而 HCO_3^- 与 Ca^{2+}、Mg^{2+} 发生化学反应生成两种产物，即沉淀 $CaCO_3$、$MgCO_3$ 和可溶性盐 $Ca(HCO_3)_2$、$Mg(HCO_3)_2$ 进入溶液中。经过以上的化学反应，完成 CO_2 的吸附。

CO_2捕集主要分为两种：干法固化 CO_2 和浸出后固化 CO_2。干法装置如图 11-4 所示，该装置就是一个反应器，适用于固体与气体反应，常压敞开容器装钢渣颗粒，CO_2 由下输入。一般要向气或渣喷淋水，湿化处理有利于碱离子析出，加快反应速率。现场吸附装置工作环境温度 90～150℃，输入的气态显热也能提高渣气反应的速率。反应器内的钢渣吸附饱和后，可从下端排出旧渣，从上口倒入刚粒化的新渣。对于连续性工作场合，可将两个反应器并联：一个运行工作，另一个换渣待用。

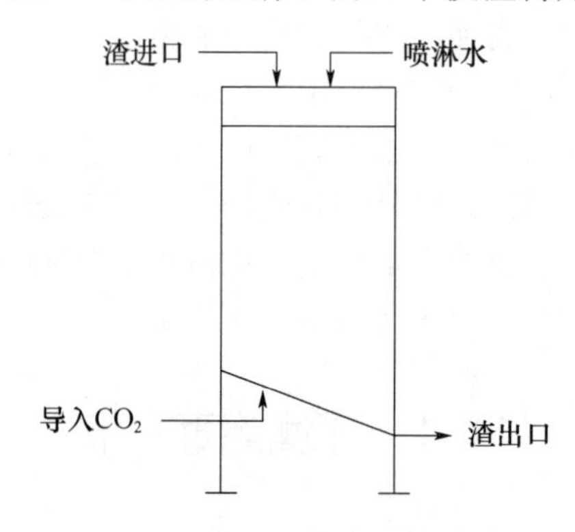

图 11-4　干法装置示意图

湿法装置与干法装置比较，水化处理 CO_2 的反应速度要快得多，反应器容量也小一些，如图 11-5 所示。湿法装置有两个反应器，在反应器 1，渣粒与水混合搅拌成渣浆；渣浆泵入反应器 2，CO_2 由喷射器从底部喷入。反应器 2 容量更小，由下往上的致密气泡有搅拌作用。反应后的渣浆可从上部返回反应器 1 循环往复。很明显，湿法装置的操作比干法装置略复杂。为简化结构，两个反应器可合并，将混渣、渣气反应放在一个反应器内进行。

11.4.1.2　利用现状

二氧化碳的排放控制和捕获（CCS）仍是全球环境的一大挑战，而碳捕集的高成本和地质埋存的高生态环境风险是阻碍 CCS 大规模应用的瓶颈。采用工业固废吸附 CO_2 是一种方法，即利用干法固化 CO_2 和浸出后固化 CO_2。现阶段利用钢渣、精炼渣等固废，需要这些固废中 CaO、MgO 含量要高。精炼渣中的 CaO、MgO 和 $Ca(OH)_2$ 含量较高，也适合吸附 CO_2 生成 $CaCO_3$ 和 $MgCO_3$ 产物。

相比碳酸化直接固定 CO_2 的方法，以钢渣为原材料制备的钙基材料是一种显著提高 CO_2 捕集容量的有效方法。国外研究最多的是采用水、氯化铵-氨水缓冲溶液或乙酸等反应介质，将钢渣中活性钙、镁组分分离提取出来，然后与CO_2发生碳酸化反应生产稳定的碳酸盐。这些研究的技术路线包括：①用水浸出钢渣中的CaO和Ca（OH）$_2$后得到的含钙饱和溶液喷淋到堆弃的钢渣表面，用以吸收空气中的CO_2生成碳酸钙并留于渣中；②采用移动床和吸收塔反应器来加速钢渣中钙元素被水浸出以及吸收转炉煤气中的CO_2转化为碳酸钙；③利用由氯化铵一氨水缓冲溶液所组成的弱酸性媒质以及酸性较弱的乙酸为反应介质将钢渣中的钙浸出，然后在常压或高压下吸收CO_2生产碳酸钙沉淀；④用乙酸浸出法回收精炼渣或钢渣中的钙组分制备钙基材料，实现钢渣中活性钙、镁分离提取制备碳酸钙并同步实现CO_2大规模固定，反应介质实现再生循环利用，吸附CO_2后形成文石结构的纳米碳酸钙，可以作为高附加值填料等应用于造纸等下游产业。

上述第④种技术是我国自主研发成果，已进入中试研究阶段。以上研究还未有工业化应用的报道，这一方向的研究是冶金、化工和材料等跨学科的结合，尚需在生产成本控制、工业化放大运行、碳酸钙产品市场应用等方面进一步开展工作。

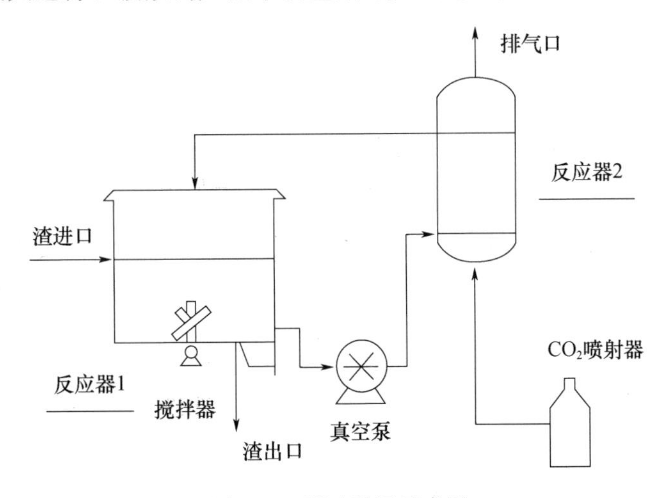

图 11-5　湿法装置示意图

11.4.2　脱硫材料

11.4.2.1　固废脱硫原理及工艺

热泼后的钢渣为多孔性小块或颗拉，经长时间堆放或蒸汽养护后可进一步粉化。从全国各主要钢厂的转炉钢渣成分看，金属氧化物占钢渣总量的80%～90%，各种金属氧化物都能与二氧化硫反应，生成比较稳定的硫酸盐。钢渣吸附SO_2的实质并不是吸附过程，而是钢渣中的碱性氧化物溶于水后与SO_2发生了化学反应，是一种吸收过程。钢渣脱硫反应过程的基本原理如下：

（1）烟气中的SO_2在水中的溶解、氧化：

$$SO_2+H_2O=\!=\!=H^+ +HSO_3^-$$

$$HSO_3^- =\!=\!=H^+ +SO_3^{2-}$$

（2）烟气存在O_2导致以下氧化反应发生，钢渣浆液中的铁、锰氧化物会对该氧化反应具有一定的催化作用。

$$SO_3^{2-}+1/2O_2=\!=\!=SO_4^{2-}$$

（3）钢渣中存在的游离氧化钙及镁、锰等金属氧化物与溶解于溶液中的 SO_2 发生反应：

$$CaO + H_2SO_3 = CaSO_3 + H_2O$$

$$CaO + H_2SO_4 = CaSO_4 + H_2O$$

$$MeO + H_2SO_3 = MeSO_3 + H_2O$$

$$MeO + H_2SO_4 = MeSO_4 + H_2O$$

其中化学式中 Me 代表金属元素（Mg、Mn）。

（4）矿物的水化反应。转炉钢渣内的矿物在加水湿磨的情况下发生水化反应：

$$3CaO \cdot SiO_2 + nH_2O \longrightarrow xCaO \cdot SiO_2 \cdot mH_2O(gel) + (3-x)\ Ca(OH)_2$$

$$2CaO \cdot SiO_2 + nH_2O \longrightarrow xCaO \cdot SiO_2 \cdot mH_2O(gel) + (2-x)\ Ca(OH)_2$$

以上两个反应式中，前一个反应速度很快，后一个较慢。水化过程中产生的 CaO/SiO_2 在 0.8～1.5 之间，产生的 $xCaO \cdot SiO_2 \cdot mH_2O$（gel）简写为 C-S-H 溶胶。

钢渣主要矿物经水化反应后，与溶有 SO_2 的溶液反应：

$$Ca(OH)_2 + H_2SO_3 = CaSO_3 + 2H_2O$$

$$CaCO_3 + H_2SO_3 = CaSO_3 + CO_2 + H_2O$$

$$xCaO \cdot SiO_2 \cdot mH_2O\ (gel) + xH_2SO_3 \longrightarrow xCaSO_3 + xSiO_2 \cdot mH_2O + xH_2O$$

$$CaO \cdot MgO \cdot SiO_2 + 2H_2SO_3 + nH_2O \longrightarrow CaSO_3 + MgSO_3 + SiO_2 \cdot mH_2O$$

$$3CaO \cdot RO \cdot 2SiO_2 + 4H_2SO_3 + nH_2O \longrightarrow RSO_3 + 3CaSO_3 + 2SiO_2 \cdot mH_2O$$

其中，上一个化学式中 RO 代表 FeO、MgO、MnO 等形成的固溶体。

$$2CaO \cdot xAl_2O_3 \cdot (1-x)\ Fe_2O_3 + 2H_2SO_3 \longrightarrow 2CaSO_3 + xAl_2O_3 + (1-x)\ Fe_2O_3 + 2H_2O$$

烟气中存在 O_2 时，矿物分解生成的亚硫酸盐被氧化为硫酸盐：

$$MeSO_3 + 1/2O_2 = MeSO_4$$

如果在吸收液中通入空气强制氧化，能大大提高氧化效率，脱硫产物以硫酸盐为主。强制氧化有利于提高反应速度和吸收剂利用率。

11.4.2.2 利用现状

当前使用的主要脱硫方法有钙法脱硫、镁法脱硫、炭法脱硫、氨法脱硫、钠法脱硫等。其中，钙法脱硫技术成熟、脱硫效率高，而且对煤种适应性强，是目前世界上应用最广泛的一种脱硫技术。根据脱硫产物特性，烧结烟气脱硫又可以分为湿法、干法和半干法三大类。其中，湿法具有较高的脱硫效果。

国内采用湿法或者干法进行钢渣脱硫。钢渣法脱硫效率较低，一般在 70%以下；采用干式操作则效率更低，不到 50%。图 11-6 是宝钢干法钢渣脱硫的流程。钢渣法的工艺流程与石灰石法类似，先将钢渣破碎磨细至 150 目，然后加水制成浓度 10%的悬浮渣浆液，送往吸收塔。

相比传统石灰脱硫工艺，钢渣中的有效氧化钙和氧化镁含量低，反应慢，因此，钢渣脱硫装备和脱硫工艺能够进一步优化。我国相关环保企业在这方面开展了大量工作，比如提出了顺流的钢渣与烟气接触路径，延长了反应的时间，增加了脱硫效率。目前，利用钢渣脱硫技术已经工业化应用。

钢渣与二氧化硫反应，最终生成脱硫钢渣。脱硫钢渣中石膏能大幅度提高混凝土的早期强度，是水泥的有效成分，同时，钢渣脱硫过程从源头上吸收了游离的氧化钙和氧化镁，避免了安定性不良的隐患。但是，含有氧化硫的钢渣粒度细，更难应用于道路工程或混凝土中；作为水泥混合材或混凝土掺和料的掺量也因为对氧化硫的含量限制而下降。

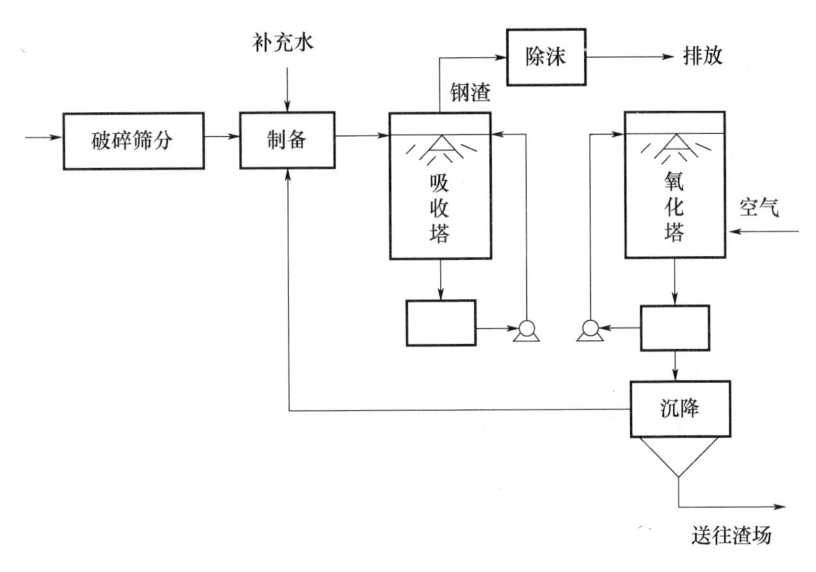

图 11-6 宝钢采用的钢渣法 FGD 流程

近年来，将脱硫钢渣作为碱性土壤改良剂在一些特定盐碱地区开展了工业化应用试验，取得了较好的效果。脱硫钢渣中的钙、铁离子及水合硅酸盐能够与土壤中的钠、钾、镁离子进行离子交换变成可滤出离子，同时，脱硫产物中的酸性物与土壤强碱弱酸盐反应生成中性不溶物和易洗出硫酸盐，且钢渣脱硫产物中含有土壤中需要的 S、P、Fe 等营养元素，因此，脱硫钢渣用于改良盐碱沙荒地具有良好前景。

赤泥具有一定的碱性，其中碱性物质甚至超过了 10%，同时由于赤泥具有较大的表面积，使得赤泥能够具有较高的吸附能力，因此，可以代替碱液对 SO_2 废气进行吸收，在降低 SO_2 处理成本的同时，也起到以废治废的作用。在成分上，赤泥中还含有少量的 MgO、TiO_2 和 K_2O，这些成分大部分也都呈碱性，对脱硫可以起到一定的作用。在赤泥浆液脱硫过程中，当 $pH>4$ 时，起脱硫作用的主要是浆液中溶于水和难溶于水的碱性物质；而 $pH\leqslant4$ 时，赤泥浆液中逐渐溶出的铁离子促进 SO_2 的溶解并起到催化氧化作用。赤泥废渣因其特殊的理化特性，在湿法脱硫过程中不仅可以去除烟气中的 SO_2、颗粒物等污染物，而且自身会被硫酸化改性，更有利于改性赤泥的进一步回收利用。

国内外对赤泥处理含硫烟气按处理方法主要分为干法和湿法两种。干法脱硫技术是将赤泥制成固体脱硫剂，促使其与含硫废气产生反应。湿法脱硫技术主要是将赤泥浆液或赤泥浸出液与含硫废气产生反应。

湿法烟气脱硫可以分为赤泥浸出液和脱硫赤泥浆液脱硫。利用赤泥浸出液脱硫，赤泥浸出液来源于赤泥中可溶于水的成分，其 pH 为 12.1～13.0。国内文献研究表明，借助氧化铝厂赤泥吸附液能够实现二氧化碳的有效净化，该吸附液效率较高、吸收容量较大、极易控制，且操作简单，应用优势显著。在很长一段时间内，可将二氧化硫的吸收率保持在99.0%以上。吸收后的尾气排放量为0.80～1.20kg/h，低于国家规定的排放标准。国内学者将赤泥浆液用于工业烟气直接进行脱硫进行了不少研究，并取得了一定的进展。某学者表示，将赤泥浆液应用在热电厂烟气喷淋脱硫工业化试验中，试验烟气处理量为119732.8Nm^3/h，处理前后二氧化硫浓度分别为5987Nm^2/h和1146Nm^2/h，脱硫效率在80.0%以上。

赤泥脱硫在工业化中应用还有不少难点需要克服：

(1) 湿法脱硫。工艺相对复杂，且管道极易结垢与堵塞，会降低管道寿命，缩短吸收时间，运行成本高，难以在中小企业推广。干法脱硫，需要借助高温活化催化剂的支持，烟气量处理较低。

(2) 部分国内学者对赤泥脱硫机理开展了相应的探讨，但所得结论权威性不足。例如，有学者认为，干法脱硫机理具备显著的催化作用与氧化作用，但针对其催化机理研究争议较大，特别是对Fe_2O_3。固硫催化机理分歧较大，部分结论为矛盾关系。

11.4.3 水处理絮凝剂

11.4.3.1 水处理絮凝剂的定义及特点

现代工业、农业、畜牧业和日常生活产生的废弃物造成的严重水污染是一个严重而持久的环境问题。污水中不仅含有大颗粒或者胶体状的悬浮杂质，而且有无机盐（磷酸盐、氟化物、铁氰化物、硼、硫酸盐、硝酸盐等）、重金属元素（As、Cr、Pb、Cu等）和有机污染物等有害物存在，它们会对人类和生态系统产生直接或者间接的危害。因此，进行水处理将这些污染物从废水中去除，使水质达到一定使用标准是环境绿色治理的重要方向。

絮凝剂是一种水处理药剂，在废水处理中使用广泛，具有破坏胶体的稳定性和促进胶体混凝的作用，它可以使水中的胶体微粒相互黏结和聚集，从而去除水中的浑浊度、色度、乳化油及其他细小悬浮颗粒和胶体物质。絮凝剂可以作为废水的预处理、中间处理或最终处理方法。随着人们对于冶金固废综合利用研究的逐渐拓宽和延伸，冶金固废在水处理絮凝剂材料方面的出色表现吸引了越来越多的研究者的关注。

11.4.3.2 作用机理及工艺流程

水处理絮凝剂是用以沉降水中的微小悬浮物和胶体颗粒。一般水中悬浮杂质可以通过自然沉淀的方法去除，如大颗粒悬浮物可在重力作用下沉降，而细微颗粒包括悬浮物和胶体颗粒的自然沉降极其缓慢，在停留时间有限的水处理构筑物内不可能沉降下来。但是加入絮凝剂后，可以破坏胶体颗粒的稳定性，使颗粒相互聚结形成容易去除的大絮凝体，再通过沉淀的方法得以去除。一般絮凝剂的作用机理分如下两个阶段。

第一阶段是凝聚。在胶质粒子的原水中，如加入无机絮凝剂，金属离子的氢氧化物附在胶质粒子上，成为一个凝结颗粒。由于粒子相互碰撞，凝结颗粒凝聚成一定大小的絮团，在其絮凝初期阶段是附着面积大，活性力强的凝结粒子。

第二阶段是吸附、架桥。加入高分子絮凝剂后，这些粒子与其接触，将以凝结的粒子间的官能团为主，利用氢键及其他离子键的范德华引力进行吸附交联反应，使之形成结合力强的絮团。凝聚过程及凝聚模型如图11-7所示。

对冶金固废进行预处理是将其应用于水处理絮凝剂的关键，通过活化预处理可改变固废的性质并提高其环境安全性和吸附效率。常见的活化预处理方法包括化学修饰法、热活化法、酸活化法、CO_2中和法、海水中和法等。其中，化学修饰法是用盐溶液处理冶金固废，使其表面增加更多的有效活性位点，提高吸附效率。热活化法是通过高温煅烧的方式改变吸附剂的结构和物相，以实现吸附性能的改善。酸活化法、CO_2中和法和海水中和法都是通过调整固废吸附剂的 pH，创造更有利于药剂吸附目标污染物离子的异性电荷环境。在目前的研究中，基于实际生产考虑，前三种方法应用得最多。此外，几种预处理方法协同使用会产生更加明显的效果。当然，寻求更加清洁、节能、高效的预处理方法是实现规模化生产的必然措施。

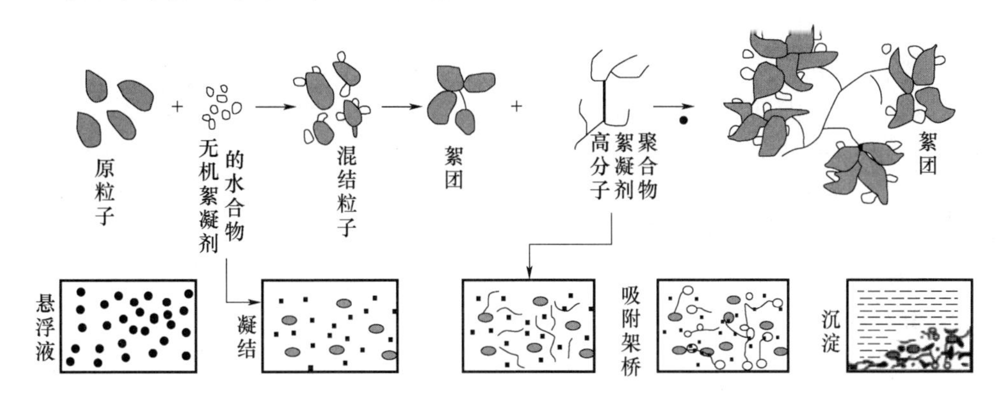

图 11-7 絮凝过程及凝聚模型示意图

用冶金固废制备絮凝剂的方法一般是预处理—酸浸—聚合—干燥。预处理和酸浸这两步是为了将冶金固废中起絮凝作用的离子从不溶物状态转化为可溶性离子状态，酸浸过程中对制备有影响的因素包括酸浓度、温度、酸浸时间、固液比等。酸浸之后再向浸出液中加入其他试剂，以将游离态的离子聚合成絮凝剂物质，最后干燥得到絮凝剂。

11.4.3.3 利用冶金固废制备水处理絮凝剂的现状

大多数冶金固废的孔隙率较高，比表面积较大，且含有大量具有吸附性的矿相或离子，因此可对污水中的杂质或有害成分进行吸附富集，将其应用于水处理絮凝剂是目前较普遍的方法。冶金固废应用于水处理属于“以废治废”的工艺方法，既可处理废弃物，减少固废造成的环境污染、资源浪费和人类健康威胁等影响，又可以缓解水资源紧缺的压力，是符合可持续发展战略要求的绿色工艺，研究者们已对其进行了大量研究。不过由于冶金固废成分复杂，还含有大量的有害成分，因此要特别关注冶金固废作为水处理材料的环境安全性，利用过程中不应造成二次污染。在将冶金固废用于水处理前要对冶金固废进行预处理，降低其危害且提高其活性，不能对其直接使用，同时，也要对产物的环境安全性进行试验评估。目前，对于冶金固废在水处理方面的研究大多处于实验室阶段，要推动其产业化发展不仅要提高产品的综合性能，而且要保证整个工艺流程实现无害排放。

被用于制备水处理絮凝剂的冶金固废有很多种，如冶金尘泥、钢渣、赤泥等。冶金固废中多含有大量的铁或铝等可在絮凝剂中起关键作用的离子，因此，它们是十分适合应用于无机絮凝剂的材料（无机絮凝剂主要分为两大类别：铁制剂系列和铝制剂系列，当然也包括其丛生的高聚物系列）。

有研究利用酸浸—聚合两步法将冶金尘泥制备成聚合氯化铝铁（PAFC）絮凝剂，研究发现，冶金尘泥中原有的链状低聚物经过一系列处理后发生了相互交错，最终形成了网状结构的 PAFC 絮凝剂。结果证明了 PAFC 絮凝剂具有优异的有机物去除能力和良好的重金属离子去除能力。结果表明，在碱化度为 1.5，铝铁比为 5∶5，在 40mg·L^{-1} 的亚甲基蓝溶液为标准的条件下，PAFC 投加量为 25mg，对 50mL 亚甲基蓝溶液色素去除率能达到 90%；在碱化度为 1.5，铝铁摩尔比为 9∶1，在 50mg·L^{-1} 的重金属离子溶液为标准的条件下，PAFC 投加量为 15mg，对 50mL Cu^{2+} 溶液去除率能达到 60.24%，PAFC 投加量为 25mg，PAFC 对 50mL Pb^{2+} 溶液去除率能达到 71.42%，投加量为 15mg，PAFC 对 50mL Cd^{2+} 溶液去除率能达到 56.02%。

此外，有研究利用钢渣和硫铁矿渣中丰富的铁得到了铁制聚硅盐类无机高分子絮凝剂，用以对棉浆黑液进行继微生物酸化处理、厌氧和好氧处理后的终端絮凝处理。需要注意的是，对于固废中含有的钙离子，如果选用硫酸作为酸液会产生硫酸钙沉淀，因此，笔者利用盐酸溶解两种固废中含有的金属离子，并通过加入催化剂促进游离的金属离子和固废中的二氧化硅生成聚硅类高分子絮凝剂。同时，盐酸浓度、硫铁矿渣和钢渣配比、盐酸的用量、反应时间、反应温度及催化剂的用量等也都是相关试验中较为重要的影响参数。试验结果显示，絮凝后的棉浆黑液达到造纸废液排放标准。

冶金固废用于水处理絮凝剂的研究还不是很成熟，制备工艺是其研究中比较需要突破性进展以推动产业化发展的环节。由于无机絮凝剂多为高分子物质，因此一般需要通过提取技术回收利用固废中的有效成分以制备絮凝剂。利用冶金固废制备絮凝剂的工艺成本比较高，成为限制其发展推广的因素之一，因此需要探索更加经济、高效的制备工艺。

参考文献

[1] 吴胜利．高钛高炉渣综合利用的研究进展［J］．中国资源综合利用，2013，31（5）：39-43.

[2] 吕晓芳．高炉渣处理、回收利用技术的现状与进展［J］．南方金属，2010（3）：14-18.

[3] YANG L，XU P，YANG M，et al. The characteristics of steel slag and the effect of its application as a soil additive on the removal of nitrate from aqueous solution［J］. Environmental Science & Pollution Research，2016，24（5）：1-12.

[4] 张朝晖，廖杰龙，巨建涛，等．钢渣处理工艺与国内外钢渣利用技术［J］．钢铁研究学报，2013，25（7）：1-4.

[5] 闫兆民，周扬民，杨志远，等．高炉渣综合利用现状及发展趋势［J］．钢铁研究，2010（2）：53-56.

[6] BROWN R C，HARRISON P T C. Alkaline earth silicate wools-A new generation of high temperature insulation［J］. Regulatory Toxicology and Pharmacology，2012，64（2）：296-304.

[7] 肖永力，李永谦，刘茵，等．高炉渣矿棉的研究现状及发展趋势［J］．硅酸盐通报，2014，33（7）：1689-1693.

[8] NAGATA K，OHARA H，NAKAGOME Y，et al. The heat transfer performance of a gas-solid contactor with regularly arranged baffle plates［J］. Powder Technology，1998，99（3）：302-307.

[9] PURWANTO H，MIZUOCHI T，AKIYAMA T. Prediction of granulated slag properties produced from spinning disk atomizer by mathematical model［J］. Materials Transactions，2005，46（6）：1324-1330.

[10] 戴晓天，齐渊洪，张春霞，等．高炉渣急冷干式粒化处理工艺分析［J］．钢铁研究学报，2007，19（5）：14-19.

[11] HUANG Y，XU G，CHENG H，et al. An Overview of Utilization of Steel Slag，Procedia Environmental Sciences 16（none）（2012）791-801.

[12] 袁宏涛，贵永亮，张顺雨．钢渣综合利用综述［J］．山西冶金，2016，39（1）：35-37.

[13] BELGIUM R，Method for recycling waste water from a stainless steel slag treatment process，（2017）.

[14] SHEN W，LIU Y，WU M，et al. Ecological carbonated steel slag pervious concrete prepared as a key material of sponge city，Journal of Cleaner Production 256（2020）120244.

[15] 姜从盛，丁庆军，王发洲，等．钢渣的理化性能及其综合利用技术发展趋势［J］．建材世界，2002，23（3）：3-5.

[16] 任奇，王颖杰，李双林．钢渣处理与综合利用技术［J］．钢铁研究，2012，40（1）：54-57.

[17] 赵计辉，阎培渝．钢渣的体积安定性问题及稳定化处理的国内研究进展［J］．硅酸盐通报，2017，36（2）：477-484.

[18] 庞才良，杨雪晴，宋杰光．钢渣综合利用的研究现状及发展趋势［J］．砖瓦，2020，387（3）：79-82.

[19] 郭辉．钢渣重构及其组成，性能的基础研究［D］．广州：华南理工大学，2010.

[20] BAALAMURUGAN J，KUMAR V G，CHANDRASEKARAN S，et al. Utilization of induction

furnace steel slag in concrete as coarse aggregate for gamma radiation shielding，Journal of hazardous materials（2019）.

[21] 伦云霞．钢渣砂砂浆膨胀破坏行为及作用机理研究［D］．武汉：武汉理工大学，2009.

[22] BRAND A S，ROESLER J R. Steel furnace slag aggregate expansion and hardened concrete properties［J］. Cement & Concrete Composites，2015：1-9.

[23] PANG B，ZHOU Z，XU H，Utilization of carbonated and granulated steel slag aggregate in concrete［J］. Construction & Building Materials，2015（84）：454-467.

[24] L. Zhi-Wei，Y. Feng，G. Rong-Xin，等．富水环境下钢渣骨料体积膨胀行为及抑制方法研究现状综述［J］．硅酸盐通报，2019，38（1）：118-124.

[25] 闫文，杨玉辉，吴智．钢渣中游离氧化钙对混凝土体积安定性影响研究［D］．中国硅酸盐学会固废分会成立大会第一届固废处理与生态环境材料学术交流会论文集．

[26] 李永鑫．含钢渣粉掺和料的水泥混凝土组成、结构与性能的研究［D］．中国建筑材料科学研究院，2003.

[27] 温正勇．废旧镁碳砖为基质的改质剂的制备及其溶解动力学研究［D］．武汉：武汉科技大学，2015.

[28] 袁添翼，刘芳，李生英，等．废弃镁碳砖在中间包干式料中的应用研究［J］．冶金丛刊，2011（5）：7-10.

[29] 任富平．废弃耐火材料回收利用［J］．世界有色金属，2017，000（13）：19-20.

[30] 徐勇，邵荣丹．废弃黏土砖的回收再利用［J］．耐火材料，2013，47（4）：291-293.

[31] 孙文新，张舰．钢包水口，透气座砖回收料在刚玉质浇注料中的再利用［C］// 2019 年全国耐火原料学术交流会．

[32] 王建筑．钢铁冶金用后耐火材料梯级回收利用基础研究［D］．西安：西安建筑科技大学，2017.

[33] 郑丽君，张国栋，曹杨，等．利用铝铬渣与废弃镁碳砖合成镁铝尖晶石材料［J］．硅酸盐通报，2013（8）：1506-1509.

[34] 高永鹏，孙文强．耐火材料循环利用的意义与发展［J］．冶金与材料，2020，152（1）：171＋173.

[35] 刘海啸，张国栋，罗旭东．用废弃含碳耐火材料合成方镁石—镁铝尖晶石复相材料［J］．硅酸盐通报，2011，30（5）：5.

[36] 苏清发，赖毅强，徐灿凤．利用 SPSS 软件对干法脱硫灰进行主成分分析评价［J］．福建师大福清分校学报，2019（2）：8-14.

[37] 李帅，徐兵，杨群．烧结脱硫灰沥青混合料路用性能试验研究［J］．交通科技，2020（4）：124-127.

[38] 茅沈栋，苏航，王飞．烧结 SDA 脱硫灰还原煅烧解析 SO_2 过程分析［J］．钢铁研究学报，2020，32（7）：610-617.

[39] 耿继双，王东山，张大奎．鞍钢烧结烟气脱硫灰综合利用研究［J］．鞍钢技术，2011（6）：13-16.

[40] 闫国斌，许立顺，赵建文．利用脱硫灰烧结渣制备新型充填胶凝材料的试验［J］．矿业研究与开发，2015，35（12）：22-27.

[41] 周保华，张轶润，郭斌．钢铁行业烧结烟气脱硫灰研制生态型胶凝材料［J］．河北工业科技，2009，26（6）：525-532.

[42] 郭斌，高竟轩，任爱玲．利用烧结脱硫灰制备胶凝材料的研究［J］．环境工程学报，2009，3（6）：1113-1117.

[43] 陈永瑞．干法脱硫灰的理化特性及其综合利用现状［J］．福建师大福清分校学报，2019（2）：

15-20.

[44] 曹云霄，王志强，李国锋，等．工业铝灰资源化利用及管理政策研究现状与展望［J］．环境保护科学，2020，46（4）：128-136.

[45] 苏泽林，王东波，黄纤晴，等．高碱性拜耳法赤泥碳酸化脱碱及其机理研究［J］．硅酸盐通报，2020，39（5）：1547-1552.

[46] 张利祥，高一强，黄建洪，等．赤泥资源化综合利用研究进展［J］．硅酸盐通报，2020，39（1）：144-149.

[47] 武正君，宋良杰．铝电解过程危险废物的资源化利用技术［J］．环境科学导刊，2019，38（5）：75-78.

[48] 杨群，李祺，张国范，等．铝灰综合利用现状研究与展望［J］．轻金属，2019（6）：1-5.

[49] 欧玉静，赵丹，李小龙，等．铝灰和赤泥的应用研究现状［J］．化工科技，2019，27（5）：66-70.

[50] 张含博．电解铝厂铝灰处理工艺现状及发展趋势［J］．有色冶金节能，2019，35（2）：11-15.

[51] 赵艺森，王海芳，魏阳．赤泥的综合利用研究进展［J］．现代化工，2019，39（3）：55-58.

[52] 张宁燕，宁平，谢天鉴，等．铝灰有价组分回收及综合利用研究进展［J］．硅酸盐通报，2017，36（6）：1951-1956.

[53] MAHINROOSTA M，ALLAHVERDI A. Enhanced alumina recovery from secondary aluminum dross for high purity nanostructured γ-alumina powder production：Kinetic study［J］. Journal of Environmental Management，2018，212：278-291.

[54] MAHINROOSTA M，ALLAHVERDI A. A promising green process for synthesis of high purity activated-alumina nanopowder from secondary aluminum dross［J］. Journal of Cleaner Production，2018，179：93-102.

[55] MESHRAM A，SINGH K K. Recovery of valuable products from hazardous aluminum dross：A review［J］. Resources，Conservation &；Recycling，2018，130：95-108.

[56] HUANG X L，BADAWY A，ARAMBEWELA M，et al. Mahendranath Arambewela，Robert Ford，Morton Barlaz，Thabet Tolaymat. Characterization of salt cake from secondary aluminum production［J］. Journal of Hazardous Materials，2014，273（17）：192-199.

[57] TSAKIRIDIS P E，OUSTADAKIS P，AGATZINI-LEONARDOU S. Aluminium recovery during black dross hydrothermal treatment［J］. Journal of Environmental Chemical Engineering，2013，1（1-2）：23-32.

[58] TSAKIRIDIS P E. Aluminium salt slag characterization and utilization-A review［J］. Journal of Hazardous Materials，2012，217-218（6）：1-10.

[59] 娄世彬，刘亚山，路晓涛．中国铝工业固体废弃物的环境危害及处理现状［J］．铝镁通讯，2015（2）：7-11.

[60] 李志刚．我国氧化铝行业标准化概述［J］．中国有色金属，2020（16）：38-39.

[61] 代书华．有色金属冶金概论［M］．北京：冶金工业出版社，2015.

[62] 幸卫鹏．赤泥综合利用评述［J］．世界有色金属，2019，524（8）：281-282.

[63] WANG S，JIN H，DENG Y，et al. Comprehensive utilization status of red mud in China：A critical review. Journal of Cleaner Production. 2021. 289：125136. https：//doi. org/10. 1016/j. jclepro. 2020. 125136

[64] 曹云霄，王志强，李国锋，等．工业铝灰资源化利用及管理政策研究现状与展望［J］．环境保护科学，2020，46（4）：128-136.

[65] 李青达．工业铝灰资源化制备多孔 Al_2O_3 工艺研究［D］．咸阳：西北农林科技大学，2020.

[66] SHEN H，LIU B，EKBERG C，et al. Harmless disposal and resource utilization for secondary aluminum dross：A review [J]. Science of The Total Environment，2020，760：143968.
[67] 李帅，刘万超，杨刚，等. 铝电解废槽衬处理技术现状 [J]. 无机盐工业，2020，52 (5)：6-10.
[68] 武正君，宋良杰. 铝电解过程危险废物的资源化利用技术 [J]. 环境科学导刊，2019，38 (5)：75-78.
[69] 高宇. 电解铝工业危废处置技术现状与发展趋势 [J]. 有色冶金设计与研究，2019，40 (4)：33-35.
[70] 赵永红，周丹，余水静. 有色金属矿山重金属污染控制与生态修复 [M]. 北京：冶金工业出版社，2014.
[71] 周松林，耿联胜. 铜冶炼渣选矿 [M]. 北京：冶金工业出版社，2014.
[72] 赵由才，牛冬杰，柴晓利，等. 固体废物处理与资源化 [M]. 北京：化学工业出版社，2006.
[73] 周少奇. 固体废物污染控制原理与技术 [M]. 北京：清华大学出版社，2009.
[74] 张琦，王建军. 冶金工业节能减排技术 [M]. 北京：冶金工业出版社，2013.
[75] 云正宽. 冶金工程设计 第 2 册 工艺设计 [M]. 北京：冶金工业出版社，2006.
[76] 舒敏，刘昆，彭康，等. 浅析我国铜冶炼渣资源化利用标准化现状 [J]. 中国标准化，2020 (8)：177-180.
[77] 张铃，方建军，唐敏，等. 铜冶炼渣湿法处理技术研究进展 [J]. 矿产保护与利用，2019，39 (3)：81-87.
[78] 史公初，廖亚龙，张宇，等. 铜冶炼渣制备建筑材料及功能材料的研究进展 [J]. 材料导报，2020，34 (13)：13044-13049+13057.
[79] 杨广跃，杨辉，郭兴忠，等. CaO/MgO 质量比对 CaO-MgO-Al_2O_3-SiO_2 微晶玻璃析晶行为的影响 [J]. 硅酸盐学报，2010，38 (11)：2045-2049.
[80] 朱心明，陈茂生，宁平，等. 铜渣的湿法处理现状 [J]. 材料导报，2013，27 (S2)：280-284.
[81] 郭凯. 关于铜冶炼炉渣处理的研究 [J]. 铜业工程，2019 (4)：87-90.
[82] 赵凯，程相利，齐渊洪，等. 铜渣处理技术分析及综合利用新工艺 [J]. 中国有色冶金，2012，41 (1)：56-60.
[83] 何耀. 锌冶炼工艺现状及有价金属高效回收利用新工艺 [J]. 矿冶，2020，29 (4)：73-79.
[84] 刘自亮，王宇佳，张岭. 锌湿法冶炼渣处理工艺研究 [J]. 铜业工程，2020 (1)：74-77.
[85] 李吉宁. 湿法炼锌中浸出渣处理技术探究 [J]. 世界有色金属，2020 (2)：10+12.
[86] 严文勋，封亚辉，张彰，等. 锌精矿及其冶炼过程中相关固体废物的鉴别 [J]. 有色冶金节能，2019，35 (6)：11-14+18.
[87] 顾丝雨，刘维，韩俊伟，等. 含锌冶炼渣综合利用现状及发展趋势 [J/OL]. 矿产综合利用，2021 (6)：1-12.
[88] 王振银，高文成，温建康，等. 锌浸出渣有价金属回收及全质化利用研究进展 [J]. 工程科学学报，2020，42 (11)：1400-1410.
[89] 卓儒明. 从铅冶炼水淬渣中回收有价组分的工艺及机理研究 [D]. 南昌：江西理工大学，2020.
[90] 周长波，电解锰渣处理处置技术与工程 [M]. 北京：化学工业出版社，2014.
[91] 郑凯，路坊海，李军旗，等. 电解锰渣资源化综合利用现状与展望 [J]. 化工设计通讯，2020，46 (4)：138-139+158.
[92] 母维宏，周新涛，黄静，等. 电解锰渣中 Mn 和 NH3-N 固化/稳定化处理研究现状及展望 [J]. 现代化工，2020，40 (4)：17-21.
[93] 金修齐，黄代宽，赵书晗，等. 电解锰渣胶凝固化研究进展及其胶结充填可行性探讨 [J]. 矿

物岩石地球化学通报，2020，39（1）：97-103.

［94］刘作华，李明艳，陶长元，等．从电解锰渣中湿法回收锰［J］．化工进展，2009，28（S1）：166-168.

［95］张强，彭兵，柴立元，等．电解锰渣体系中硫酸钙特性的研究［J］．矿冶工程，2010，30（5）：70-73＋78.

［96］周宏研，陈平，赵艳荣，等．电解锰渣对热焖钢渣活性的硫酸盐激发［J］．无机盐工业，2019，51（05）：66-69.

［97］柯国军，刘巽伯．电解金属锰废渣胶凝材料［J］．硅酸盐建品，1995（4）：28-31＋15.

［98］黄川，史晓娟，龚健，等．碱激发电解锰渣制备水泥掺合料［J］．环境工程学报，2017，11（3）：1851-1856.

［99］张海燕，高武斌，但智钢，等．以山砂为骨料的电解锰渣蒸压砖工况使用强度失效问题研究［J］．硅酸盐通报，2015，34（2）：461-465.

［100］DUAN N，DAN Z，WANG F，et al. Electrolytic manganese metal industry experience based China's new model for cleaner production promotion［J］. Journal of Cleaner Production，2011，19（17）：2082-2087.

［101］HAGELSTEIN K. Globally sustainable manganese metal production and use［J］. Journal of Environmental Management，2009，90（12）：3736-3740.

［102］刘宪敏．我国工业固废综合利用现状及进展分析［J］．资源节约与环保，2021（2）：95-96.

［103］刘令传．我国钢铁工业固废综合利用产业发展现状及建议［J］．中国资源综合利用，2021，39（1）：113-116.

［104］李红科，杜根杰，杜建磊，等．钢铁工业固废综合利用产业发展现状及趋势［J］．冶金管理，2021（1）：116-117.

［105］VIJAYARAGHAVAN J，JUDE A B，THIVYA J. Effect of copper slag，iron slag and recycled concrete aggregate on the mechanical properties of concrete［J］. Resources Policy，2017，53：219-225.

［106］杨晨，刘华伟．钢渣粗骨料混凝土力学性能及耐久性研究［J］．混凝土，2016，317（3）：102-105.

［107］王强，曹丰泽，于超，等．钢渣骨料对混凝土性能的影响［J］．硅酸盐通报，2015，34（4）：1004-1010.

［108］米贵东，王强，王卫仑．蒸养条件下钢渣粗骨料对混凝土的破坏作用［J］．清华大学学报（自然科学版），2015，55（09）：940-944.

［109］王辉，张伟，张玉柱，等．钢渣替代细骨料对混凝土耐久性能的影响［J］．钢铁钒钛，2020，41（5）：102-106.

［110］李曙光．铜渣掺入混凝土中代替部分建筑用砂的可行性［J］．建材发展导向，1988（1）：5-11.

［111］PUNDHIR N，KAMARAJ C，NANDA P K. Use of copper slag as construction material in bituminous pavements［J］，J. Sci. Ind. Res，2005，64：997-1002.

［112］HAVANAGI G V，MATHUR S，PRASAD S P，et al. Feasibility of copper slag-fly ash-soil mix as a road construction material［J］. Transp. Res. Rec，2007，1989：13-20.

［113］HASSAN H，AL-JABRI K. Laboratory evaluation of hot-mix asphalt concrete containing copper slag aggregate［J］. J. Mater. Civil Eng，2010，23：879-885.

［114］WU W，ZHANG W，MA. G. Optimum content of copper slag as a fine aggregate in high strength concrete［J］. Materials & Design，2010，31（6），2878-2883.

［115］SHARMA R，KHAN R A. Durability assessment of self compacting concrete incorporating copper slag as fine aggregates [J]. Construction and Building Materials, 2017, 155: 617-629.

[116] MITHUN B M, NARASIMHAN M C. Performance of alkali activated slag concrete mixes incorporating copper slag as fine aggregate [J]. Journal of Cleaner Production, 2016, 112: 837-844.

[117] SHARMA R, KHAN R A. Sustainable use of copper slag in self compacting concrete containing supplementary cementitious materials [J]. Journal of Cleaner Production, 2017, 151: 179-192.

[118] SHARMA R, KHAN R A. Influence of copper slag and metakaolin on the durability of self compacting concrete [J]. Journal of Cleaner Production, 2017, 171: 1171-1186.

[119] LORI A R, BAYAT A, AZIMI A. Influence of the replacement of fine copper slag aggregate on physical properties and abrasion resistance of pervious concrete [J]. Road Materials and Pavement Design, 2021, 22 (4): 835-851.

[120] SAHA A K, SARKER P K. Sustainable use of ferronickel slag fineaggregate and fly ash in structural concrete: mechanical propertiesand leaching study [J]. J Clean Prod, 2017, 162: 438.

[121] 单昌峰，王键，郑金福，等．镍渣在混凝土中的应用研究［J］．硅酸盐通报，2012，31（5）：1263-1268.

[122] 李浩，杨鼎宜，沈武，等．掺镍渣对混凝土耐磨性能的影响研究［J］．硅酸盐通报，2015，34（11）：3122-3128.

[123] 朱恩欢，林云腾，龚涵，等．高炉镍铁渣粉对混凝土性能的影响［J］．混凝土与水泥制品，2017（12）：97-99.

[124] 孟渊，田斌守，邵继新，等．利用冶炼工业废弃物镍渣研制混凝土储热材料［J］．混凝土与水泥制品，2015（2）：93-95.

[125] 陈寅，郭利杰，邵亚平，等．喀拉通克铜镍矿填充骨料优化试验［J］．有色金属（矿山部分），2018，70（6）：38-41.

[126] 王国强，郭利杰，陈寅，等．喀拉通克铜镍矿填充胶凝材料基本性能研究［J］．中国矿业，2019，28（增1）：154-157.

[127] 张婷婷，智士伟，郭利杰，等．铜镍冶炼渣的资源化利用研究进展［J］．黄金科学技术，2020，28（5）：637-645.

[128] 姚春玲，刘振楠，滕瑜，等．铜渣资源综合利用现状及展望［J］．矿冶，2019，28（2）：77-81+96.

[129] PANDA C R, MISHRA K K, PANDA K C, et al. Environmental and technical assessment of ferrochrome slag as concrete aggregate material [J]. Construction and Building Materials, 2013, 49: 262-271.

[130] SINGH M, SIDDIQUE R. Compressive strength, drying shrinkage and chemical resistance of concrete incorporating coal bottom ash as partial or total replacement of sand [J]. Construction and Building Materials, 2014, 68: 39-48.

[131] DASH M K, PATRO S K. Performance assessment of ferrochrome slag as partial replacement of fine aggregate in concrete [J]. European Journal of Environmental and Civil Engineering, 2021, 25 (4): 635-654.

[132] 王强，黎梦圆，石梦晓．水泥—钢渣—矿渣复合胶凝材料的水化特性［J］．硅酸盐学报，2014，42（5）：629-634.

[133] 廖鸿清．早期强度对混凝土抗裂性能的影响研究［J］．四川水泥，2021（2）：13-14+83.

[134] 宋少民，陈泓燕．铁尾矿微粉对低熟料胶凝材料混凝土性能的影响研究［J］．硅酸盐通报，2020，39（8）：2557-2566.

[135] 颜帮川，李中，刘先杰，等．粉煤灰及矿渣对水泥浆体系早期水化热效应的控制研究［J］．硅

酸盐通报，2019，38（1）：52-59.

［136］李洁文，马凌宇，李桂芹．粉煤灰和矿粉对混凝土力学与耐久性能的影响研究［J］．当代化工，2021，50（3）：545-548.

［137］侯景鹏，陈群，史巍，等．钢渣和粉煤灰对重混凝土性能的影响［J］．混凝土与水泥制品，2020（11）：92-95.

［138］田帅，吕剑锋，李世华，等．矿物掺合料对高性能混凝土耐久性的影响［J］．混凝土与水泥制品，2020（10）：12-16.

［139］THOMAS M D A，INNIS F A. Efect of slag on expansion due to alkali-aggregate reaction in concrete［J］. ACI Materials Journal，1998，95（6）：716-724.

［140］L. SOUZA. Study of effect of electric arc furnace slag on expansion of mortars subjected to alkali aggregate reaction［J］. Revista IBRACON de Estruturas e Materiais，2018，9（4）.

［141］郭雪芳．粉煤灰在预制桥梁高性能混凝土中的应用探究［J］．山西建筑，2018，44（10）：96-98.

［142］张艺清，董芸．粉煤灰和硅粉对水下自密实混凝土性能的影响［J］．混凝土，2021（10）：133-137.

［143］周少奇．固体废物污染控制原理与技术［M］．北京：清华大学出版社，2009.

［144］宋高嵩．道路路基路面工程［M］．北京：北京理工大学出版社，2017.

［145］毛志刚，蓝天助，张红日，等．钢渣特性及在道路工程中的应用研究［J］．中外公路，2019，39（5）：233-236.

［146］刘晓明，唐彬文，尹海峰，等．赤泥—煤矸石基公路路面基层材料的耐久与环境性能［J］．工程科学学报，2018，40（4）：438-445.

［147］陈云嫩，梁礼明．烟气脱硫副产物的综合利用［J］．环境科学与技术，2003（6）：43-45+66.

［148］曹云霄，王志强，李国锋，等．工业铝灰资源化利用及管理政策研究现状与展望［J］．环境保护科学，2020，46（4）：128-136.

［149］HAVANAGI V G，MATHUR S，PRASAD P S，et al. Feasibility of copper slag-fly ash-soil mix as a road construction material［J］. Transportation Research Record，2007，1989（1）：13-20.

［150］江明丽，李长荣．炼铜炉渣的贫化及资源化利用［J］．中国有色冶金，2009（3）：57-60.

［151］李鸿江，刘清，赵由才．冶金过程固体废物处理与资源化［M］．北京：冶金工业出版社，2007.

［152］韩凤兰，吴澜尔，等．工业固废循环利用［M］．北京：科学出版社，2017.

［153］张立敏，田泽峰，谷丹．红土镍矿冶炼废渣在公路工程中的应用研究［J］．北方交通，2017（12）：33-38.

［154］陆海飞，田伟光，徐佳林，等．红土镍矿冶炼镍铁废渣综合利用的研究进展［J］．材料导报，2018，32（S2）：435-439.

［155］孔令军，赵祥麟，刘广龙．红土镍矿冶炼镍铁废渣综合利用研究综述［J］．铜业工程，2014（4）：42-44.

［156］何其捷．用镍铁渣制作矿物棉［J］．玻璃纤维，1990（4）：34-35.

［157］陶长元，刘作华，范兴，等．电解锰节能减排理论与工程应用［M］．重庆：重庆大学出版社，2018.

［158］宁平．大宗工业固废环境风险评价［M］．北京：冶金工业出版社，2014.

［159］王朝成，查进，周明凯．磷石膏二灰稳定锰渣基层材料的研究［J］．武汉理工大学学报，2004（4）：39-41.

［160］周长波，何捷，孟俊利，等．电解锰废渣综合利用研究进展［J］．环境科学研究，2010，23

(8): 1044-1048.
[161] ZHANG Y, LIU X, XU Y, et al. Preparation and characterization of cement treated road base material utilizing electrolytic manganese residue [J]. Journal of Cleaner Production, 2019, 232: 980-992.
[162] 周俊，舒杼，王焰新．建筑陶瓷清洁生产［M］．北京：科学出版社，2011.
[163] 曲远方．现代陶瓷材料及技术［M］．上海：华东理工大学出版社，2008.
[164] 曹茂盛．陶瓷材料导论［M］．哈尔滨：哈尔滨工程大学出版社，2005.
[165] 赵立华．利用钢渣制备高钙高铁陶瓷的基础及应用研究［D］．北京：北京科技大学，2016.
[166] 裴德键．利用冶金渣制备硅钙基多元体系陶瓷的机理及应用研究［D］．北京：北京科技大学，2019.
[167] 马远．利用工业固废制备钙长石陶瓷的基础研究［D］．北京：北京科技大学，2019.
[168] 张锐，王海龙，许红亮．陶瓷工艺学［M］．北京：化学工业出版社，2013.
[169] 曹世璞．烧结砖生产实用技术［M］．北京：中国建筑工业出版社，2012.
[170] 何水清．废渣烧制砖瓦技术［M］．北京：中国建筑工业出版社，2008.
[171] 白志民，邓雁希．硅酸盐物理化学［M］．北京：化学工业出版社，2017.
[172] 何峰．微晶玻璃制备与应用［M］．北京：化学工业出版社，2017.
[173] RAWLINGS R D, WU J P, BOCCACCINI A R. Glass-ceramics: Their production from wastes—A Review [J]. Journal of Materials science, 2006, 41 (3): 733-61.
[174] JUNG S S, SOHN I. Crystallization Control for Remediation of an FetO-Rich CaO-SiO2-Al2O3-MgO EAF Waste Slag [J]. Environmental Science & Technology, 2014, 48 (3): 1886.
[175] REZVANI M, EFTEKHARI-YEKTA B, SOLATI-HASHJIN M, et al. Effect of Cr2O3, Fe2O3 and TiO2 nucleants on the crystallization behaviour of SiO2-Al2O3-CaO-MgO (R2O) glass-ceramics [J]. Ceramics International, 2004, 31 (1): 75-80.
[176] KARPUKHINA N, HILL R G, LAW R V. Crystallisation in oxide glasses-a tutorial review [J]. Chemical Society Reviews, 2014, 43 (7): 2174-86.
[177] MANFREDINI T, PELLACANI G C, RINCóN J M. Glass-ceramic materials: Fundamentals and applications [M]. Mucchi Editore, 1997.
[178] Li Y, Dai W. Modifying hot slag and converting it into value-added materials: A review [J]. Journal of Cleaner Production, 2018, 175: 176-189.
[179] 杨志杰，苍大强，李宇，等．熔融钢渣制备微晶玻璃的试验研究［J］．新型建筑材料，2011，000 (7): 52-53+65.
[180] 王海风，张春霞，齐渊洪，等．高炉渣处理技术的现状和新的发展趋势［J］．钢铁，2007，42 (6): 83-87.
[181] BARATI M, ESFAHANI S, UTIGARD T A. Energy recovery from high temperature slags [J]. Energy, 2011, 36 (9): 5440-5449.
[182] GOMES V, BORBA, RIELLA H G. Production and characterization of glass ceramics from steelwork slag [J]. Journal of Materials Science, 2002, 37 (12): 2581-2585.
[183] 饶磊．钢渣熔制微晶玻璃技术研究［D］．武汉：华中科技大学，2007.
[184] 易育强．冶金废渣微晶玻璃的研究与制备［D］．兰州：兰州理工大学，2007.
[185] WANG J, CHENG J S, DENG Z L. Effect of alkali metal Oxides on viscosity and crystallization of the $MgO-Al_2O_3-SiO_2$ glasses [J]. Physica B Condensed Matter, 2013, 415 (415): 34-37.
[186] 李保卫，杜永胜，张雪峰，等．钙铝质量比对矿渣微晶玻璃结构及性能的影响［J］．机械工程材料，2012，36 (11): 46-49.

[187] 刘召波，宗燕兵，马浩源，等．钙硅氧化物的质量比对10% Al_2O_3高炉渣—尾矿—粉煤灰微晶玻璃性能的影响［J］．工程科学学报，2015（6）：757-763.

[188] 程金树，唐方宇，楼贤春，等．MgO对花岗岩尾矿微晶玻璃析晶和性能的影响［J］．武汉理工大学学报，2014，36（10）：11-14.

[189] KARAMBERI A，ORKOPOULOS K，MOUTSATSOU A. Synthesis of glass-ceramics using glass cullet and vitrified industrial by-products［J］. Journal of the European Ceramic Society，2007，27（2）：629-636.

[190] 张文军，李宇，李宏，等．利用镍铁渣及粉煤灰制备CMSA系微晶玻璃的研究［J］．硅酸盐通报，2014，33（12）：3359-3365.

[191] 中培阳，姜茂发，刘承军，等．用铁尾矿、硼泥和粉煤灰制备微晶玻璃［J］．钢铁研究学报，2005，17（5）：22-25.

[192] 陈华，李保卫，赵鸣，等．Cr_2O_3对含铁辉石微晶玻璃显微结构及强度的影响［J］．硅酸盐学报，2015，43（9）：1240-1246.

[193] 马明生，倪文，王亚利，等．TiO_2及Cr_2O_3对镍渣微晶玻璃结晶过程影响及结晶动力学［J］．硅酸盐学报，2009，37（4）：609-615.

[194] 粉煤灰钢渣铸石的试验［J］．有色金属，1973（S1）：15-6.

[195] 郭文正．关于硅锰渣铸石矿物组成的问题［J］．铁合金，1978（3）：48-52.

[196] 舒杼，周俊，王焰新．利用高温磷渣液直接制备微晶铸石的模拟研究［J］．岩石矿物学杂志，2008，27（2）：152-6.

[197] 贾宝志，常原勇，任康民，等．锰渣制作铸石的工艺研究［J］．铁合金，2010，41（5）：33-6.

[198] ROGERS P，WILLIAMSON J，BELL J，et al. Erosion resistant glass-ceramics made by direct controlled cooling from the melt；proceedings of the Proceedings of International Seminar on Energy Conservation in Industry，F，1984［C］.

[199] 程金树，黄玉生．钢渣微晶玻璃的研究［J］．武汉理工大学学报，1995，17（4）：1-3.

[200] 赵贵州，李宇，代文彬，等．采用一步烧结法的钢渣基微晶玻璃制备机理［J］．硅酸盐通报，2014，33（12）：3288-3294.

[201] KAI，ZHANG，AND，et al. Preparation of glass-ceramics from molten steel slag using liquid-liquid mixing method［J］. Chemosphere，2011.

[202] 李要辉．矿渣建材研发及产业化的新思路［J］．中国建材，2015（1）：94-97.

[203] 蒋伟锋．高炉水渣综合利用——用高比例高炉水渣制造微晶玻璃［J］．中国资源综合利用，2003，3（3）：28-.

[204] ENGSTRÖM F，PONTIKES Y，GEYSEN D，et al. Review：Hot stage engineering to improve slag valorisation options；proceedings of the International Slag Valorisation Symposium［C］. 2011.

[205] DAI W，LI Y，CANG D，et al. Research on a novel modifying furnace for converting hot slag directly into glass-ceramics［J］. Journal of Cleaner Production，2018：169-177.

[206] MARABINI A M. New materials from industrial and mining wastes：glass-ceramics and glass and rock-wool fibre［J］. International Journal of Mineral Processing，1998，53（1-2）：121-134.

[207] 张思奇，于阔沛，倪文，等．铁合金热熔渣成分调质对矿棉性能的影响［J］．铁合金，2020，51（5）：38-45.

[208] 刘伟，陈铁军，王林俊，等．含钛高炉渣高温熔融改性制备微晶铸石试验研究［J］．金属矿山，2020（11）：113-117.

[209] 贾宝志，常原勇，任康民，等．锰渣制作铸石的工艺研究［J］．铁合金，2010，41（5）：33-

36.
[210] 石玉泉，叶大年，陈友明，等．硅锰合金炉渣结晶过程的实验［D］中国科学院地质研究所铸石研究组．铸石研究（论文集）．北京：科学出版社，1978.
[211] 陈奎元．直接利用高炉熔渣制备铸石的技术基础研究［D］．北京：北京科技大学，2021.
[212] 代文彬．钢渣热态改质的工艺，装备及制备微晶玻璃的研究［D］．北京科技大学，2015.
[213] 卢翔．电炉渣热态改质对其铁组分回收与胶凝活性影响的研究［D］．北京科技大学，2017.
[214] 中国报告网．2018—2023年中国钢铁行业市场需求调研与投资规划研究报告［R］．北京：中国报告网，2017.
[215] 杨双平．冶金炉料处理工艺［M］．北京：冶金工业出版社，2008.
[216] 郭志强，凌广新．高炉炼铁生产与操作［M］．石家庄：河北科学技术出版社，2015.
[217] OBIDIEGWU E O，BODUDE M A，ESEZOBOR D E. Suitability of Steel Slag as a Refractory Material［J］. Journal of Metallurgical Engineering，2014，3（3）：119-125.
[218] 王诚训，陈晓荣，赵亮，等．耐火材料的损毁及其抑制技术［M］．2版．北京：冶金工业出版社，2014.
[219] 杉田清．钢铁用耐火材料［M］．北京：冶金工业出版社，2004.
[220] 云南农村干部学院．云南农村干部学院系列培训教材作物营养与合理施肥［M］．昆明：云南人民出版社，2012.
[221] 蔡德龙，王安芳，贾亚军．微量元素肥料使用技术［M］．郑州：中原农民出版社，1987.
[222] 蒋明磊，杜亚光，杜冬云，等．利用电解金属锰渣制备硅锰肥的试验研究［J］．中国锰业，2014，（2）：16-19.
[223] 钱发军，赵凤兰，邓挺，等．新型锰肥在小麦上的应用效果［J］．河南农业科学，2002（11）：31-32.
[224] 兰家泉，王槐安．电解金属锰生产废渣为农作物利用的可行性［J］．中国锰业，2006（4）：23-25.
[225] 邓建奇．利用废锰渣制造锰肥的工艺［J］．磷肥与复肥，1997（3）：16-18.
[226] 任学洪．电解锰渣制备锰肥技术研究［J］．中国锰业，2017，35（3）：145-147.
[227] 王晶，农桂银，杜冬云，等．锰浸出渣制备白炭黑和锰肥［J］．矿产综合利用，2012（6）：57-59.
[228] 张国平，唐桂礼．100种常见农业化学物质使用指南［M］．北京：中国农业出版社，1994.
[229] 许传才．铁合金生产知识问答［M］．北京：冶金工业出版社，2007.
[230] WANG X B，LI X Y，YAN X，et al. Environmental risks for application of iron and steel slags in soils in China：A review［J］. Pedosphere，2021，31（1）：28-42.
[231] YAN Y，LI Q，YANG J，et al. Evaluation of hydroxyapatite derived from flue gas desulphurization gypsum on simultaneous immobilization of lead and cadmium in contaminated soil［J］. Journal of Hazardous Materials，2020，400：123038.
[232] 朱李俊，刘国威，王磊，等．钢渣对稀土矿区酸性土壤的改良效果［J］．安徽农业科学，2016，44（6）：159-162.
[233] RADI S，CRNOJEVI H，SANDEV D，et al. Effect of electric arc furnace slag on growth and physiology of maize（Zea mays L.）［J］. Acta Biologica Hungarica，2013，64（4）：490-499.
[234] CAETANO L，PREZOTTI L C，PACHECO B M，et al. Soil chemical characteristics，biomass production and levels of nutrient and heavy metals in corn plants according to doses of steel slag and limestone［J］. Rev Ceres，2016，63（6）：879-886.
[235] WANG W，SARDANS J，LAI D，et al. Effects of steel slag application on greenhouse gas emis-

sions and crop yield over multiple growing seasons in a subtropical paddy field in China [J] . Field Crops Research, 2015, 171.

[236] PIVIC R, STANOJKOVIC A, MAKSIMOVIC S, et al. Improving the Chemical Properties of Acid Soils and Chemical Composition and Yield of Spring Barley (Hordeum vulgare L.) by Use of Metallurgical Slag [J] . Fresenius Environmental Bulletin, 2011, 20 (4): 875-885.

[237] 郭庆，陈书文，张军红，等．微波强化赤泥制备 Fe-Al 基絮凝剂工艺研究 [J]．矿产综合利用，2019 (4): 117-121.

[238] 马巧珊，范方方．赤泥基聚合硫酸铝铁絮凝剂的制备与应用研究 [J]．山东化工，2018，47 (24): 201-203.

[239] 高海潮．冶金尘泥改性制备聚合氯化铝铁絮凝剂及特性的研究 [D]．马鞍山：安徽工业大学，2019.

[240] 徐美娟．棉浆黑液的治理 [D]．天津：天津科技大学，2004.